高等职业教育系列教材

工厂电气控制设备及技能训练

第 3 版

主编　田淑珍

参编　孙建东　王延忠　胡书辉

机 械 工 业 出 版 社

本书精选了工厂电气控制中的典型内容，包括常用低压电器、三相异步电动机电气控制线路、常用机床电气控制线路及常见故障的排除、起重机的电气控制、三相异步电动机的运行与维护及数控机床的伺服控制系统。

　　本书将理论教学、实训、考证要求有机结合起来，强化了技能训练，突出了职业教育的特点。理论教学以实用、够用为主，实训内容中加入了较多的线路制作、设备运行维护、排故检修内容。

　　本书可以作为高职高专院校电气自动化、机电一体化技术等专业的理论教学和实训教学用书，也可作为相关专业技术人员的培训用书和自学用书。

　　本书配套电子课件、电子教案、习题解答、教学检测和二维码视频等资源，需要的教师可登录机械工业出版社教育服务网 www.cmpedu.com 免费注册后下载。

图书在版编目（CIP）数据

工厂电气控制设备及技能训练/田淑珍主编 . —3 版 . —北京：机械工业出版社，2019（2025.1 重印）
高等职业教育系列教材
ISBN 978-7-111-64122-3

Ⅰ．①工⋯　Ⅱ．①田⋯　Ⅲ．①工厂-电气控制装置-高等职业教育-教材　Ⅳ．①TM571.2

中国版本图书馆 CIP 数据核字（2019）第 248708 号

机械工业出版社（北京市百万庄大街 22 号　邮政编码 100037）
策划编辑：曹帅鹏　　责任编辑：曹帅鹏　赵小花
责任校对：张艳霞　　责任印制：刘　媛
涿州市般润文化传播有限公司印刷

2025 年 1 月第 3 版·第 8 次印刷
184mm×260mm·17.5 印张·434 千字
标准书号：ISBN 978-7-111-64122-3
定价：55.00 元

电话服务　　　　　　　　　　　网络服务
客服电话：010-88361066　　　　机　工　官　网：www.cmpbook.com
　　　　　010-88379833　　　　机　工　官　博：weibo.com/cmp1952
　　　　　010-68326294　　　　金　书　网：www.golden-book.com
封底无防伪标均为盗版　　　　机工教育服务网：www.cmpedu.com

前　言

　　高职教育要以就业为导向，因此在教学中应根据专业的要求将理论与实践、知识和能力有机地结合起来，并将学生考取专业技术等级证所需的技术训练贯穿在教学的整个过程之中。在高职教学中应合理地调整实践教学在整个教学计划中的比重，并使理论教学与实践教学穿插进行，随时随地将理论与实践结合起来讲授，使学生能够边学边做。除了做到教、学、做合一以外，还应按职业技能等级的要求对学生进行强化训练，使其在规定的时间内按规定的标准完成规定的任务。本书正是这样一本注重技术应用训练，"讲、练、考结合"的教材，将职业技能等级标准融入专业教学标准，优化了教学内容。

　　本书主要内容有：常用低压电器、三相异步电动机电气控制线路、常用机床电气控制线路及常见故障的排除、起重机的电气控制、三相异步电动机的运行与维护及数控机床的伺服控制系统。本书强化了技能训练及实操指导，突出了职业教育的特点。

　　本书在第2版的基础上，按照与时俱进的原则进行了全面的修订。如对部分低压电器设备的型号进行了更新并加入了设备的实物图片；增加了对电磁阀等执行电器、低压断路器和漏电保护器的详细介绍；在简要介绍变频器工作原理、安装、参数等的基础上，增加了对变频器电气控制线路的介绍及相关的实训；在伺服控制系统中增加了步进电动机的控制、步进电动机及其驱动装置的使用实训等。

　　本书由田淑珍主编，并由其编写了第1~3章及4.5、4.6、5.3、5.6、5.7、6.2.3、6.2.5节，孙建东、王延忠、胡书辉分别编写了第4章、第5章、第6章的其他内容，附录由所有编者共同编写。全书由田淑珍整理定稿。由于编者水平有限，书中难免存在疏漏及不足之处，请读者批评指正。

编　者

目 录

前言
第1章 常用低压电器 ………………………………………………………………… 1
  1.1 概述 …………………………………………………………………………………… 1
  1.2 接触器 ………………………………………………………………………………… 2
    1.2.1 接触器的用途及分类 ……………………………………………………………… 2
    1.2.2 接触器的工作原理及结构 ………………………………………………………… 3
    1.2.3 接触器的主要技术参数及型号 …………………………………………………… 7
    1.2.4 接触器的选择 …………………………………………………………………… 11
    1.2.5 接触器的运行维护与故障检修 ………………………………………………… 12
  1.3 继电器 ……………………………………………………………………………… 14
    1.3.1 电磁式继电器 …………………………………………………………………… 14
    1.3.2 时间继电器 ……………………………………………………………………… 17
    1.3.3 热继电器 ………………………………………………………………………… 21
    1.3.4 速度继电器 ……………………………………………………………………… 26
    1.3.5 固态继电器 ……………………………………………………………………… 27
  1.4 常用的开关电器 …………………………………………………………………… 32
    1.4.1 组合开关 ………………………………………………………………………… 32
    1.4.2 低压断路器和剩余电流断路器 ………………………………………………… 34
  1.5 熔断器 ……………………………………………………………………………… 43
    1.5.1 熔断器的结构及分类 …………………………………………………………… 43
    1.5.2 熔断器的安秒特性 ……………………………………………………………… 45
    1.5.3 熔断器的技术参数 ……………………………………………………………… 45
    1.5.4 熔断器的选择 …………………………………………………………………… 45
    1.5.5 熔断器的运行与维修 …………………………………………………………… 46
  1.6 主令电器 …………………………………………………………………………… 47
    1.6.1 控制按钮 ………………………………………………………………………… 47
    1.6.2 行程开关 ………………………………………………………………………… 47
    1.6.3 接近开关 ………………………………………………………………………… 49
    1.6.4 光电开关 ………………………………………………………………………… 50
  1.7 执行电器 …………………………………………………………………………… 52
    1.7.1 电磁铁 …………………………………………………………………………… 52
    1.7.2 电磁换向阀 ……………………………………………………………………… 53
  1.8 技能训练 …………………………………………………………………………… 54
    1.8.1 组合开关的拆装与维修 ………………………………………………………… 54

  1.8.2　接触器的拆装与维修 ……………………………………………………… 55
  1.8.3　认识中间继电器和时间继电器 …………………………………………… 57
  1.8.4　认识热继电器、按钮 ……………………………………………………… 58
 1.9　习题 …………………………………………………………………………………… 58
第2章　三相异步电动机电气控制线路 ………………………………………………… 60
 2.1　制作电动机控制线路的步骤 ………………………………………………………… 60
  2.1.1　电气原理图、电器元件布置图和接线图 …………………………………… 60
  2.1.2　制作电动机控制线路的步骤 ………………………………………………… 63
  2.1.3　检查线路和试车 ……………………………………………………………… 64
 2.2　三相异步电动机直接起动控制线路及检查试车 …………………………………… 66
  2.2.1　点动控制线路及检查试车 …………………………………………………… 66
  2.2.2　全压起动连续运转控制线路及检查试车 …………………………………… 68
  2.2.3　既能点动控制又能连续运转的控制线路 …………………………………… 71
  2.2.4　多点控制线路及检查试车 …………………………………………………… 74
  2.2.5　顺序控制线路及检查试车 …………………………………………………… 75
  2.2.6　正反转控制线路及检查试车 ………………………………………………… 78
  2.2.7　限位控制和自动往复循环控制线路及检查试车 …………………………… 82
 2.3　三相笼型异步电动机减压起动控制线路及检查试车 ……………………………… 86
  2.3.1　Y-△减压起动控制线路及检查试车 ………………………………………… 86
  2.3.2　软起动器及其使用 …………………………………………………………… 89
 2.4　三相笼型异步电动机的制动控制线路及检查试车 ………………………………… 94
  2.4.1　三相笼型异步电动机的制动 ………………………………………………… 94
  2.4.2　反接制动控制线路 …………………………………………………………… 96
  2.4.3　能耗制动控制线路 …………………………………………………………… 100
 2.5　三相笼型异步电动机速度控制 ……………………………………………………… 105
  2.5.1　三相笼型异步电动机的调速 ………………………………………………… 105
  2.5.2　变极调速控制线路 …………………………………………………………… 109
  2.5.3　变频器及其控制线路 ………………………………………………………… 110
 2.6　基本控制线路的安装技能训练 ……………………………………………………… 123
  2.6.1　电气控制线路板安装 ………………………………………………………… 123
  2.6.2　点动控制线路的安装接线 …………………………………………………… 124
  2.6.3　单向起动控制线路的安装接线 ……………………………………………… 126
  2.6.4　正反转控制线路的安装接线 ………………………………………………… 128
  2.6.5　Y-△减压起动控制线路的安装接线 ………………………………………… 130
  2.6.6　电动机带限位保护的自动往复循环控制线路的安装接线 ………………… 133
  2.6.7　双速电动机控制线路的安装接线 …………………………………………… 135
  2.6.8　变频器的模拟信号操作控制实训 …………………………………………… 136
 2.7　习题 …………………………………………………………………………………… 138
第3章　常用机床电气控制线路及常见故障的排除 …………………………………… 141

3.1　普通车床电气控制 ……………………………………………… 141

3.1.1　车床的主要结构及运动形式 ……………………………… 141

3.1.2　电气线路分析 …………………………………………… 142

3.1.3　电气线路安装步骤 ……………………………………… 144

3.1.4　常见电气故障的排除 …………………………………… 146

3.1.5　检修技能训练 …………………………………………… 146

3.2　磨床的电气控制 …………………………………………………… 149

3.2.1　磨床的主要结构及运动形式 ……………………………… 150

3.2.2　磨床电气线路分析 ……………………………………… 150

3.2.3　磨床电气线路安装步骤 ………………………………… 153

3.2.4　常见电气故障的排除 …………………………………… 155

3.2.5　检修技能训练 …………………………………………… 156

3.3　摇臂钻床的电气控制 ……………………………………………… 158

3.3.1　摇臂钻床的主要结构及运动形式 ………………………… 158

3.3.2　Z3040摇臂钻床电气线路分析 …………………………… 159

3.3.3　摇臂钻床电气线路安装步骤 ……………………………… 163

3.3.4　检修技能训练 …………………………………………… 164

3.4　铣床的电气控制 …………………………………………………… 165

3.4.1　万能铣床的主要结构及运动形式 ………………………… 165

3.4.2　X62W万能铣床电气线路分析 …………………………… 166

3.4.3　万能铣床电气线路常见故障的排除 ……………………… 171

3.4.4　检修技能训练 …………………………………………… 172

3.5　镗床的电气控制 …………………………………………………… 173

3.5.1　镗床的主要结构及运动形式 ……………………………… 173

3.5.2　镗床电气线路分析 ……………………………………… 174

3.5.3　T68镗床的电气故障与检修 ……………………………… 179

3.5.4　检修技能训练 …………………………………………… 180

3.6　组合机床的电气控制 ……………………………………………… 181

3.6.1　概述 ……………………………………………………… 181

3.6.2　机械动力滑台控制线路 ………………………………… 182

3.6.3　液压动力滑台控制线路 ………………………………… 184

3.7　习题 ………………………………………………………………… 188

第4章　起重机的电气控制 ………………………………………… 191

4.1　桥式起重机概述 …………………………………………………… 191

4.1.1　桥式起重机的主要结构和运动形式 ……………………… 192

4.1.2　桥式起重机的主要技术参数 ……………………………… 192

4.1.3　桥式起重机对电力拖动的要求 …………………………… 193

4.2　凸轮控制器及其控制线路 ………………………………………… 195

4.2.1　凸轮控制器的结构 ……………………………………… 195

4.2.2　凸轮控制器的型号与主要技术参数 ·················· 195

4.2.3　凸轮控制器的控制线路 ·························· 196

4.3　主令控制器的控制线路 ····························· 199

4.3.1　提升重物的控制 ····························· 201

4.3.2　下降重物的控制 ····························· 201

4.4　运行机构的电气控制 ····························· 202

4.4.1　PQY 系列主令控制线路分类 ···················· 202

4.4.2　PQY2 型主令控制线路 ······················· 202

4.5　桥式起重机电气设备的维护与修理 ···················· 204

4.5.1　起重机的供电特点 ··························· 204

4.5.2　线路的构成 ······························· 204

4.5.3　保护线路 ······························· 206

4.5.4　交流桥式起重机电气设备的维护和修理 ··············· 206

4.6　桥式起重机的通电试车及故障检测技能训练 ··············· 210

4.6.1　桥式起重机的通电试车 ························ 210

4.6.2　桥式起重机大车起动冲击大、速度调节不正常的故障检修 ······ 211

4.6.3　桥式起重机常见故障的检查 ····················· 211

4.7　习题 ···································· 212

第 5 章　三相异步电动机的运行与维护 ····················· 214

5.1　三相异步电动机的基本知识 ························· 214

5.1.1　三相异步电动机的分类及基本结构 ················· 214

5.1.2　三相异步电动机的型号与主要技术参数 ··············· 217

5.1.3　交流绕组的基本知识 ·························· 218

5.1.4　三相异步电动机的安装 ························ 225

5.1.5　电动机绕组的检测技能训练 ····················· 228

5.2　异步电动机的选用原则 ···························· 231

5.3　电动机运行前的检查和试车 ························· 232

5.3.1　起动前的检查 ····························· 232

5.3.2　电动机的空载试车 ··························· 233

5.3.3　测量电动机的绝缘电阻、空载电流、转速及运行温度技能训练 ····· 234

5.4　电动机运行中的监视与维护 ························· 237

5.5　电动机运行中的常见故障和处理 ······················ 238

5.5.1　电动机发生故障的原因 ························ 238

5.5.2　电动机常见故障及排除方法 ····················· 239

5.6　技能训练 ·································· 244

5.7　习题 ···································· 247

第 6 章　数控机床的伺服控制系统 ······················· 249

6.1　数控机床的伺服系统概述 ··························· 249

6.1.1　伺服系统的组成 ···························· 249

6.1.2 对伺服系统的基本要求 ……………………………………………………………… 250
6.1.3 伺服系统的分类 ………………………………………………………………………… 250
6.2 步进电动机及其驱动装置 ……………………………………………………………… 251
6.2.1 步进电动机工作原理 …………………………………………………………………… 251
6.2.2 步进电动机的主要性能指标 …………………………………………………………… 253
6.2.3 步进电动机的控制 ……………………………………………………………………… 254
6.2.4 步进电动机伺服系统的工作原理 ……………………………………………………… 255
6.2.5 步进电动机及其驱动装置的认知及使用实训 ………………………………………… 255
6.3 交流伺服系统 …………………………………………………………………………… 258
6.3.1 数控机床用交流电动机 ………………………………………………………………… 258
6.3.2 交流电动机的速度控制 ………………………………………………………………… 259
6.4 习题 ……………………………………………………………………………………… 263
附录 ……………………………………………………………………………………………… 264
附录 A 常用电气符号与限定符号 ……………………………………………………… 264
A.1 常用电气符号 …………………………………………………………………………… 264
A.2 电气简图图形符号中常用的限定符号 ………………………………………………… 266
A.2.1 限定符号 ………………………………………………………………………………… 266
A.2.2 限定符号应用举例 ……………………………………………………………………… 267
附录 B 试卷、评分标准及现场记录 …………………………………………………… 269
B.1 试题一：安装接线 ……………………………………………………………………… 269
B.2 试题二：排除故障 ……………………………………………………………………… 270
B.3 试题三：工具、设备的使用与维护 …………………………………………………… 271
B.4 试题四：安全文明生产 ………………………………………………………………… 271
参考文献 ………………………………………………………………………………………… 272

第1章

常用低压电器

本章要点

- 常用低压电器的定义及分类
- 接触器、继电器、常用的开关电器、熔断器、主令电器、执行电器的用途、基本结构、基本工作原理、主要技术参数、选用原则及维护检修
- 中间继电器和时间继电器的认识、组合开关和交流接触器拆装的技能训练

1.1 概　　述

1. 低压电器的定义

凡是对电能的生产、输送、分配和使用起控制、调节、检测、转换及保护作用的电工器械均可称为电器。用于交流 50 Hz 额定电压 1200 V 以下，直流额定电压 1500 V 以下的电路内起通断、保护、控制或调节作用的电器称为低压电器。

2. 低压电器的分类

低压电器的品种规格繁多，构造各异，可按用途、动作方式和执行机构进行分类。

（1）按用途分类

低压电器按其用途可分为配电电器和控制电器。

1）配电电器：用于配电系统，进行电能的输送和分配，如熔断器、刀开关、转换开关、低压断路器等。

2）控制电器：主要用于自动控制系统和用电设备中，如接触器、继电器、主令电器、电阻器、电磁铁等。

（2）按动作方式分类

低压电器按其动作方式可分为自动操作电器和手动操作电器。

1）自动操作电器：依靠外部信号的作用或本身参数的变化自动完成接通或断开的操作，如接触器、继电器等。

2）手动操作电器：用手直接进行操作的电器，如按钮、转换开关等。

（3）按执行机构分类

低压电器按其执行机构可分为有触点电器和无触点电器。

1）有触点电器：利用触点的接通和分断来通断电路，如接触器、低压断路器等。

2）无触点电器：利用电子电路发出检测信号，执行指令，以达到控制线路的目的，如接近开关、光电开关、电子式时间继电器等。

近年来，我国低压电器产品发展很快，通过自行设计新产品和从国外著名厂家引进技术，产品品种和质量都有了明显的提高，符合新国家标准、部颁标准和达到国际电工委员会（IEC）标准的产品不断增加。

当前，低压电器继续沿着体积小、重量轻、安全可靠、使用方便的方向发展，主要途径是利用微电子技术提高传统电器的性能；在产品品种方面，大力发展电子化的新型控制电器，如接近开关、光电开关、电子式时间继电器、固态继电器与接触器、剩余电流继电器、电子式电机保护器和半导体起动器等，以适应控制系统迅速电子化的需要。

本章主要介绍在机械设备电气控制系统中经常用到的低压电器，着重介绍部分技术先进、符合IEC标准的电器产品，为阅读和理解电气控制线路，以及正确使用及选择这些器件打好基础。

1.2 接 触 器

1.2.1 接触器的用途及分类

接触器是一种通用性很强的电磁式电器，它可以频繁地接通和分断交、直流主线路，并可实现远距离控制，主要用来控制电动机，也可控制电容器、电阻炉和照明器具等电力负载。

接触器按主触点通过电流的种类，可分为交流接触器和直流接触器。交流接触器常用于远距离接通和分断电压至 660 V、电流至 600 A 的交流电路，以及频繁起动和控制交流电动机。直流接触器常用于远距离接通和分断直流电压至 440 V、直流电流至 1600 A 的直流电路，并用于直流电动机的控制。

按其主触点的极数还可分为单极、双极、三极、四极和五极等多种。交流接触器的主触点通常是三极，直流接触器为双极。接触器的主触点一般置于灭弧罩内，有一种真空接触器则是将主触点置于密闭的真空泡中，它具有分断能力强、寿命长、操作频率高、体积小及重量轻等优点。近年来还出现了由晶闸管组成的无触点的接触器。

接触器的文字符号是 KM，图形符号如图 1-1 所示。

电磁线圈　　　主触点　　　常开辅助触点　常闭辅助触点

图 1-1　接触器的图形符号

1.2.2　接触器的工作原理及结构

1. 交流接触器

交流接触器主要由电磁机构、触点系统、弹簧和灭弧装置等组成，其工作原理是：当线圈中有工作电流通过时，在铁心中产生磁通，由此产生对衔铁的电磁力。电磁吸力克服弹簧力，使得衔铁与铁心闭合，同时通过传动机构由衔铁带动相应的触点动作。当线圈断电或电压显著降低时，电磁吸力消失或降低，衔铁在弹簧力的作用下返回，并带动触点恢复到原来的状态。

（1）电磁机构

电磁机构的主要作用是将电磁能转换成机械能，带动触点动作，完成对电路的通断控制。电磁机构由铁心（静铁心）、衔铁（动铁心）和线圈等部分组成。根据衔铁的运动方式不同，可以分为转动式和直动式，如图 1-2 所示。交流接触器的铁心一般都是 E 形直动式电磁机构，如 CJ0、CJ10 系列，也有的采用衔铁绕轴转动的拍合式，如 CJ12、CJ12B 系列接触器。为了减少剩磁，保证断电后衔铁可靠地释放，E 形铁心中柱较短，铁心闭合后上下中柱间形成 0.1~0.2 mm 的气隙。

图 1-2　交流接触器电磁机构结构图
a) 衔铁转动式　b) 衔铁直动式

交流接触器的线圈中通过交流电，产生交变的磁通，并在铁心中产生磁滞损耗和涡流损耗，使铁心发热。为了减少交变的磁场在铁心中产生的磁滞损耗和涡流损耗，交流接触器的铁心一般用硅钢片叠压而成；将线圈由绝缘的铜线绕成有骨架的短而粗的形状，与铁心隔开，也便于散热。

交流接触器的线圈中通过交流电，产生交变的磁通，其产生的电磁吸力在最大值和零之间脉动。因此当电磁吸力大于弹簧反力时衔铁被吸合，当电磁吸力小于弹簧的反力时衔铁开始释放，这样便产生了振动和噪声。为了消除振动和噪声，在交流接触器的铁心端面上装入一个铜制的短路环，如图 1-3 所示。

图 1-3　短路环的结构

在铁心端面装入短路环后，交变的磁通$\dot{\Phi}_m$经过铁心端面时被分成$\dot{\Phi}_{1m}$和$\dot{\Phi}_{2m}$两部分，且$\dot{\Phi}_{1m}$和$\dot{\Phi}_{2m}$同相位，如图1-4所示。$\dot{\Phi}_{2m}$经过短路环在其中产生感应电动势$\dot{E}$，$\dot{E}$滞后于$\dot{\Phi}_{2m}$90°，$\dot{E}$在短路环中产生感应电流$\dot{i}$，$\dot{i}$在短路环附近产生磁通$\dot{\Phi}$，$\dot{\Phi}$和$\dot{i}$同相位，使得穿过短路环的磁通变为$\dot{\Phi}_2 = \dot{\Phi}_{2m} + \dot{\Phi}$，而未经过短路环的磁通变为$\dot{\Phi}_1 = \dot{\Phi}_{1m} - \dot{\Phi}$。由相量图可见，$\dot{\Phi}_2$和$\dot{\Phi}_1$之间不再同相位，这样就使得$\dot{\Phi}_2$和$\dot{\Phi}_1$分别产生的电磁力$\dot{F}_2$和$\dot{F}_1$不会同时为0，所以总吸力$\dot{F}$不再为0。如果短路环设计合理，总吸力$\dot{F}$将比较平坦，衔铁就不会产生振动和噪声了。

图1-4　短路环的作用原理

a）铁心端面磁通相量图　b）铁心端面磁通分布

（2）触点系统

交流接触器的触点系统由主触点和辅助触点构成。主触点用于通断电流较大的主线路，由接触面积较大的常开触点组成，一般有3对。辅助触点用于通断电流较小的控制线路，由常开触点和常闭触点组成。所谓常开触点（又叫动合触点）是指电器设备在未通电或未受外力作用时的常态下，触点处于断开状态；常闭触点（又叫动断触点）是指电器设备在未通电或未受外力作用时的常态下，触点处于闭合状态。

触点的结构有桥式和指形两类。交流接触器一般采用双断点桥式触点，如图1-5所示。触点一般采用导电性能良好的纯铜材料制成，因铜的表面容易氧化生成一层不易导电的氧化铜，所以在触点表面嵌有银片，氧化后的银片仍有良好的导电性能。

图1-5　双断点桥式触点

a）完全分开位置　b）刚接触位置　c）完全闭合位置

指形触点如图 1-6 所示。因指形触点在接通与分断时动触点沿静触点产生摩擦，可以去掉氧化膜，故其触点可以用纯铜制造，特别适合于触点分合次数多、电流大的场合。

图 1-6　指形触点

a）完全分开位置　b）刚接触位置　c）完全闭合位置

（3）灭弧系统

分断电流瞬间，在触点间的气隙中会产生电弧。电弧的高温能将触点烧损，并且电路不易断开，可能造成其他事故，因此应采用适当措施迅速熄灭电弧。

熄灭电弧的主要措施有：①迅速增加电弧长度（拉长电弧），使得单位长度内维持电弧燃烧的电场强度不够而使电弧熄灭；②使电弧与流体介质或固体介质相接触，加强冷却和去游离作用，使电弧加快熄灭。电弧有直流电弧和交流电弧两类，交流电弧有自然过零点，故其电弧较易熄灭。

低压控制电器常用的灭弧方法有以下几种。

1）拉长灭弧。通过机械装置或电动力的作用将电弧迅速拉长并在电弧电流过零时熄灭，如图 1-7 所示。这种方法多用于开关电器中。

2）磁吹灭弧。在一个与触点串联的磁吹线圈产生的磁场作用下，电弧受电磁力的作用而拉长，被吹入由固体介质构成的灭弧罩内，与固体介质相接触，电弧被冷却而熄灭，如图 1-8 所示。直流电器中常采用磁吹灭弧。

图 1-7　电动力拉长灭弧

图 1-8　磁吹灭弧

1—磁吹线圈　2—铁心　3—导磁夹板　4—引弧角　5—灭弧罩
6—动触点　7—磁场方向　8—静触点

3）窄缝（纵缝）灭弧法。在电弧形成的磁场电动力的作用下，可使电弧拉长并进入灭弧罩的窄（纵）缝中，几条纵缝可将电弧分割成数段且与固体介质相接触，电弧便迅速熄灭，如图1-9所示。这种结构多用于交流接触器上。

4）栅片灭弧法。如图1-10所示，当触点分开时，产生的电弧在电动力的作用下被推入一组金属栅片中而被分割成数段，彼此绝缘的金属栅片的每一片都相当于一个电极，因而就有许多个阴阳极压降。对交流电弧来说，近阴极处，在电弧过零时就会熄灭。由于栅片灭弧效应在交流时要比直流时强得多，所以交流电器常常采用栅片灭弧。

图 1-9 窄缝（纵缝）灭弧法

图 1-10 栅片灭弧法

1—主触点 2—电弧 3—电弧进入灭弧栅片
4—灭弧栅片 5—电弧产生的磁场

对于小容量的接触器常采用双断点桥式触点和电动力进行灭弧，在主触点上装有陶土灭弧罩。对于容量较大（20 A以上）的交流接触器一般采用灭弧栅片灭弧。

（4）其他部件

交流接触器的其他部件包括底座、反作用弹簧、缓冲弹簧、触点压力弹簧、传动机构和接线柱。反作用弹簧的作用是当吸引线圈断电时，迅速使主触点、常开触点分断；缓冲弹簧的作用是缓冲衔铁吸合时产生对铁心和外壳的冲击力；触点压力弹簧的作用是增加动静触点之间的压力，增大接触面积，降低接触电阻，避免触点由于接触不良而过热。

2. 直流接触器

直流接触器主要用于控制直流电压至440 V、直流电流至1600 A的直流电力线路，常用于频繁操作和控制直流电动机。直流接触器的结构和工作原理与交流接触器基本相同，在结构上也是由电磁机构、触点系统和灭弧装置等组成，但也有不同之处。

（1）电磁机构

电磁机构由铁心、线圈和衔铁组成。线圈中通过的是直流电，产生的是恒定的磁通，不会在铁心中产生磁滞损耗和涡流损耗，所以铁心不发热，铁心可以用整块铸钢或铸铁制成。并且由于磁通恒定，其产生的吸力在衔铁和铁心闭合后是恒定不变的，因此在运行时没有振动和噪声，所以在铁心上不需要安装短路环。在直流接触器运行时，电磁机构中只有线圈产生热量，为了使线圈散热良好，通常将线圈绕制成长而薄的圆筒形，没有骨架，与铁心直接接触，便于散热。

（2）触点系统

直流接触器的主触点要接通或断开较大的电流，常采用指形触点，一般有单极或双极两种。辅助触点开断电流较小，常做成双断点桥式触点。

（3）灭弧装置

直流接触器的主触点在分断大的直流电时，会产生直流电弧，较难熄灭，一般采用灭弧能力较强的磁吹灭弧。

1.2.3 接触器的主要技术参数及型号

1. 接触器的主要技术参数

1) 额定电压：接触器铭牌上标注的额定电压是指主触点正常工作时的额定电压。交流接触器常用的额定电压等级有 127 V、220 V、380 V、660 V；直流接触器常用的额定电压等级有 110 V、220 V、440 V、660 V。

2) 额定电流：接触器铭牌上标注的额定电流是指主触点的额定电流。交、直流接触器常用的额定电流的等级有 10 A、20 A、40 A、60 A、100 A、150 A、250 A、400 A、600 A。

3) 线圈的额定电压：指接触器吸引线圈的正常工作电压值。交流线圈常用的电压等级为 36 V、110 V、127 V、220 V、380 V；直流线圈常用的电压等级为 24 V、48 V、110 V、220 V、440 V。选用时交流负载选用交流接触器，直流负载选用直流接触器，但交流负载频繁动作时可采用直流线圈的交流接触器。

4) 主触点的接通和分断能力：指主触点在规定的条件下能可靠地接通和分断的电流值。在此电流值下，接通时主触点不发生熔焊，分断时不应产生长时间的燃弧。

接触器的使用类别不同，对主触点接通和分断能力的要求也不同。常见接触器的使用类别、典型用途及主触点要求达到的接通和分断能力如表 1-1 所示。

5) 额定操作频率：指接触器在每小时内的最高操作次数。交、直流接触器的额定操作频率为 1200 次/h 或 600 次/h。

6) 机械寿命：指接触器所能承受的无载操作的次数。

7) 电寿命：指在规定的正常工作条件下，接触器带负载操作的次数。

表 1-1 常见接触器的使用类别、典型用途及主触点要求达到的接通和分断能力

电流种类	使用类别	主触点接通和分断能力	典 型 用 途
交流 （AC）	AC-1	允许接通和分断额定电流	无感或微感负载、电阻炉
	AC-2	允许接通和分断 4 倍额定电流	绕线转子电动机的起动和制动
	AC-3	允许接通 6 倍额定电流和分断额定电流	笼型感应电动机的起动和分断
	AC-4	允许接通和分断 6 倍额定电流	笼型感应电动机的起动、反转、反接制动
直流 （DC）	DC-1	允许接通和分断额定电流	无感或微感负载、电阻炉
	DC-3	允许接通和分断 4 倍额定电流	并励电动机的起动、反转、反接制动
	DC-5	允许接通和分断 4 倍额定电流	串励电动机的起动、反转、反接制动

2. 交流接触器的主要型号

国产交流接触器的型号含义为

$$CJ\ \square\ \square-\square\ \square$$

交流接触器 ——
设计序号 ——
特殊派生代号 ——
特殊环境代号 ——
基本规格代号（额定电流）——

交流接触器的品种和规格很多，常用的有 CJ10、CJ20、B、3TB、LC1—D、CJ40 等系列交流接触器。CJ10 系列用于控制一般的电动机，CJ20 是我国生产的更新换代产品，B 系列交流接触器是引进德国 BBC 公司的产品，3TB 是从德国西门子公司引进技术生产的产品，LC1—D 系列交流接触器是引进法国 TE 公司制造技术生产的产品。

(1) CJ10 系列交流接触器

CJ10 系列交流接触器如图 1-11 所示。其适用于交流 50 Hz、电压至 380 V、电流至 150 A 的电力线路，作远距离接通与分断线路之用，适于频繁起动和控制交流电动机，并与适当的热继电器或电子式保护装置组合成电动机起动器，以保护可能发生过载的电路。其吸引线圈的额定电压交流为 36 V、127 V、220 V、380 V；直流为 110 V、220 V。吸引线圈在额定电压的 85%~105% 时可以正常工作，在线圈电流切断后，常开触点应完全开启，而不停留在中间位置。接触器主触点的接通能力与分断能力：在 105% 的额

图 1-11　CJ10 系列交流接触器

定电压下，功率因数为 0.35 时能承受接通与分断 10 倍额定电流 20 次，每次间隔 5 s，通电时间 0.2 s。接触器的操作频率为 600 次/h，电寿命可达 60 万次，机械寿命为 300 万次。CJ10 系列交流接触器为直动式，主触点采用双断点桥式触点，20 A 以上的接触器均装有灭弧装置。电磁机构为双 E 形铁心，磁轭两边铁柱端面嵌有短路环，衔铁中柱较短，闭合后留有空气间隙，以削弱剩磁的作用。其主要技术参数如表 1-2 所示。

表 1-2　CJ10 系列交流接触器的主要技术参数

型　号	主　触　点			辅　助　触　点		可控制三相异步电动机的功率/kW		额定操作频率/(次/h)
	极数	额定电压/V	额定电流/A	触点组合	额定电流/A	220 V	380 V	
CJ10—10	3 极	380	10	2 对常开触点2 对常闭触点	5	2.2	4	600
CJ10—20			20			5.5	10	
CJ10—40			40			11	20	
CJ10—60			60			17	30	
CJ10—100			100			30	50	
CJ10—150			150			43	75	

(2) CJ20 系列交流接触器

CJ20 系列交流接触器如图 1-12 所示。CJ20 系列交流接触器适用于交流 50 Hz、电压至 660 V、电流至 630 A 的电力线路，供远距离接通与分断线路之用，适于频繁起动和控制交流电动机，并与热继电器或电子式保护装置组成电磁起动器，以保护电路。CJ20 系列交流接触器为直动式，主触点采用双断点桥式触点，U 形铁心。辅助触点采用通用的辅助触点，根据需要可制成不同组合以适应不同需要。辅助触点的组合有 2 常开 2 常闭、4 常开 2 常闭，也可根据需要交换成 3 常开 3 常闭或 2 常开 4 常闭。CJ20 系列交流接触器的结构优点是体积小、重量轻、易于维护。CJ20 系列交流接触器的主要技术参数如表 1-3 所示。

图 1-12　CJ20 系列交流接触器

表 1-3　CJ20 系列交流接触器的主要技术参数

| 型　号 | 主 触 点 | | | 辅 助 触 点 | | 可控制 380 V 三相异步电动机的功率 /kW | 额定操作频率 /（次/h） |
	极数	额定电压 /V	额定电流 /A	触点组合	额定电流 /A		
CJ20—10	3 极	380	10	2 常开 2 常闭	10	2.2	1200
CJ20—25			25			11	1200
CJ20—40			40			22	1200
CJ20—63			63			30	1200
CJ20—100			100			50	1200
CJ20—160			160	4 常开 2 常闭、3 常开 3 常闭、2 常开 4 常闭	16	85	1200
CJ20—400			400			200	600
CJ20—630			630			300	600

（3）CDC10 系列交流接触器

CDC10 系列交流接触器如图 1-13 所示。产品的型号及含义如下：

图 1-13　CDC10 系列
交流接触器

CDC　C　10—□
德力西集团
交流接触器
设计序号
基本规格代号，用 AC-3、380 V 时的额定工作电流的数值表示

CDC10 系列交流接触器是德力西集团有限公司在原 CJ10 系列交流接触器的基础上自行改进设计的专利产品。接触器的外形和安装尺寸与原 CJ10 系列完全相同，但对产品的触点和灭弧系统进行了较大的改进，使接触器的最高额定工作电压从 380 V 提高到 660 V；把陶土灭弧罩改为 DMC 塑料的灭弧罩，并加灭弧栅片，消除了陶土灭弧罩容易破损的弊端；同时改进触点结构设计，从而达到提高灭弧性能、延长触点寿命、缩小飞弧距离、减轻产品质量的效果。

CDC10 系列交流接触器主要用于交流 50 Hz，额定工作电压最高至 660 V。AC-3 用在额

定工作电压为 380 V 时的额定工作电流至 150 A，660 V 时的额定工作电流至 100 A 的电力系统中，用于接通和断开电路或控制交流电动机的运转。

CDC10 系列交流接触器的 40 A 及以下规格为直动式、双断点立体布局，上层为触点系统，下层为电磁机构，辅助触点位于两侧；60 A 及以上规格为转动式、双断点平面布局，左边是触点系统，右边是电磁机构，辅助触点位于电磁机构的下部。其主要技术参数如表 1-4 所示。

表 1-4　CDC10 系列交流接触器的主要技术参数

型　号	主　触　点			辅　助　触　点		可控制三相异步电动机的功率/kW		额定操作频率/(次/h)
	极数	额定电压/V	额定电流/A	触点组合	额定电流/A	220 V	380 V	
CDC10—10	3 极	380	10	2 对常开触点 2 对常闭触点	5	2.2	4	1200
CDC10—20			20			5.5	10	
CDC10—40			40			11	20	
CDC10—60			60			17	30	
CDC10—100			100			28	50	
CDC10—150			150			43	75	

CDC10 系列交流接触器在各接线处印有明确的接线端子数字标志，含义如下：

线圈进线端：A1。

线圈出线端：A2。

主线路的三相进线端：1、3、5（L1、L2、L3）。

主线路的三相出线端：2、4、6（T1、T2、T3）。

常开辅助触点进线端：23、43。

常开辅助触点出线端：24、44。

常闭辅助触点进线端：11、31。

常闭辅助触点出线端：12、32。

（4）NC1 系列交流接触器

正泰 NC1 系列交流接触器如图 1-14 所示，主要用于交流 50 Hz（或 60 Hz）、额定工作电压至 690 V、在 AC-3 使用类别下额定工作电流至 95 A 的电路中，供远距离接通和分断电路之用，并可与适当的热继电器组成电磁起动器以保护可能发生操作过负载的电路。该系列接触器适于频繁地起动和控制交流电动机。

NC1—N 系列可逆交流接触器可以用于电动机的可逆控制，它的机械联锁机构保证了两台可逆接触器触点转换的工作可靠性。

为了适应某些特殊场合的需要，NC1 系列交流接触器设计了带直流操作系统的交流接触器。

图 1-14　NC1 系列交流接触器

NC1 系列交流接触器可以采用积木式安装方式加装辅助触点组（F4 系列）、空气延时头（F5 系列）、热继电器等附件组合成多种派生产品。

3. 直流接触器的主要型号

直流接触器的主要型号有 CZ0 系列和 CZ18 系列。直流接触器的型号含义为

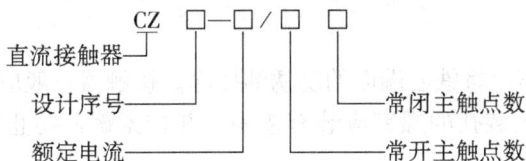

```
        CZ □-□/□ □
直流接触器┘  │ │  │  └ 常闭主触点数
设计序号───┘ │  └──── 常开主触点数
额定电流──────┘
```

（1）CZ0 系列直流接触器

CZ0 系列直流接触器如图 1-15 所示。CZ0 系列直流接触器适用于直流电压 440 V 以下、电流 600 A 及以下电路，适于远距离接通和分断直流电力线路，以及频繁起动、停止直流电动机和控制直流电动机的换向及反接制动。其主触点的额定电流有 40 A、100 A、150 A、250 A、400 A、600 A。其主触点的灭弧装置由串联磁吹线圈和横隔板陶土灭弧罩组成。

（2）CZ18 系列直流接触器

CZ18 系列直流接触器适用于直流电压 440 V 以下、电流 1600 A 及以下电路，适于远距离接通和分断直流电力线路，以及频繁起动、停止直流电动机和控制直流电动机的换向及反接制动。其主触点的额定电流有 40 A、80 A、160 A、315 A、630 A、1000 A。

图 1-15　CZ0 系列直流接触器

1.2.4　接触器的选择

接触器的选用主要依据以下几个方面。

1）选择接触器的类型。根据负载电流的种类来选择接触器的类型。交流负载选择交流接触器，直流负载选用直流接触器。

2）选择主触点的额定电压。主触点的额定电压应大于或等于负载的额定电压。

3）选择主触点的额定电流。主触点的额定电流应不小于负载电路的额定电流，如果用来控制电动机的频繁起动、正反转或反接制动，应将接触器主触点的额定电流降低一个等级使用。在低压电气控制系统中，380 V 的三相异步电动机是主要的控制对象，如果知道了电动机的额定功率（如 1 kW），则控制该电动机的接触器的额定电流大约是 2 A。

4）选择接触器吸引线圈的电压。交流接触器线圈额定电压一般直接选用 380/220 V，直流接触器可选线圈的额定电压和直流控制回路的电压一致。直流接触器的线圈加直流电压，交流接触器的线圈一般加交流电压。如果把应加直流电压的线圈加上交流电压，因线圈阻抗太大，电流太小，接触器往往不吸合；如果将应加交流电压的线圈加上直流电压，则因电阻太小，电流太大，会烧坏线圈。

5）根据使用类别选用相应产品系列。如果生产中大量使用小容量笼型感应电动机，负载为一般任务，则选用 AC-3 类；控制机床的电动机起动、反转、反接制动的接触器，负载任务较重，则选用 AC-4 类。

1.2.5 接触器的运行维护与故障检修

1. 安装注意事项

接触器在安装使用前应将铁心端面的防锈油擦净。接触器一般应垂直安装于竖直的平面上，倾斜度不超过5°；安装孔的螺钉应装有垫圈，并拧紧螺钉防止松脱或振动；避免异物落入接触器内。

2. 日常维护

1）定期检查接触器的零部件，要求可动部分灵活，紧固件无松动。已损坏的零件应及时修理或更换。

2）保持触点表面的清洁，不允许粘有油污。当触点表面因电弧烧蚀而附有金属小颗粒时，应及时修磨。银和银合金触点表面因电弧作用而生成黑色氧化膜时，不必锉去，因为这种氧化膜的导电性很好，锉去反而会缩短触点的使用寿命。触点的厚度减小到原厚度的1/4时，应更换触点。

3）接触器不允许在去掉灭弧罩的情况下使用，因为这样在触点分断时很可能造成相间短路事故。陶土制成的灭弧罩易碎，应避免因碰撞而损坏。要及时清除灭弧罩内的碳化物。

3. 接触器的故障检修

（1）触点的故障维修及调整

触点的一般故障有过热、磨损、熔焊等。其检修顺序和方法如下。

1）打开外盖，检查触点表面的氧化情况和有无污垢。银触点的氧化层导电率和纯银差不多，氧化时可不做处理。对于铜触点，要用小刀轻轻地刮去其表面的氧化层。如果触点沾有污垢，要用汽油将其清洗干净。

2）观察触点表面有无灼伤烧毛，如有烧毛现象，要用小刀或整形锉修整毛面。修整时不必将触点表面处理得过分光滑，因为过分光滑会使触点接触面减小；不允许用纱布或砂纸来修整触点的毛面。

3）触点如有熔焊，应更换触点。如因触点容量不够而产生熔焊，更换时应选容量大一些的电器。

4）检查触点的磨损情况，若磨损到原厚度的1/3~1/2时应更换触点。

5）检查触点有无机械损伤使弹簧变形，造成压力不够。如果有，则需调整其压力，使触点接触良好。可用纸条测试触点压力：将一条比触点稍宽的纸条，放在动静触点之间，若纸条很容易拉出，说明触点的压力不够。如果经调整达不到要求，则应更换弹簧。用纸条测定压力需凭经验，一般小容量的电器稍用力纸条便可拉出，较大容量的电器纸条拉出后有撕裂现象，出现这种现象时认为触点压力比较合适。若纸条被拉断，说明触点压力太大。

（2）电磁机构的故障维修

铁心和衔铁的端面接触不良或衔铁歪斜、短路环损坏、电压太低等故障都会使衔铁噪声大，甚至造成线圈过热或烧毁。

1）衔铁噪声大。修理时应拆下线圈，检查铁心和衔铁之间的接触面是否平整，有无油污。若不平整应锉平或磨平；如有油污要清洗。若铁心歪斜或松动，应加以校正或紧固。检查短路环有无断裂，如断裂应按原尺寸用铜块制好换上，或将粗铜丝敲成方截面，按原尺寸制好，在接口处气焊修平即可。

2）线圈故障。线圈的主要故障是通过的电流过大导致过热或烧毁。这类故障通常是由于线圈绝缘损坏，或受机械损伤造成匝间短路或接地。电源电压过低、铁心和衔铁接触不紧密，也会使线圈电流过大，线圈过热以致烧毁。线圈若因短路烧毁，则需更换。如果线圈短路的匝数不多，短路点又在接近线圈的端头处，其余部分均完好，则可将损坏的几圈拆去，线圈可继续使用。

3）衔铁吸不上。当线圈接通电源后，衔铁不能被铁心吸合，应立即切断电源，以免线圈被烧毁。若线圈通电后无振动和噪声，要检查线圈引出线连接处有无脱落，用万用表检查是否断线或烧毁；若通电后有振动和噪声，应检查活动部分是否被卡住，铁心和衔铁之间是否有异物，电源电压是否过低。

（3）接触器的其他常见故障检修

接触器除了触点和电磁机构的故障外，还有下列常见故障。

1）触点断相。由于某相触点接触不良或连接螺钉松脱，使电动机断相运行，发出"嗡嗡"声时，应立即停车检修。

2）触点熔焊。接触器的触点因为长时间通过过载电流而引起两相或三相触点熔焊，此时虽然按"停止"按钮，但触点不能断开，电动机不会停转，并发出"嗡嗡"声。此时应立即切断电动机控制的前一级开关，停车检查修理。

3）灭弧罩碎裂。原来带有灭弧罩的接触器决不允许不带灭弧罩使用，若发现灭弧罩碎裂应及时更换。

接触器常见故障、原因和排除方法如表 1-5 所示。

表 1-5　接触器常见故障及排除方法

故障现象	可能原因	排除方法
衔铁吸不上或吸不足（即触点已闭合而铁心尚未完全吸合）	1）电源电压太低或波动过大 2）线圈断线、配线错误及触点接触不良 3）线圈的额定电压与使用条件不符 4）衔铁或机械可动部分被卡住 5）触点弹簧压力过大	1）调整电源电压 2）更换线圈，检查线路，修理控制触点 3）更换线圈 4）清除卡阻物 5）按要求调整触点参数
衔铁不释放或释放缓慢	1）触点弹簧压力过小 2）触点熔焊 3）机械可动部分被卡住，转轴生锈或歪斜 4）弹簧损坏 5）铁心端面有油污或尘埃附着 6）E 形铁心寿命结束，剩磁增大	1）调整触点压力 2）排除熔焊故障，更换触点 3）排除卡住现象，修理受损零件 4）更换弹簧 5）清理铁心端面 6）更换 E 形铁心
衔铁噪声大	1）电源的电压过低 2）弹簧反作用力过大 3）短路环断裂（交流） 4）铁心端面有污垢 5）磁系统歪斜，使铁心不能吸平 6）铁心端面过度磨损而不平	1）提高操作回路电压 2）调整弹簧压力 3）更换短路环 4）清洁铁心端面 5）调整机械部分 6）更换铁心
线圈过热或烧毁	1）电源电压过高或过低 2）线圈的额定电压与电源电压不符 3）操作频率过高 4）线圈由于机械损伤或附有导电灰尘而匝间短路	1）调整电源电压 2）更换线圈或接触器 3）选择其他合适的接触器 4）排除短路故障，更换线圈并保持清洁

（续）

故障现象	可能原因	排除方法
触点灼伤或熔焊	1）触点压力过小 2）触点表面有金属颗粒异物 3）操作频率过高，或工作电压过大，断开容量不够 4）长期过载使用 5）负载侧短路，触点的断开容量不够大	1）调高触点弹簧压力 2）清理触点表面 3）更换容量较大的接触器 4）更换合适的接触器 5）改用较大容量的接触器

1.3 继 电 器

继电器是一种根据电或非电信号的变化来接通或断开小电流（一般小于 5 A）控制线路的自动控制电器。继电器的输入量（如电流、电压、温度、压力等）变化到某一定值时继电器动作，其触点便接通或断开控制回路。由于继电器的触点用于控制线路中，通断的电流小，所以继电器的触点结构简单，不安装灭弧装置。

继电器的种类很多，用途广泛，按输入信号不同可以分为电流继电器、电压继电器、时间继电器、热继电器以及温度、压力、速度继电器等；按工作原理又可以分为电磁式继电器、感应式继电器、电动式继电器、电子式继电器等；按输出形式还可分为有触点和无触点两类。下面介绍常用的几种继电器。

1.3.1 电磁式继电器

电磁式继电器的结构如图 1-16 所示。电磁式继电器的主要结构有电磁机构和触点系统。继电器的工作原理和接触器相似。不同之处在于，继电器可以通过反作用调节螺母 5，来调节反作用力的大小，从而调节了继电器动作值的大小。电磁式继电器是对电压信号、电流信号的变化做出反应，其触点用于切换小电流的控制线路。而接触器是其吸引线圈的电压信号达到一定值时触点动作，主触点用于通断大电流的主线路，上面装有灭弧装置，辅助触点用于通断小电流的控制线路。

图 1-16 电磁式继电器结构示意图

1—线圈 2—铁心 3—衔铁 4—止动螺钉 5—反作用调节螺母 6、11—静触点
7、6—常开触点 8—触点弹簧 9—绝缘支架 10、11—常闭触点 12—反作用弹簧

1. 电流继电器

电流继电器的文字符号是 KI，图形符号如图 1-17 所示。

图 1-17 电流继电器的图形符号

a）过电流继电器线圈 b）欠电流继电器线圈 c）常开触点 d）常闭触点

电流继电器的输入信号是电流，其线圈串联在被测电路中，以反映电路电流的变化。电流继电器的线圈匝数少，导线粗，线圈阻抗小。电流继电器又分为过电流继电器和欠电流继电器两种。

（1）过电流继电器

正常工作时，线圈中通过正常的负荷电流，继电器不动作，即衔铁不吸合。当通过线圈的电流超过正常的负荷电流，达到某一整定值时，继电器动作，衔铁吸合，同时带动触点动作，常开触点闭合，常闭触点断开。在电力系统中常用过电流继电器构成过电流和短路保护。

使过电流继电器动作的最小电流称为继电器的动作电流，用 I_{OP} 表示。

过电流继电器动作以后，当流入线圈中的电流逐渐减小到某一电流值时，继电器因电磁力小于弹簧力而返回到原始位置的最大电流称为返回电流 I_{re}。

电流继电器的返回电流 I_{re} 和动作电流 I_{OP} 之比称为返回系数 K_{re}，即 $K_{re} = I_{re}/I_{OP}$。显然，过电流继电器的返回系数小于 1，继电器质量越好返回系数的值越高。

（2）欠电流继电器

正常工作时，线圈中通过正常的负荷电流，衔铁吸合，其常开触点闭合，常闭触点断开。当通过线圈的电流降低到某一电流值时，衔铁动作（释放），同时带动触点动作，常开触点断开，常闭触点闭合。欠电流继电器常用于直流回路的断线保护，如直流电动机的励磁回路断线将会造成直流电动机飞车的严重后果。在产品上只有直流欠电流继电器，而没有交流欠电流继电器。

使欠电流继电器动作（衔铁释放）的最大电流称为继电器的动作电流，用 I_{OP} 表示。继电器动作（衔铁释放）以后，当流入线圈中的电流上升到某一电流值时，继电器返回到衔铁吸合状态的最小电流称为返回电流 I_{re}，欠电流继电器的返回系数大于 1。

在电气控制系统中，用得较多的电流继电器有 JL14、JL15、JT3、JT9、JT10 等型号，主要根据主线路的电流种类和额定电流来选择。

2. 电压继电器

电压继电器的输入信号是电压，其线圈并联在被测电路中，以反映电路电压的变化。电压继电器的线圈匝数多、导线细、线圈阻抗大。电压继电器又分为过电压继电器和欠电压继电器两种。它的文字符号是 KV，图形符号如图 1-18 所示。

（1）过电压继电器

正常工作时，线圈的电压为额定电压，继电器不动作，即衔铁不吸合。当线圈的电压高于额定电压，达到某一整定值时，继电器动作，衔铁吸合，同时带动触点动作，常开触点闭合，常闭触点断开。直流电路一般不会产生过电压，所以在产品中只有交流过电压继电器，用于过电压保护。其动作电压、返回电压和返回系数的概念与过电流继电器相似。过电压继电器的返回系数小于1。

图 1-18　电压继电器的图形符号

a) 过电压继电器线圈　b) 欠电压继电器线圈　c) 常开触点　d) 常闭触点

（2）欠电压继电器

在额定参数时，欠电压继电器的衔铁处于吸合状态。当其吸引线圈的电压降低到某一整定值时，欠电压继电器动作（衔铁释放）；当吸引线圈的电压上升后，欠电压继电器返回到衔铁吸合状态。其动作电压、返回电压和返回系数的概念与欠电流继电器相似。欠电压继电器的返回系数大于1。欠电压继电器常用于电力线路的欠电压和失电压保护。

电气控制系统中常用的电压继电器有 JT3、JT4 型，主要根据电源种类和额定电压来选择。

3. 中间继电器

中间继电器触点数量多，触点容量大，在控制线路中起增加触点数量和中间放大的作用，有的中间继电器还有短延时功能。其线圈为电压线圈，要求当线圈电压为 0 时，衔铁能可靠释放，对动作参数无要求。中间继电器没有弹簧调节装置。它的文字符号是 KA，图形符号如图 1-19 所示。

图 1-19　中间继电器的图形符号

a) 中间继电器的线圈　b) 常开触点
c) 常闭触点

常用的中间继电器有 JZ7、JZ8、JZ11、JZ14、JZ15 系列，主要依据被控电路的电压等级及触点的数量、种类来选用。如 JZ7 系列中间继电器共有 8 对触点，可以形成 4 对常开 4 对常闭、6 对常开 2 对常闭或 8 对常开的触点组合。新型中间继电器的触点闭合过程中动、静触点间有一段滑擦、滚压过程，可以有效地清除触点表面的各种生成膜及尘埃，从而减小接触电阻、提高接触可靠性。有的中间继电器还装了防尘罩。

以上三种电磁式继电器的型号含义如下：

     ⊖ 通用继电器是指在其电磁机构中装上不同的线圈或阻尼线圈就可制成电流继电器、电压继电器或时间继电器。

JZ 14—□ □ □

中间继电器 ———|　　　　 |——— J— 交流；Z— 直流
设计序号 ————|　　　 |——— 常闭触点数量
　　　　　　　　 |——— 常开触点数量

1.3.2　时间继电器

从得到输入信号（线圈通电或断电）开始，经过一定的延时后才输出信号（触点闭合或断开）的继电器，称为时间继电器。时间继电器的文字符号为 KT，图形符号如图 1-20 所示。时间继电器有电磁式、空气阻尼式、电动式、电子式等多种。

图 1-20　时间继电器的图形符号

a）缓慢吸合继电器的线圈　b）缓慢释放继电器的线圈　c）瞬动常开触点
d）瞬动常闭触点　e）通电延时闭合常开触点　f）通电延时断开常闭触点
g）断电延时断开常开触点　h）断电延时闭合常闭触点

1. 直流电磁式时间继电器

（1）电磁式时间继电器的工作原理

电磁式时间继电器是利用电磁系统在电磁线圈断电后磁通延缓变化的原理工作的。在直流电磁式电压继电器的铁心上增加一个铜制或铝制的阻尼套管，就可构成时间继电器。当线圈断电后，通过铁心的磁通迅速减少，由于电磁感应，在阻尼套管中产生感应电流，感应电流产生的磁场总是要阻碍原磁场的减弱，从而使衔铁释放推迟 0.3~5.5 s。通电时直流电磁式时间继电器吸合，由于衔铁处于释放位置，气隙大、磁阻大、磁通小，阻尼套管的阻尼作用相对较小，因此铁心吸合时的延时可以忽略不计。

（2）电磁式时间继电器的特点

电磁式时间继电器的特点是：结构简单、价格低廉、延时较短（0.3~5.5 s），只能用于直流断电延时，延时精度不高，体积大。常用的有 JT3、JT18 系列。

（3）电磁式时间继电器改变延时的方法

改变电磁式时间继电器延时长短的方法有两种：一种是粗调，改变安装在衔铁上的非磁性垫片的厚度，垫片厚时延时短，垫片薄时延时长；另一种是细调，即调整弹簧的反力大小，弹簧紧则延时短，弹簧松则延时长。

2. 空气阻尼式时间继电器

（1）空气阻尼式时间继电器的工作原理

空气阻尼式时间继电器是利用空气的阻尼作用而达到延时目的的。如图 1-21 所示，JS7-A

系列空气阻尼式时间继电器由电磁机构、触点系统（由两个微动开关构成，包括两对瞬时触点和两对延时触点）、空气室及传动机构等部分组成。

图 1-21　JS7-A 系列空气阻尼式时间继电器的外形和结构图

a）外形图　b）结构图

JS7-A 系列空气阻尼式时间继电器的工作原理用图 1-22 来说明。图 1-22a 为通电延时型时间继电器，当线圈 1 通电后，衔铁 3 吸合，微动开关 16 受压后其触点瞬时动作，活塞杆 6 在截锥螺旋压缩弹簧 8 的作用下带动活塞 12 及橡皮膜 10 向上移动，这时橡皮膜下面空气稀薄，与橡皮膜上面的空气形成压力差，对活塞的向上移动产生阻尼作用，因此活塞杆 6 只能缓慢地向上移动，其移动速度取决于进气孔的大小，可通过调节螺钉 13 进行调整。经过一段延时后，活塞杆 6 才能移动到最上端。这时通过杠杆 7 压动微动开关 15，使延时触点动作，常开触点闭合，常闭触点断开。当线圈 1 断电后，电磁力消失，衔铁 3 在反力弹簧 4 的作用下释放，并通过活塞杆 6 将活塞 12 推向下端，这时橡皮膜 10 下方空气室内的空气通过橡皮膜 10、弱弹簧 9 和活塞 12 的肩部，迅速从橡皮膜上方的空气室缝隙中排掉，微动开关 15、16 迅速复位，无延时。

图 1-22　JS7-A 系列空气阻尼式时间继电器原理图

a）通电延时型　b）断电延时型

1—线圈　2—铁心　3—衔铁　4—反力弹簧　5—推板　6—活塞杆　7—杠杆　8—截锥螺旋压缩弹簧
9—弱弹簧　10—橡皮膜　11—空气室壁　12—活塞　13—调节螺钉　14—进气孔　15、16—微动开关断电延时型时间继电器的结构与通电延时型类似，只是衔铁安装方向不同，即当衔铁吸合时推动活塞复位，排出空气，当衔铁释放时活塞杆在反力弹簧作用下使活塞向下移动，实现断电延时。

（2）空气阻尼式时间继电器的特点

空气阻尼式时间继电器的特点是：结构简单、价格较低、延时范围较大（0.4～180 s），不受电源电压及频率波动的影响，有通电延时和断电延时两种，但延时误差较大，一般用于延时精度不高的场合。常用的有 JS7-A、JS23 等系列。

（3）空气阻尼式时间继电器改变延时的方法

通过调整进气孔的大小来调整延时。

3. 电动式时间继电器

（1）电动式时间继电器的工作原理

电动式时间继电器是由微型同步电动机拖动减速机构，经机械机构获得触点延时动作的时间继电器。电动式时间继电器由微型同步电动机、电磁离合器、减速齿轮、触点系统、脱扣机构和延时调整机构等组成。电动式时间继电器有通电延时型和断电延时型两种。

（2）电动式时间继电器的特点

电动式时间继电器的特点是：延时精度高，不受电源电压波动和环境温度变化的影响，延时误差小；延时范围大（几秒到几十个小时），延时时间有指针指示。其缺点是结构复杂，价格高，不适于频繁操作，寿命短，延时误差受电源频率的影响。常用的有 JS11、JS14系列等。

（3）电动式时间继电器调整延时的方法

延时的长短可通过改变整定装置中定位指针的位置实现，但定位指针的调整对于通电延时型时间继电器应在电磁离合器线圈断电的情况下进行，对于断电延时型时间继电器应在电磁离合器线圈通电的情况下进行。

正泰 JS11S 数显时间继电器如图 1-23 所示。

图 1-23　正泰 JS11S 数显时间继电器

4. 电子式时间继电器

（1）电子式时间继电器的工作原理

常用的电子式时间继电器是阻容式时间继电器。阻容式时间继电器利用电容对电压变化的阻尼作用实现延时。图 1-24 所示为 JS20 系列场效应晶体管做成的通电延时型时间继电器电路。

电子式时间继电器由稳压电源、RC 充放电电路、电压鉴别电路、输出电路和指示电路构成。接通电源后，经整流滤波和稳压后的直流电压经波段开关上的电阻 R_{10}、RP_1、R_2 向电容 C_2 充电。当电容 C_2 的电压上升到 $|U_C-U_S| < |U_P|$ 时，VF 导通，D 点电位下降，VT

导通，晶闸管 VTH 被触发导通，继电器 KA 线圈通电动作，输出延时时间到的信号。从时间继电器通电给电容 C_2 充电，到 KA 动作的这段时间为延时时间。KA 动作后，其常开触点闭合，C_2 经 R_9 放电，VF、VT 相继截止，为下次动作做准备。同时，KA 的常闭触点断开，氖泡 Ne 启辉。VF、VT 相继截止后，晶闸管 VTH 仍保持接通，KA 线圈保持通电状态，只有切断电源，继电器 KA 才断电释放。

图 1-24 JS20 系列场效应晶体管做成的通电延时型时间继电器电路

近期开发的电子式时间继电器产品多为数字式，又称计数式，其结构是由脉冲发生器、计数器、数字显示器、放大器及执行机构组成的，具有延时时间长、调节方便、精度高的优点，有的还带有数字显示，应用很广。

（2）电子式时间继电器的特点

电子式时间继电器的特点是：延时时间较长（几分钟到几十分钟），延时精度比空气阻尼式好，体积小、机械结构简单、调节方便、寿命长、可靠性强。但其延时受电压波动和环境温度变化的影响，抗干扰性差。常用的产品有 JS13、JS14、JS15、JS20 和 ST3P 系列。JS20 系列有通电延时型、断电延时型，以及带有瞬动触点的通电延时型。ST3P 系列时间继电器是引进日本富士电机公司同类产品进行技术改进的产品，其内部装有时间继电器专用的大规模集成电路，使用了高质量薄膜电容器和金属陶瓷可变电阻器，采用了高精度振荡回路和分频回路。它具有体积小、重量轻、精度高、延时范围宽、性能好、寿命长等优点，广泛应用于自动化控制线路中。

（3）电子式时间继电器调整延时的方法

调节单极多位开关，改变 R_{10} 的值，就可以改变延时时间的长短。

（4）ST3P 系列时间继电器产品介绍

ST3P 系列时间继电器适用于交流 50 Hz，工作电压 380 V 及以下或直流工作电压 24 V 的控制线路中作延时元件，按预定的时间接通或分断电路。它通过电位器来设定延时，机械寿命达到 10^6 万次，电寿命为 10^5 次。ST3P 系列时间继电器有通电延时、断电延时多种规格，延时范围广。交流额定电压有 24 V、110 V、220 V 几种。ST3P 系列时间继电器的接线图如图 1-25 所示。

图 1-25　ST3P 系列时间继电器的接线图

ST3P 系列时间继电器的型号含义如下：

$$ST \quad 3 \quad P \quad \square - \square$$

超级时间继电器 ————

设计序号 ————

安装方式，插拔式 ————

延时范围

型式特点：A— 基本型；C— 瞬动型；

F— 断电延时型；K— 断开延时；

Y— 星 - 三角起动延时；R— 往复循环延时

ST3P 系列时间继电器如图 1-26 所示。

1.3.3　热继电器

1. 热继电器的作用和保护特性

热继电器是专门用来对连续运行的电动机进行过载及断相保护，以防止电动机过热而烧毁的保护电器。三相交流电动机长期欠电压带负荷运行或长期过载运行及断相运行等都会导致电动机绕组过热而烧毁。但是电动机又有一定的过载能力，为了既发挥电动机的过载能力，又避免电动机长时间过载运行，就要用热继电器作为电动机的过载保护。热继电器的文字符号为 FR，图形符号如图 1-27 所示。

热继电器中通过的过载电流和热继电器触点动作的时间关系就是热继电器的保护特性。电动机允许的过载电流和电动机允许的过载时间的关系称为电动机的过载特性。为了既能适应电动机的过载特性又起到过载保护的作用，要求热继电器的保护特性和电动机的过载特性相配合，且

图 1-26 ST3P 系列时间继电器

都为反时限特性曲线，如图 1-28 所示。由图可知，热继电器的保护特性应在电动机过载特性的下方，并靠近电动机的过载特性。这样，如果发生过载，热继电器的动作时间就会小于电动机最大的允许过载运行时间，在电动机未过热时，热继电器动作，将电动机电源切断，达到保护电动机的目的。

图 1-27 热继电器的图形和文字符号

a）热元件 b）常闭触点

图 1-28 电动机的过载特性和

热继电器的保护特性及其配合

I—热继电器实际通过的电流 I_N—热继电器的额定电流

2. 热继电器的分类及主要技术参数和型号

按相数来分，热继电器有单相、两相和三相式 3 种类型。按功能来分，三相式的热继电器又有带断相保护装置和不带断相保护装置的。按复位方式分，热继电器有自动复位的和手动复位的。所谓自动复位是指触点断开后能自动返回。按温度补偿又可分为带温度补偿的和不带温度补偿的。

热继电器的主要技术参数有额定电压、额定电流、相数、整定电流等。热继电器的整定电流是指热继电器的热元件允许长期通过又不致引起继电器动作的最大电流值，超过此值热继电器就会动作。

型号含义如下：

常用的热继电器有 JR20、JR36、JRS1 系列。这些系列的热继电器具有断相保护功能。

T 系列是引进 ABB 技术生产的, 3UA 系列是引进德国西门子公司技术生产的, LR1—D 是引进法国 TE 公司技术生产的。每一系列的热继电器一般只能和相应系列的接触器配套使用, 如 JR20 热继电器和 CJ20 接触器配套使用。

JR20 系列热继电器如图 1-29 所示。JR20 系列热继电器适用于交流 50 Hz, 主线路额定电压至 660 V, 电流至 630 A 的电力系统中作为三相交流电动机的过载和断相保护, 有断相保护、温度补偿、脱扣指示功能, 能自动复位与手动复位, 并可与 CJ20 系列交流接触器配合使用, 组成电磁起动器。

JR36 系列热继电器如图 1-30 所示。JR36 系列热继电器适用于交流 50 Hz 或 60 Hz, 主线路额定电压至 660 V, 电流至 160 A 的电力系统中作为三相交流电动机的过载和断相保护, 有温度补偿、自动与手动复位功能。

图 1-29　JR20 系列热继电器

图 1-30　JR36 系列热继电器

JRS1(LR1—D) 系列热继电器如图 1-31 所示。JRS1(LR1—D) 系列热继电器用于交流 50 Hz 或 60 Hz, 电压至 600 V, 电流至 80 A 及以下的电路中, 供交流电动机过载保护使用, 并且有差动机构和温度补偿环节, 可与 CJX2(LC1—D) 交流接触器配装, 也可独立安装。

JRS5(TH—K) 系列热继电器如图 1-32 所示。JRS5(TH—K) 系列热继电器适用于交流 50 Hz、额定电压 690 V, 电流 0.2~105 A 的长期工作或间断长期工作的交流电动机的过载与断相保护, 具有温度补偿、自动与手动复位、停止功能。该系列热继电器可与接触器接插安装, 也可独立安装。TH—K 系列的行业号是 JRS5 系列。

图 1-31　JRS1(LR1—D) 系列热继电器

图 1-32　JRS5(TH—K) 系列热继电器

3UA(JRS2) 系列热继电器如图 1-33 所示。3UA(JRS2) 系列热继电器适用于交流 50 Hz

或 60 Hz，电压 690 ~ 1000 V，电流 0.1 ~ 400 A 的长期工作或间断长期工作的一般交流电动机的过载与断相保护，也可用作直流电磁铁和直流电动机的过载保护。该继电器具有断相保护、温度补偿、脱扣指示功能，并能自动复位与手动复位。

3. 热继电器的工作原理

热继电器主要由热元件、双金属片、触点系统、动作机构等部分组成。双金属片是热继电器的测量元件。它由两种不同膨胀系数的金属片采用热和压力结合或机械碾压的方式制成，高膨胀系数的铁镍铬合金作为主动

图 1-33 3UA（JRS2）系列热继电器

层，膨胀系数小的铁镍合金作为被动层。热继电器是利用测量元件被加热到一定程度时双金属片将向被动层方向弯曲的原理，通过传动机构带动触点动作的保护继电器，如图 1-34 所示。

图中，主双金属片 2 与热元件 3 串接在电动机主线路的进线端，当电动机过载时，主双金属片受热弯曲推动导板 4，并通过补偿双金属片 5 和传动机构将常闭触点（动触点 9 和常闭静触点 6）断开，常开触点（动触点 9 和常开静触点 7）闭合。热继电器的常闭触点串接于电动机的控制线路中，热继电器动作，其常闭触点断开后，切断电动机的控制线路，电动机断电，从而保护了电动机。热继电器的常开触点可以接入信号回路，当热继电器动作后，其常开触点闭合，接通信号回路，发出信号。在电动机正常运行时，热元件产生的热量不会使触点系统动作。调节旋钮 11 为偏心轮，转动偏心轮，可以改变补偿双金属片 5 与导板 4 的接触距离，从而调节热继电器动作电流的整定值。

图 1-34 热继电器的结构示意图
1—推杆 2—主双金属片 3—热元件 4—导板
5—补偿双金属片 6—常闭静触点 7—常开静触点
8—复位螺钉 9—动触点 10—按钮 11—调节旋钮
12—支撑件 13—压簧

热继电器动作后可以手动复位，也可以自动复位。靠调节复位螺钉 8 来改变常开触点的位置，使热继电器工作在手动复位或自动复位两种工作状态。热继电器动作后，应在 5 min 内自动复位，或在 2 min 内可靠地手动复位。若调成手动复位时，在故障排除后要按下按钮（图中的按钮 10）恢复常闭触点闭合的状态。

补偿双金属片的作用是用来补偿环境温度对热继电器的影响。若周围环境温度升高，主双金属片和补偿双金属片同时向左边弯曲，使导板和补偿双金属片之间的接触距离不变，热继电器的特性将不受环境温度的影响。

4. 带断相保护的热继电器

三相异步电动机的断相（三相电动机一相断线），是导致三相异步电动机长时间过载运行而烧坏的常见故障。三相异步电动机为星形联结时，线电流等于相电流，流过电动机绕组的电流和流过热继电器热元件的电流相同。当线路发生一相断线时，另外两相的电流过载，

由于流过电动机绕组的电流和流过热继电器的电流增加的比例相同，因此普通的两相或三相热继电器动作，保护电动机。

若三相异步电动机为三角形联结，正常运行时相电流等于线电流的 $1/\sqrt{3}$，即流过电动机绕组的电流是流过热继电器热元件电流的 $\sqrt{3}/3$，而当发生断相时，流过电动机接于全压绕组的电流是线电流（即流过热继电器热元件电流）的 2/3，如图 1-35 所示。如果热继电器的整定动作电流是 I，则电动机中允许通过的最大电流为 $\sqrt{3}I/3$，但是当发生断相时，热继电器的动作电流仍然是 I，电动机一相绕组中的电流将达到 $2I/3$，这样便有烧毁绕组的危险。所以三角形联结的电动机必须采用带有断相保护的热继电器。

带有断相保护的热继电器如图 1-36 所示。图中将热继电器的导板改为差动机构。图 1-36a 为通电前各部件的位置；图 1-36b 为正常通电时的位置，三相双金属片都受热向左弯曲一小段距离，继电器不动作；图 1-36c 为三相同时过载，三相双金属片同时向左弯曲，通过传动机构使常闭触点打开；图 1-36d 为 L3 相断线的情况，此时 L3 相的双金属片逐渐冷却，其端部向右移动，推动上导板向右移动，而另外两相的双金属片在电流加热下，端部仍然向左移动，上下导板的差动作用经杠杆放大，迅速使常闭触点打开，实现了断相保护的作用。

图 1-35　电动机为三角形联结、
一相断路时的电流分配

图 1-36　带有断相保护的
热继电器的工作原理
1—上导板　2—下导板　3—主双金属片
4—顶头　5—杠杆

5. 热继电器的选用

1）一般情况下可以选用两相结构的热继电器。对于电网均衡性差的电动机，宜选用三相结构的热继电器。定子绕组做三角形联结，应采用有断相保护的具有3个热元件的热继电器作为过载和断相保护。

2）热元件的额定电流等级一般应等于电动机额定电流的0.95～1.05倍，热元件选定后，再根据电动机的额定电流调整热继电器的整定电流，使整定电流与电动机的额定电流相等。

3）对于工作时间短、间歇时间长的电动机，以及虽长期工作，但过载可能性小的电动机（如风机电动机），可不装设过载保护。

6. 热继电器的故障及维修

热继电器的故障主要有热元件烧断、误动作、不动作3种情况。

（1）热元件烧断

当热继电器负荷侧出现短路或电流过大时，会使热元件烧断。这时应切断电源检查线路，排除电路故障，重新选用合适的热继电器。更换后应重新调整整定电流。

（2）热继电器误动作

误动作的原因有：整定值偏小，以致未出现过载就动作；电动机起动时间过长，引起热继电器在起动过程中动作；设备操作频率过高，使热继电器经常受到起动电流的冲击而动作；使用场合有强烈的冲击及振动，使热继电器操作机构松动而使常闭触点断开；环境温度过高或过低，使热继电器出现未过载而误动作或过载而不动作的故障，这时应改善使用环境，使环境温度不高于+40℃，不低于-30℃。

（3）热继电器不动作

整定值调整得过大或动作机构卡死、推杆脱出等原因均会导致热继电器过载而不动作。

（4）接触不良

热继电器常闭触点接触不良，将会使整个电路不工作。这时应清除触点表面的灰尘或氧化物。

1.3.4 速度继电器

速度继电器是按速度原则动作的继电器，主要用于笼型异步电动机的反接制动控制，又称为反接制动继电器。感应式速度继电器主要由定子、转子和触点3部分组成，转子是一个圆柱形永久磁铁，定子是一个笼型空心圆环，由硅钢片叠成，并装有笼型绕组。其工作原理如图1-37所示，转子轴与电动机的轴相连接，当电动机转动时，速度继电器的转子随之转动，产生旋转磁场，定子绕组切割旋转磁场产生感应电流，定子感应电流位于磁场中受到电磁力的作用，产生电磁转矩，使定子随转子的转动方向旋转。当达到一定转速时，定子转动到一定角度时装在定子轴上的摆锤推动动触点动作，使常闭触点断开，常开触点闭合。当电动机的转速低于某一数值时，定子产生的转矩减小，触点返回，即常开触点断开，常闭触点闭合。一般速度继电器的转速在130 r/min时触点动作，转速在100 r/min时，触点返回。

常用的速度继电器有JY1和JFZ0型，都具有正转时动作的一组转换触点和反转时动作的一组转换触点。JY1系列的额定转速在100～3600 r/min，JFZ0系列的额定转速在300～3600 r/min。速度继电器的文字符号为KS，其图形符号如图1-38所示。

图 1-37　速度继电器工作原理示意图
1—转子　2—电动机的轴　3—定子　4—绕组
5—定子摆锤　6—静触点　7—动触点　8—簧片

图 1-38　速度继电器的图形符号
a) 转子　b) 常开触点　c) 常闭触点

1.3.5　固态继电器

固态继电器（Solid State Relay，SSR）是采用半导体器件组装而成的无触点开关。

固态继电器在许多自动控制装置中替代了常规的继电器，目前已广泛应用于计算机外部接口装置、电炉加热恒温系统、数控机械、遥控系统、工业自动化装置。另外，在化工、煤矿等需防爆、防潮、防腐蚀的场合中都有大量应用。随着电子技术的发展，其应用范围越来越广。

1. 固态继电器的结构及特点

单相的固态继电器是一个四端有源器件，有输入、输出端口，中间采用隔离器件，输入、输出之间的隔离形式有光电隔离、变压器隔离和干簧继电器隔离等。图 1-39 所示为变压器隔离型固态继电器的构成框图，图 1-40 所示为光隔离型固态继电器的构成框图。

图 1-39　变压器隔离型固态继电器

图 1-40　光隔离型固态继电器

固态继电器是电子器件，所以其输入功率小、开关速度快、工作频率高、使用寿命长、抗干扰能力强，耐冲击、耐振荡、防爆、防潮、防腐蚀，能与 TTL、DTL、HTL 等逻辑电路兼容，以微小的控制信号直接驱动大电流负载，动作可靠；因为没有触点，所以它在开断电路时，没有电火花。固态继电器的不足主要是过载能力差，存在通态压降（需要相应的散热措施），有断态漏电流，交直流不能通用，触点组数少；过电流、过电压及电压上升率、电流上升率等指标差，使用温度范围窄及价格高。

2. 固态继电器分类

固态继电器按输出端负载的电源类型可分为直流型和交流型两类。直流型是以功率晶体管的集电极和发射极作为输出端负载的控制开关。交流型是以双向晶闸管的两个电极作为输出端负载电路的控制开关。固态继电器的输出电路形式有常开式和常闭式两种，当固态继电器的输入端加上控制信号时，其常开式输出电路接通，常闭式输出电路断开。

交流型的固态继电器按双向晶闸管的触发方式可以分为电压过零导通型（简称过零型）和随机导通型（简称随机型）；按输出开关器件分为双向晶闸管输出型（普通型）和单向晶闸管反并联型（增强型）；按安装方式分为印制电路板上用的针插式（自然冷却，不必带散热器）和固定在金属底板上的装置式（靠散热器冷却）。另外，其输入端又有宽范围输入（DC 3~32 V）的恒流源型和串电阻限流型等。

过零型和随机型固态继电器的区别如图 1-41 所示。当输入端施加有效的控制信号时，随机型固态继电器输出端立即导通（速度为微秒级），而过零型固态继电器则要等到负载电压过零区域（约±15 V）时才开启导通。当输入端撤销控制信号后，过零型和随机型固态继电器均在小于维持电流（负载电源电压接近 0 V）时关断。虽然过零型固态继电器有可能造成最大半个周期的延时，但却减少了对负载的冲击和产生的射频干扰，而成为理想的开关器件，在"单刀单掷"的开关场合中应用最为广泛。随机型固态继电器的特点是反应速度快，它可以控制移相触发脉冲，方便地改变交流电网电压，可应用于精确调温、调光等阻性负载及部分感性负载场合。

图 1-41　过零型和随机型固态继电器的区别

双向晶闸管输出的普通型和单向晶闸管反并联输出的增强型固态继电器的区别是：在感性负载的场合，当固态继电器由通态关断时，由于电流、电压的相位不一致，将产生一个很大的电压上升率 du/dt（换向 du/dt）加在双向晶闸管两端，如果此值超过双向晶闸管的换向 du/dt 指标（典型值为 $10\,\mathrm{V}/\mu s$），则将导致延时关断，甚至失败；而单向晶闸管为单极性工作状态，只受静态电压上升率 du/dt（典型值为 $100\,\mathrm{V}/\mu s$）影响，由两只单向晶闸管反并联构成的增强型固态继电器比由一只双向晶闸管构成的普通型固态继电器的换向 du/dt 有了很大提高，因此在感性或容性负载场合宜选取增强型固态继电器。

3. 单相交流固态继电器

单相交流固态继电器为四端有源器件，如图 1-42 所示。中间采用光电隔离，在输入端加上直流信号，输出就能从关断状态转成导通状态，从而可实现对较大负载的控制。整个产品无可动部件及触点，尺寸标准、易更换，是交流接触器和直流继电器理想的更新换代产品。

单相交流固态继电器的内部结构原理如图 1-43 所示。其中有两个输入控制端、两个输出端，输入输出间为光隔离，输入端加上直流或脉冲信号到一定电流值后，输出端就能从断态转变成通态。

图 1-42　单相交流固态继电器　　图 1-43　单相交流固态继电器内部结构原理图

一般情况下，万用表不能判别交流固态继电器的好坏，正确的方法是采用图 1-44 所示的测试电路：当输入电流为零时，电压表测出的是电网电压，电灯不亮（灯泡功率需为 25 W 以上）；当输入电流达到一定值以后，电灯亮，电压表测出单相交流固态继电器的导通压降（在 3 V 以下）。注意：单相交流固态继电器内部有 RC 回路而会带来漏电流，因此不能等同于普通触点式的继电器、接触器。

图 1-44　单相交流固态继电器
基本性能测试电路

4. 三相交流固态继电器

三相交流固态继电器集 3 只单相交流固态继电器为一体，并以单一输入端对三相负载进行直接开关切换，可方便地控制三相交流电动机、加热器等三相负载。

三相普通型交流固态继电器以 3 只双向晶闸管作为 A、B、C 三相的输出开关触点，电流等级有 10 A、25 A、40 A，电压等级只有 380 V 一个系列，型号为 SSR-3-380D；三相增强型交流固态继电器以 3 组反并联单向晶闸管作为 A、B、C 三相的输出开关触点，电流等级有 15 A、35 A、55 A、75 A、120 A，电压等级分为 380 V、480 V 两大系列，型号为 SSR—3H380D 和 SSR—3H480D。

380 V 系列的三相固态继电器的输入电压为 4~32 V，驱动电流为 6~30 mA；而 480 V 系列的输入电压为 4~8 V，驱动电流为 16~30 mA，当输入电压大于 5 V 时，可以串联电阻使其输入电流限制在 16~30 mA 之间，如图 1-45 所示。

三相交流固态继电器的相与相间、输入输出间，以及与基板之间的绝缘电压大于 AC 2000 V。三相交流固态继电器由于集三相于一体，在使用中应特别注意散热问题。散热可采用安装面涂导热硅脂、强制风冷或水冷等措施。

　　三相电网（380 V）上的负载为阻性时可以选取 380 V 系列的三相固态继电器。除此之外，如具有电动机等感性负载（特别是正反转需切换的场合）和电力补偿电容器等负载时，原则上选取 480 V 系列的三相固态继电器。需要注意的是，电动机正反转切换还应有 0.3 s 以上的时间间隔。

　　三相交流固态继电器的有关技术指标以及使用注意事项请参考单相交流固态继电器。如果要求电流更大，可用 3 只单相固态继电器代替，3 个输入端可串联或并联。

5. 固态继电器的使用注意事项

（1）固态继电器为电流驱动型

　　固态继电器的输入端要求有几毫安到 20 mA 的驱动电流，最小工作电压为 3 V。在逻辑电路驱动时应尽可能采用低电平输出进行驱动，以保证有足够的带负载能力和尽可能低的零电平。图 1-46、图 1-47 所示为正确的电流驱动电路，在 5 V 电平时尽量不要采用图 1-48 所示电路。

图 1-45　480 V 时限流电阻 $R = 35\ \Omega$
（$U_{in} = 5\ V$），380 V 时无需限流电阻

图 1-46　TTL、DTL、HTL
电流驱动电路

图 1-47　CMOS 驱动

图 1-48　在 5 V 电平时尽量不采用此电路

（2）固态继电器输入端的串并联

　　多个固态继电器的输入端可以串、并联，但应满足每个固态继电器高电平时，过零型触发电流大于 5 mA，随机型大于 10 mA，低电平电压小于 1 V，也即并联驱动电流应大于多个固态继电器的输入电流之和，串联时驱动电压应大于多个开启电压（以 4 V 计算）之和。

（3）RC 吸收回路和断态漏电流以及测试固态继电器时应注意的事项

　　对于容性或电阻类负载，应限制其开通瞬间的浪涌电流（一般为负载电流的 7 倍），输出端采用 RC 浪涌吸收回路。RC 吸收回路的作用为吸收浪涌电压和提高 du/dt 指标，但固态继电器内部的 RC 回路会带来断态漏电流。一般来说 2~6 A 的固态继电器漏电流对 10 W 以上功率的负载（如电动机）基本无影响，10 A 以上的固态继电器漏电流对 50 W 以上功率的负载基本无影响。另外，在实际应用大感性负载的场合，对于电感性负载，应限制其瞬时

的过电压，以防损坏固态继电器。固态继电器输出端可采用非线性压敏电阻来吸收瞬时的过电压，还可以在固态继电器两输出端再并联 RC 吸收回路以保护固态继电器。

一些负载功率小（如中间继电器、接触器的线圈、电磁吸铁等负载）的用户可以选用漏电流小于 1 mA 的固态继电器。

（4）严禁负载侧短路，以免损坏固态继电器

万用表电阻档测量出固态继电器交流两端电阻接近零时，说明此固态继电器内部的晶闸管已损坏。除此以外，判断固态继电器的好坏必须采用带负载的电路。

（5）固态继电器电压等级的选取及过电压保护

当加在固态继电器交流两端的电压峰值超过固态继电器所能承受的最高电压峰值时，固态继电器内的元件便会被电压击穿而造成固态继电器损坏。选取合适的电压等级和并联压敏电阻可以较好地保护固态继电器。

1）交流负载为 220 V 的阻性负载时可选取 220 V 电压等级的固态继电器。

2）交流负载为 220 V 的感性负载或交流负载为 380 V 的阻性负载时可选取 380 V 电压等级的固态继电器。

3）交流负载为 380 V 的感性负载时可选取 480 V 电压等级的固态继电器（480 V 等级的固态继电器还具有更高的 du/dt 指标）；其他需求特殊、可靠性要求高的场合（如电力补偿电容器切换、电动机正反转等）均须选取 480 V 电压等级的固态继电器。

固态继电器过电压的保护：除固态继电器内部本身有 RC 吸收回路保护外，还可以并联金属氧化物压敏电阻（MOV）。MOV 的面积决定吸收功率，厚度决定保护电压值。一般 220 V 系列固态继电器可选取 500~600 V 的压敏电阻；380 V 系列固态继电器可选取 800~900 V 的压敏电阻；480 V 系列固态继电器可选取 1000~1100 V 的压敏电阻。

需要特别注意的是，压敏电阻电压值选取太小，容易造成经常烧毁压敏电阻而短路（但固态继电器不损坏）；电压值选取太大，又起不到保护固态继电器的目的。

（6）固态继电器电流等级的选取及过电流保护

过电流（最严重的情况为负载短路）是造成固态继电器内部输出晶闸管永久性损坏的最主要原因。过电流保护采用专门保护半导体器件的熔断器或用动作时间小于 10 ms 的断路器。小容量固态继电器也可选用熔丝。许多负载在接通瞬间会产生很大的浪涌电流，由于散热不及时，浪涌电流与过电流一样也是造成固态继电器内部输出晶闸管损坏的主要原因之一。因此，选取固态继电器时，留有一定的电流裕量是极其重要的。

1）阻性负载时，选取固态继电器的电流等级宜大于或等于 2 倍的负载额定电流。

2）负载为交流电动机时，选取固态继电器的电流等级须大于或等于 6~7 倍的电动机额定电流。

3）负载为交流电磁铁、中间继电器线圈、电感线圈等时，选取固态继电器的电流等级宜大于或等于 4 倍的负载额定电流，变压器则为 5 倍的负载额定电流，特种感性、容性负载则应根据实际经验还须放大固态继电器的电流裕量。

4）负载为电力补偿电容器类时，选取固态继电器的电流等级须大于 5 倍的负载额定电流。

需要注意的是，由于固态继电器内部的晶闸管在负载短路时的过电流烧毁速度与快速熔断器的熔断速度在同一数量级内，故快速熔断器并不能百分之百地保护固态继电器。选取快速熔断器的电流等级的原则为略大于最大负载电流，而固态继电器的电流等级则尽可能大，

这样快速熔断器就能比较可靠地保护固态继电器。电动机、电力补偿电容器类负载因有很大的开启冲击电流，故宜选取断路器作为保护。断路器分"慢速"和"快速"两类，"慢速"类主要应用于电动机、电力电容器等有很大起动冲击电流的负载；"快速"类主要应用于阻性、其他感性类负载。断路器的保护速度低于快速熔断器，因此在负载短路时也不能百分之百地保护固态继电器。

（7）固态继电器的发热与散热

当温度超过35℃时，固态继电器的负载能力随着温度升高而降低，因此使用时必须安装散热器或减低电流使用。固态继电器的允许壳温为75℃以下。单相固态继电器在导通时的最大发热量按实际工作电流×1.5 W/A来计算，在散热设计时，应考虑到环境温度、通风条件（自然冷却、风扇冷却）及固态继电器安装密度等因素。2 A、3 A、4 A、5 A系列在印制电路板上使用时，不需要外加散热器；装置式固态继电器应用于10 A以下的额定电流时可以安装在散热较好的金属平板上；对于10 A以上需要加散热器，自然风冷10 A以上的固态继电器与散热器安装面间须涂一薄层导热硅脂。额定电流大于30 A时最好用风扇冷却；如果条件允许，电流较大时（如150 A以上），水冷最佳。

当通过固态继电器的实际电流较大，有可能散热不良时，为了保证固态继电器不会因过热而损坏，在固态继电器所固定的散热器上（靠近固态继电器处）可安装75℃的温度开关，把温度开关的常闭触点串入固态继电器的控制回路，这样当测试点温度达到75℃时将切断固态继电器控制回路，使其停止工作。

（8）电网频率

固态继电器适用于50 Hz或60 Hz的工频电网上，不宜用于低频或高次谐波分量大的场合。如果变频器输出端有多组负载需要分别切换，采用固态继电器作为开关就可能由于高次谐波使其不能可靠关断，并且高次谐波还可能使固态继电器内部的RC吸收回路因过热而炸裂。

6. 电动机正反转控制

电动机正反转控制接线图如图1-49所示。

图1-49　电动机正反转控制接线图

注意：正反转换须有20 ms以上间隙，限流电阻$R_S = 30/I_{SSR}$，I_{SSR}为所选用固态继电器的电流等级。

1.4　常用的开关电器

开关电器广泛用于配电系统，作为电源开关，起隔离电源、保护电气设备和控制的作用。

1.4.1　组合开关

组合开关又称转换开关，实质上为刀开关。组合开关是一种多触点、多位置式，可以控制多个回路的电器。组合开关主要用作电源引入开关，或用于控制5 kW以下小功率电动机的直接起动、停止、换向，每小时通断的换接次数不宜超过20次。组合开关的选用应根据电源的种类、电压等级、所需触点数及电动机的功率来选用，其额定电流应取电动机额定电流的 1.5~2 倍。组合开关的手柄能沿任意方向转动 90°，并带动 3 个动触片分别和 3 个静触片接通或断开。图 1-50 所示为 HZ10 系列组合开关的外形与结构图。

图 1-50　HZ10 系列组合开关的外形与结构图
a）外形　b）结构
1—手柄　2—转轴　3—弹簧　4—凸轮　5—绝缘垫板　6—动触片　7—静触片　8—接线柱　9—绝缘杆

组合开关的文字符号为 QS，其图形符号如图 1-51 所示。组合开关在电路图中的触点用状态图及状态表表示，如图 1-52 所示。图中虚线表示操作位置，不同操作位置的各对触点的通断表示于触点右侧，与虚线相交的位置上涂黑点表示接通，没有涂黑点表示断开。触点的通断状态还可用列表表示，表中"+"表示闭合，"-"或无记号表示断开。

操作位置\触点	I	II
L1-U	+	-
L2-V	+	-
L3-W	+	-

图 1-51　组合开关的图形符号
a）单极　b）三极

图 1-52　触点的状态图及状态表

常用的组合开关有 HZ10、HZ5、HZ15 等系列，以及从德国西门子公司引进技术生产的 3ST、3LB 系列。

型号含义如下：

转换开关
设计序号
额定电流
类型：P— 二位切换；S— 三位切换
极数

1.4.2 低压断路器和剩余电流断路器

低压断路器又称低压自动开关，俗称空气开关（用空气作为灭弧介质）。它用于不频繁地接通和断开电路，而且当电路发生过载、断路或失压等故障时，能自动断开电路。低压断路器的文字符号为 QF，图形符号如图1-53所示。当一个低压断路器带有剩余电流保护功能时，称之为剩余电流断路器。

1. 低压断路器的结构和工作原理

低压断路器的结构主要包括三部分：带有灭弧装置的主触点、脱扣器和操作机构。其结构和接线图如图1-54所示。

图1-53 低压断路 　　　　　　图1-54 低压断路器的结构和接线图
器的图形符号 　　　1—弹簧 2—主触点 3—传动杆 4—锁扣 5—轴 6—过电流脱扣器
7—杠杆 8、10—衔铁 9—弹簧 11—欠电压脱扣器 12—双金属片 13—发热元件

图中，主触点2由操作机构手动或电动合闸，当操作机构处于闭合位置时，可由自由脱扣器（指图1-54中4、5、7构成的整体装置）进行脱扣，将主触点2断开。当线路上出现短路故障时，其过电流脱扣器动作，使开关断开，进行短路保护。出现过载时，串联在主线路的发热元件13升温，双金属片12弯曲带动自由脱扣器动作，使开关断开，进行过载保护。当主线路电压消失或降低到一定的数值时，欠电压脱扣器11的衔铁10释放，衔铁10的顶板推动自由脱扣器，使断路器断开，进行欠电压和失电压保护。有的低压断路器还有分励脱扣器，主要用于远距离操作，按下按钮使分励脱扣器的衔铁吸合，推动自由脱扣器动作，低压断路器断开。主线路断开后，分励脱扣器的线圈断电，分励脱扣器的线圈不允许长期通电。

2. 塑壳式低压断路器

塑壳式低压断路器具有模压绝缘材料制成的封闭型外壳，将所有构件组装在一起。它可以作为配电、电动机和照明电路的过载及短路保护，也可以用于电动机的不频繁起动。DZ20系列塑壳式低压断路器如图1-55a所示，其结构如图1-55b所示。

塑壳式低压断路器的操作手柄有三个位置：①合闸位置，手柄扳向上边，自由脱扣器锁住，触点在闭合状态；②自由脱扣位置，自由脱扣器脱扣，手柄移至中间位置，触点断开；③分闸和再扣位置，手柄扳向下边，触点在断开位置，自由脱扣器被锁住，完成"再扣"

操作，为下次合闸做好准备。如果断路器自动断开后不将手柄扳向再扣位置（即分闸位置），直接合闸是合不上的。

图 1-55　DZ20 系列塑壳式低压断路器

a）外形图　b）结构图

1—触点　2—灭弧罩　3—操作机构　4—外壳　5—脱扣器

NB1—63 小型断路器如图 1-56 所示，适用于在交流 50/60 Hz、额定电压 230/400 V、额定电流小于 63 A 的线路中作为过载和短路保护，也可以在正常情况下用于线路的不频繁操作转换。

触点指示窗。红色表示闭合，绿色表示断开

1P　　2P　　3P　　4P

图 1-56　NB1—63 小型断路器

3. 剩余电流断路器（RCD）

剩余电流保护器，俗称漏电开关，又叫剩余电流断路器，主要用于防止设备发生漏电（即存在剩余电流）故障时发生人身触电等危险。它具有过载和短路保护功能，可用于线路或电动机的过载和短路保护，亦可在正常情况下作为线路的不频繁转换或起动之用。剩余电流断路器如图1-57所示。

剩余电流断路器不仅与其他断路器一样可将主线路接通或断开，而且具有对剩余电流检测和判断的功能。当主线路中发生漏电或绝缘破坏时，可根据判断结果将主线路接通或断开。它与熔断器、热继电器配合可构成功能完善的低压开关组合。

剩余电流保护的意义在于：①当电气设备（或线路）发生漏电或接地故障时，能在人尚未触及之前就把电源切断；②当人触及带电体时，能在0.1s内切断电源，从而减轻电流对人体的伤害程度；③防止漏电引起火灾事故。剩余电流保

图1-57　剩余电流断路器

护作为低压触电伤亡事故的保护措施，已经广泛地应用在低压配电系统中。

（1）电流动作型剩余电流断路器的工作原理

剩余电流断路器按其工作原理分为电压动作型和电流动作型。其中电流动作型又分电磁式、电子式和中性点接地式三种。

目前国内外广泛应用的剩余电流断路器都是电流动作型的。它的工作原理如图1-58所示。相线L1、L2、L3和中性线N均穿过零序电流互感器TAN的窗口（或L1、L2、L3或L、N）构成一次绕组；而TAN的二次绕组与主开关脱扣器的脱扣线圈（或通过放大电路）相连。正常情况下，一次电流的相量和为零，即$i_U + i_V + i_W + i_N = 0$，在铁心中的磁通相量和也为零。因此，正常时，在TAN的二次绕组上没有感应电压（或电流），电磁脱扣器YA无电流。当发生漏电或人身触电时，在TAN的二次绕组有零序电流通过，电磁脱扣器YA中有电流通过，当电流达到额定值时，脱扣机构动作，剩余电流断路器RCD断开，切断故障电路，从而起到保护作用。如果用电设备是单相负荷，则流过TAN的相线和中性线的电流相量和及TAN铁心中的磁通相量和也为零。因而TAN的二次绕组无电流输出，YA不动作，RCD正常合闸运行。当设备发生漏电或人身触电时，I_d经过大地回到TM的中性点构成回路，此时，通过TAN的电流$i_W + i_N \neq 0$，TAN的磁通相量也不为零，则TAN的二次绕组有感应电流流过，电磁脱扣器YA中也有电流流过，当电流达到整定值时，YA动作，RCD断开，切断故障电路，从而起到保护作用。

图1-58中的分闸试验按钮SB与电阻R组成了试验电路，电路一端接于零序电流互感器TAN的入端，另一端接于TAN另一相线的出端。当按下SB时，RCD断开，从而验证了RCD的动作性能。

（2）剩余电流断路器的应用

1）剩余电流断路器的图形符号。

图1-59所示为剩余电流断路器的图形符号。图1-59a、1-59b、1-59c中的图形符号为GB/T 4728规定的画法。一般剩余电流断路器的分断能力较小，因此触点画为负荷开关的触点。分断能力大的可以画为断路器的触点。图1-59d和1-59e为其他常用的画法。

图 1-58 电流动作型剩余电流断路器工作原理

TM—配电变压器　RCD—剩余电流断路器　YA—电磁脱扣器　TAN—零序电流互感器

SB—试验按钮　R—试验电阻　I_d—接地故障电流

图 1-59 剩余电流断路器的图形符号

a) 电流动作型　b) 电压动作型（具有三相过电流保护）

c) 电流动作型（具有三相过电流保护）　d) 四极（1）　e) 四极（2）

2) TT 系统中剩余电流断路器的接线。TT 系统为电源端配电变压器中性点直接接地，电气装置的外露可导电部分直接接地，此接地点独立于电源端的接地点。剩余电流断路器在 TT 系统中的各种接线方式如图 1-60 所示，图中 XS 为插座。

图 1-60　TT 系统中剩余电流断路器的接线

a) 二极，用于单相负荷的接线　b) 三极，用于三相平衡负荷的接线

c) 四极，用于三相平衡负荷的接线　d) 三极四线，用于单相负荷的接线

图 1-60　TT 系统中剩余电流断路器的接线（续）

e）四极，用于单相负荷的接线　f）四极，用于动力、照明回路的接线

g）三极、二极，用于动力、照明回路的接线

3）TN-C 系统中剩余电流断路器的接线。TN-C 系统为电源端配电变压器中性点直接接地，电气装置的外露可导电部分（金属外壳等）与电源端配电变压器中性点有直接电气连接，即整个系统的中性线（工作零线 N）和保护线（保护零线 PE）是合一的，用 PEN 表

示。电气装置处的重复接地可以接于 PEN 的任一点（但不能接在剩余电流断路器负荷端的
N 线上）。

剩余电流断路器在 TN-C 系统中的接线方式如图 1-61 所示。

a)　　　　　　　　　　　　　　　　　b)

c)　　　　　　　d)　　　　　　　e)

图 1-61　TN-C 系统中剩余电流断路器的接线

a) 二极，用于单相负荷的接线　b) 三极，用于三相平衡负荷的接线
c) 四极，用于三相不平衡及单相负荷的接线　d) 四极，用于单相负荷的接线
e) 三极，用于单相负荷的接线

图 1-61　TN-C 系统中剩余电流断路器的接线（续）

f) 四极，用于单相负荷、三相负荷的接线　g) 二极和三极，用于单相负荷、三相负荷的接线

4) TN-S 系统中剩余电流断路器的接线。TN-S 系统为电源端变压器中性点直接接地，电气装置的外露可导电部分与电源端接地点有直接电气连接；整个系统的中性线 N 和保护线 PE 是分开的。剩余电流断路器在 TN-S 系统中的接线方式如图 1-62 所示。

图 1-62　TN-S 系统中剩余电流断路器的接线

a) 三极，用于三相动力平衡负荷的接线　b) 四极，用于三相动力不平衡负荷的接线

c) 二极，用于单相负荷、三相不平衡负荷的接线

图 1-62　TN-S 系统中剩余电流断路器的接线（续）

d）三极，用于单相负荷的接线　e）四极，用于单相负荷的接线

f）四极，用于单相负荷、三相不平衡负荷的接线　g）二极和三极，用于单相负荷、三相平衡负荷的接线

4. 低压断路器的选用

断路器的额定电压和额定电流应大于或等于线路、设备的正常工作电压和电流。断路器的分断能力应大于或等于电路的最大三相短路电流。欠电压脱扣器的额定电压应等于线路的额定电压。过电流脱扣器的额定电流应大于或等于线路的最大负载电流。

5. 低压断路器常见故障及排除

低压断路器常见故障有不能合闸、不能分闸、自动掉闸等。

（1）不能合闸

合闸时，操作手柄不能稳定在接通的位置上。不能合闸的原因有电源电压太低、失电压脱扣器线圈开路、热脱扣器的双金属片未冷却复原以及机械原因。排除的方法分别是：将电

源电压调到规定值；更换失电压脱扣器线圈；双金属片复位后再合闸；更换锁链及搭钩，排除卡阻。

（2）失电压脱扣器不能使低压断路器分闸

故障现象为：当操作失电压脱扣器的按钮时，低压断路器不动作，仍保持接通。产生此故障的原因可能是传动机构卡死、不能动作或主触点熔焊。排除的方法分别是检修传动机构、排除卡死故障和更换主触点。

（3）自动掉闸

起动电动机时自动掉闸，可能的原因是热脱扣器的整定值太小，应重新整定。若是工作一段时间后自动掉闸，造成电路断电，则可能的原因是过载脱扣装置的延时整定值调得太短，应重新调整，或者是热元件损坏，此时应更换热元件。

1.5　熔　断　器

熔断器是一种结构简单、使用方便、价格低廉的保护电器，广泛用于供电线路和电气设备的短路保护。熔断器串入电路，当电路发生短路或过载时，通过熔断器的电流超过限定的数值后，由于电流的热效应，使熔体的温度急剧上升，超过熔体的熔点，熔断器中的熔体熔断而分断电路，从而保护了电路和设备。熔断器的图形符号和文字符号如图 1-63 所示。

FU

1.5.1　熔断器的结构及分类

图 1-63　熔断器的图形符号和文字符号

熔断器由熔体和安装熔体的熔管两部分组成。

熔体是熔断器的核心。熔体的材料有两类：一类为低熔点材料，如铅锡合金、锌等；另一类为高熔点材料，如银丝或铜丝等。低熔点材料熔化时所需热量小，有利于过载保护，但由于低熔点的熔体电阻率大，截面积较大，熔断时产生的金属蒸气多，不利于灭弧，所以分断能力较低。高熔点的金属材料熔化时所需热量大，不利于过载保护，但是高熔点材料的电阻率小，熔体的截面积较小，熔断时产生的金属蒸气少，有利于灭弧。

熔管一般由硬制纤维或瓷制绝缘材料制成，既便于安装熔体，又有利于熔体熔断时电弧的熄灭。

熔断器按其结构类型分为插入式、螺旋式、有填料密封管式、无填料密封管式、自复式等；按用途分，有保护一般电器设备的熔断器，如在电气控制系统中经常选用的螺旋式熔断器，还有保护半导体器件用的快速熔断器，如用以保护半导体硅整流器件及晶闸管的 RLS2 产品系列。

国产低压熔断器型号含义如下：

```
            R  □  □  □ — □/□
熔断器 ─────────┘  │  │    │  └── 熔体额定电流/A
结构类型：──────────┘  │    └──── 熔断器额定电流/A
C—插入式；L—螺旋式；      │      其他标志：A—改进型
M—密闭管式；S—快速式；      └──── 设计序号
T—有填料式；Z—自复式
```

下面主要介绍工厂电气控制中应用较多的几种熔断器。

1. 螺旋式熔断器

螺旋式熔断器的熔管内装有石英砂或惰性气体，有利于电弧的熄灭，因此螺旋式熔断器具有较高的分断能力。熔体的上端盖有一熔断指示器，熔断时红色指示器弹出，可以通过瓷帽上的玻璃孔观察到。常用的螺旋式熔断器有 RL6、RL7 系列多用于电动机主线路中。螺旋式熔断器的结构如图 1-64 所示。

图 1-64 螺旋式熔断器的结构
1—底座 2—熔体 3—瓷帽

螺旋式熔断器的优点是有明显的分断指示，并且不用任何工具就可取下或更换熔体。

2. 密闭管式熔断器

密闭管式熔断器分为有填料和无填料两种。无填料密闭管式熔断器常用的有 RM10 系列，如图 1-65 所示。RM10 系列熔断器由纤维熔管、变截面锌熔片和触点底座等几部分组成。锌熔片冲成宽窄不一的变截面，是为了改变熔断器的保护性能。短路时，短路电流首先使熔片窄部（电阻较大）加热熔断，使熔管内形成几段串联短弧，而且中段熔片熔断后跌落，迅速拉长电弧，从而使电弧迅速熄灭。在过负荷电流通过时，由于电流加热时间较长，熔片窄部散热较好，往往不在窄部熔断，而在宽窄之间的斜部熔断。根据熔片熔断的部位，可以大致判断故障的性质。这种熔断器结构简单，更换熔片方便，常用于低压配电网或成套配电设备中。

图 1-65 RM10 系列熔断器
1—铜管帽 2—管夹 3—纤维熔管
4—触刀 5—变截面锌熔片

有填料密闭管式熔断器如图 1-66 所示。熔管内装有石英砂，用来冷却和熄灭电弧，因此具有较强的分断电流能力，常用的有 RT12、RT14、RT15、RT17、NT 等系列。RT12、RT15 系列带有熔断指示器；RT14 系列熔断器带有撞击器，熔断时撞击器弹出，既可作为熔断信号指示，也可触动微动开关以切断接触器线圈电路，使接触器断电，实现三相电动机的断相保护。NT 是我国引进德国技术生产的一种分断能力高、体积小、功耗低、性能稳定的熔断器。有填料密闭管式熔断器常用于大容量的电力网和配电设备中。

正泰 RT28N 型熔断器如图 1-67 所示。

图 1-66 有填料密闭管式熔断器
1—瓷座底 2—弹簧片 3—管体
4—绝缘手柄 5—熔体

图 1-67 正泰 RT28N 型熔断器

3. 快速熔断器

快速熔断器主要用于半导体器件保护或整流装置的短路保护。半导体器件的过载能力很低，因此要求短路保护具有快速熔断的能力。快速熔断器的熔体是银片冲成的变截面的 V 形熔片，熔管采用有填料的密闭管。常用的有 RLS2、RS3 等系列。NGT 是我国引进德国技术生产的一种分断能力高、限流特性好、功耗低、性能稳定的熔断器。

1.5.2　熔断器的安秒特性

熔断器熔体的熔化电流值与熔断时间的关系称为熔断器的保护特性曲线，也称为熔断器的安秒特性，如图 1-68 所示。熔断器的安秒特性具有反时限特性，即流过熔体的电流越大，熔断所需的时间越短。图中 I_q 为最小熔化电流，当通过熔断器的电流小于此电流时熔断器不会熔断，所以熔断器的额定电流 I_N 应小于最小熔断电流。通常 $K_q = I_q/I_N = 1.5 \sim 2.0$，$K_q$ 称为熔化系数。若要熔断器保护小的过载电流，熔

图 1-68　熔断器的安秒特性

化系数应选得低些；为躲过电动机起动时的起动电流，熔化系数应选得高些。熔化系数主要取决于熔体的材料及结构。低熔点的金属材料，熔化系数小；高熔点的材料，熔化系数高。

1.5.3　熔断器的技术参数

1. 额定电压

熔断器的额定电压是指熔断器长期工作时和分断后，能正常工作的电压，其值一般应等于或大于熔断器所接电路的工作电压，否则，熔断器在长期的工作中可能造成绝缘击穿，或熔体熔断后电弧不能熄灭。

2. 额定电流

熔断器的额定电流是指熔断器长期工作，温升不超过规定值时所允许通过的电流。为了减少熔断器的规格，熔管的额定电流规格比较少，而熔体的额定电流等级比较多，一个额定电流等级的熔管，可以配合选用不同的额定电流等级的熔体。但熔体的额定电流必须小于或等于熔断器的额定电流。

3. 极限分断能力

熔断器的极限分断能力是指在规定的额定电压下能分断的最大短路电流值。它取决于熔断器的灭弧能力。

1.5.4　熔断器的选择

熔断器的选择主要是选择熔断器的类型、额定电压、熔断器额定电流和熔体额定电流等。熔断器的类型主要由电控系统整体设计来确定。

1. 熔断器类型的选择

主要根据负载的过载特性和短路电流的大小来选择熔断器的类型。例如，对于容量较小的照明电路或电动机的保护，可采用 RCA1 系列或 RM10 系列无填料密闭管式熔断器；对于容量较大的照明电路或电动机的保护，短路电流较大的电路或有易燃气体的地方，则应采用

螺旋式或有填料密闭管式熔断器；用于半导体器件保护的，则应采用快速熔断器。

2. 熔断器额定电压的选择

熔断器的额定电压应大于或等于实际电路的工作电压。

3. 熔断器额定电流的选择

熔断器的额定电流应大于或等于所装熔体的额定电流，因此确定熔体电流是选择熔断器的主要任务，具体来说有下列几条原则：

1）对于照明电路或电阻炉等没有冲击性电流的负载，熔断器用作过载和短路保护，熔体的额定电流应大于或等于负载的额定电流，即 $I_{RN} \geq I_N$。式中，I_{RN} 为熔体的额定电流；I_N 为负载的额定电流。

2）电动机的起动电流很大，熔体在短时通过较大的起动电流时，不应熔断，因此熔体的额定电流应选得较大，熔断器对电动机只宜作为短路保护而不用作过载保护。

保护一台异步电动机时，考虑电动机冲击电流的影响，熔体的额定电流按下式计算：

$$I_{RN} \geq (1.5 \sim 2.5)I_N$$

式中，I_N 为电动机的额定电流。

保护多台异步电动机时，当出现尖峰电流时，熔断器不应熔断，应按下式计算：

$$I_{RN} \geq (1.5 \sim 2.5)I_{Nmax} + \sum I_N$$

式中，I_{Nmax} 为容量最大的一台电动机的额定电流；$\sum I_N$ 为其余各台电动机额定电流的总和。

3）快速熔断器熔体额定电流的选择。在小容量变流装置中（晶闸管整流器件的额定电流小于 200 A）熔断器的熔体额定电流则应按下式计算：

$$I_{RN} = 1.57I_{SCR}$$

式中，I_{SCR} 为晶闸管整流器件的额定电流。

4. 校验熔断器的保护特性

熔断器的保护特性与被保护对象的过载特性要有良好的配合，同时熔断器的极限分断能力应大于被保护电路的最大电流值。

5. 熔断器上、下级的配合

为使两级保护相互配合良好，两级熔体额定电流的比值应不小于 1.6：1，或对于同一个过载或短路电流，上一级熔断器的熔断时间至少是下一级的 3 倍。

1.5.5 熔断器的运行与维修

熔断器在使用中应注意以下事项：

1）检查熔管有无破损变形现象，有无放电的痕迹；有熔断信号指示器的熔断器，检查其指示是否保持正常状态。

2）熔体熔断后，应首先查明原因，排除故障。对于一般过载保护动作，熔断器的响声不大，熔丝熔断部位较短，熔管内壁没有烧焦的痕迹，也没有大量的熔体蒸发物附在管壁上。变截面熔体在小截面倾斜处熔断，是由过负荷引起；反之，熔丝爆熔或熔断部位很长，变截面熔体大截面部位被熔化，一般为短路引起。

3）更换熔体时，必须将电源断开，防止触电；更换熔体的规格应和原来相同；安装熔丝时，不要把它碰伤，也不要拧得太紧，因为拧太紧会把熔丝轧伤。

1.6 主 令 电 器

主令电器是用来发布命令，以接通和分断控制线路的电器。主令电器只能用于控制线路，不能用于通断主线路。主令电器种类很多，本节主要介绍控制按钮、行程开关、接近开关和光电开关。

1.6.1 控制按钮

控制按钮是发出短时操作信号的主令电器，一般由按钮帽、复位弹簧、桥式动触点和静触点以及外壳等组成。图 1-69 所示为复合按钮的结构图。控制按钮的文字符号为 SB，图形符号如图 1-70 所示。

图 1-69 复合按钮的结构图

图 1-70 控制按钮的图形符号

a）常开按钮 b）常闭按钮 c）复合按钮

按下按钮时，其常闭触点先断开，常开触点后闭合；当松开按钮时，在复位弹簧的作用下，其常开触点先断开，常闭触点后闭合。常用按钮的规格一般为交流额定电压 380 V，额定电流 5 A。控制按钮可以做成单式（一个常开触点或一个常闭触点）和复合式（一个常开触点和一个常闭触点）。为了便于操作，根据按钮的作用不同，按钮帽常做成不同的颜色和形状。通常，红色表示停止按钮，绿色表示起动按钮，黄色表示应急或干预（如抑制不正常的工作情况），红色蘑菇形表示急停按钮等。控制按钮在结构上有按钮式、紧急式、自锁式、钥匙式、旋钮式、保护式等，常用的型号有 LA19、LA20、LA25、LA101、LA38、NP1 等。

型号含义如下：

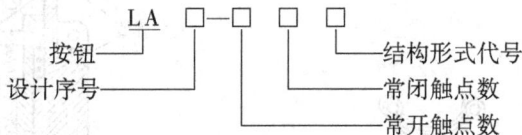

1.6.2 行程开关

行程开关又叫限位开关或位置开关，其原理和按钮相同，只是靠机械运动部件的挡铁碰压行程开关而使其常开触点闭合，常闭触点断开，从而对控制线路发出接通、断开的转换命令。行程开关主要用于控制生产机械的运动方向、行程的长短和限位保护。行程开关可以分为直动式、滚轮式和微动行程开关。它的文字符号为 SQ，图形符号如图 1-71 所示。

1. 直动式行程开关

直动式行程开关如图 1-72 所示，它是靠运动部件的挡铁撞击行程开关的推杆发出控制命令的。当挡铁离开行程开关的推杆时，直动式行程开关可以自动复位。直动式行程开关的缺点是其触点的通断速度取决于生产机械的运动速度，当运动速度低于0.4 m/min时，触点通断太慢，电弧存在的时间长，触点的烧蚀严重。

图1-71　行程开关的图形符号

a）常开触点　b）常闭触点

图1-72　直动式行程开关

a）外形图　b）结构图

1—动触点　2—静触点　3—推杆

2. 滚轮式行程开关

滚轮式行程开关可以分为单轮式和双轮式，其外形如图1-73所示。滚轮式行程开关适用于低速运动的机械，单轮式行程开关可以自动复位，双轮式行程开关不能自动复位。单轮式行程开关的结构如图1-74所示，当运动机械的挡铁碰到行程开关的滚轮时，杠杆连同转轴一起转动，使凸轮推动撞块；当撞块被压到一定位置时，推动微动开关迅速动作，使其常开触点闭合，常闭触点断开。当挡铁离开滚轮后，复位弹簧使行程开关复位。双轮式行程开关不能自动复位。当其挡铁压其中一个轮时，摆杆转动一定的角度，使其触点瞬时切换；挡铁离开滚轮后，摆杆不会自动复位，触点也不复位。当部件返回时，挡铁碰动另一只轮，摆杆才回到原来的位置，触点再次切换。

图1-73　单轮式和双轮式行程开关的外形

a）单轮式　b）双轮式

图1-74　单轮式行程开关的结构

3. 微动行程开关

微动行程开关是具有瞬时动作和微小行程的灵敏开关。微动行程开关采用弓簧片的瞬动机构，靠弓簧片发生变形时存储的能量完成快速动作。微动行程开关的结构如图 1-75 所示。微动行程开关实物如图 1-76 所示。

图 1-75　微动行程开关的结构　　　　图 1-76　微动行程开关实物

1—壳体　2—弓簧片　3—常开触点　4—常闭触点　5—动触点　6—推杆

当推杆被压下时，弓簧片变形存储能量，当推杆被压下一定距离时，弓簧片瞬时动作，使触点快速切换。当外力消失时，推杆在弓簧片的作用下迅速复位，触点也复位。

1.6.3　接近开关

接近开关是一种无触点的行程开关，当物体与之接近到一定距离时就发出动作信号。接近开关也可作为检测装置使用，用于高速计数、测速、检测金属等。接近开关的文字和图形符号如图 1-77 所示。

当有物体移向接近开关并达到一定距离时，开关才会动作，通常把这个距离叫作 "检出距离"。不同的接近开关检出距离也不同。有时被检测物体按一定的时间间隔一个接一个地移向接近开关，又一个一个地离开，这样不断地重复。不同的接近开关对检测对象的响应能力是不同的，这种响应特性被称为 "响应频率"。

接近开关按输出形式分为 NPN 二线、NPN 三线、NPN 四线、PNP 二线、PNP 三线、PNP 四线和 AC 二线等。接近开关按工作原理可以分为高频振荡型、电容型、磁感应式和非磁性金属接近开关几种。

1）高频振荡型接近开关（又叫涡流式接近开关或电感式接近开关）应用最广。高频振荡型接近开关主要由高频振荡器构成的感应头、放大电路和输出电路组成。其原理是，高频振荡器在接近开关的感应头产生高频交变的磁场，当金属物体进入高频振荡器的线圈磁场，即金属物体接近感应头时，在金属物体内部感应产生涡流损耗，吸收振荡器的能量，破坏了振荡器起振的条件，使振荡停止。振荡器起振和停振两个信号经放大电路放大，转换成开关信号输出。这种接近开关所能检测的物体必须是导电体，其基本接线形式如图 1-78 所示。其中 BN 为棕色线，BK 为黑色线，BU 为蓝色线，WH 为白色线。

2）电容型接近开关主要由电容式振荡器和电子电路组成。电容型接近开关的感应面由两个同轴金属电极构成，电极 A 和电极 B 连接在高频振荡器的反馈回路中。该高频振荡器没有物体经过时不感应，当测试物体（不论是否为导体）接近传感器表面时，它就进入由两个电极构成的电场，使 A、B 之间的耦合电容增加，电路开始振荡，振荡的振幅均由数据分析电路测得，并形成开关信号。这种接近开关检测的对象不限于导体，可以是绝缘的液体或粉状物等。如图 1-79 所示的电容型接近开关，LED 为工作指示灯，使用电位器来调节接近开关的灵敏度。电容型接近开关的基本接线形式和高频振荡型接近开关的基本接线形式相同。

图 1-77 接近开关的文字和图形符号
a) 常开触点 b) 常闭触点

图 1-78 高频振荡型接近开关的基本接线形式
a) 三线直流 b) 四线直流

3）磁感应式接近开关适用于气动、液动、气缸和活塞泵的位置测定，也可作为限位开关使用。磁感应式接近开关的内部电路如图 1-80 所示。当磁性目标接近时，舌簧闭合，经放大输出开关信号。

磁感应式接近开关上设有 LED 显示，用于显示磁性开关的信号状态，供调试使用。磁感应式接近开关动作时，输出信号"1"，LED 灯亮；不动作时，输出信号"0"，LED 灯不亮。磁感应式接近开关有蓝色和棕色两根引出线，棕色线接"+"，蓝色线接"-"。为了防止接线错误时损坏磁感应式接近开关，可以在磁感应式接近开关的棕色引出线上串入电阻和二极管，使用时若引出线极性接反，磁感应式接近开关将不能正常工作。

图 1-79 电容型接近开关

图 1-80 磁感应式接近开关的内部电路

4）非磁性金属接近开关由振荡器、放大器组成。当非磁性金属（如铜、铝、锡、金、银等）靠近检测面时，引起振荡频率的变化，经差频后产生一个信号，经放大，转换成二进制开关信号，起到开关作用。非磁性金属接近开关对磁性金属（如铁、钢等）不起作用，可以在铁金属中进行埋入式安装。

常用的接近开关有 LJ5、LXJ6、LXJ18 系列。

1.6.4 光电开关

光电开关能够处理光的强度变化，利用光学元器件，在传播媒介中间使光束发生变化，利用光束来反射物体，使光束发射经过长距离后瞬间返回。光电开关由发射器、接收器和检测电路三部分组成。发射器对准目标发射光束，发射的光束一般来源于发光二极管（LED）和激光二极管。接收器由光电二极管或光电晶体管组成。在接收器的前面，装有光学元器件，如透镜和光圈等。在其后面的是检测电路，它能滤出有效信号，并应用该信号。

1. 光电开关的分类

（1）按检测方式分

根据光电开关在检测物体时，发射器所发出的光线被折回到接收器的途径的不同，即检测方式不同，可分为漫反射式、镜面反射式、对射式等。

（2）按输出状态分

按光电开关的输出状态可以分为常开型和常闭型。当无检测物体时，常开型的光电开关所接通的负载由于光电开关内部的输出晶体管的截止而不工作，当检测到物体时，晶体管导通，负载得电工作。

（3）按输出形式分

按光电开关的输出形式分为 NPN 型二线、NPN 型三线、NPN 型四线、PNP 型二线、PNP 型三线、PNP 型四线、AC 二线、AC 五线（自带继电器）及直流 NPN 型/PNP 型/常开/常闭多功能等几种。

2. 光电开关的介绍

（1）对射式光电开关

如图 1-81 所示，对射式光电开关包含在结构上相互分离且光轴相对放置的发射器和接收器，发射器发出的光线直接进入接收器。当被检测物体经过发射器和接收器之间且阻断光线时，光电开关就产生了开关信号。典型的方式是位于同一轴线上的光电开关可以相互分开达 50 m。其特点是能辨别不透明的反光物体；有效距离大，因为光束跨越感应距离的时间仅一次；不易受干扰，可以可靠地使用在野外或者有灰尘的环境中；装置的消耗高，两个单元都必须敷设电缆。当被检测物体不透明时，使用对射式光电开关是最可靠的检测模式。

（2）漫反射式光电开关

如图 1-82 所示，漫反射式光电开关是一种集发射器和接收器于一体的传感器。当有被检测物体经过时，会将光电开关发射器发射的足够量的光线反射到接收器，于是光电开关就产生了开关信号。作用距离的典型值可达 3 m。其特点是，有效作用距离由目标的反射能力决定，由目标表面性质和颜色决定；当被检测物体的表面光亮或其反光率极高时，漫反射式的光电开关是首选的检测模式。

图 1-81　对射式光电开关　　　　图 1-82　漫反射式光电开关

（3）镜面反射式光电开关

如图 1-83 所示，镜面反射式光电开关集发射器与接收器于一体，发射器发出的光线经过反射镜，反射回接收器，当被检测物体经过且完全阻断光线时，光电开关就产生了检测开关信号。光的通过时间是 2 倍的信号持续时

图 1-83　镜面反射式光电开关

间，有效作用距离为 0.1~20 m。其特点是，能辨别不透明的物体；借助反射镜部件，形成

高的有效距离范围；不易受干扰，可以可靠地用在野外或者有灰尘的环境中。

（4）槽式光电开关

如图 1-84 所示，槽式光电开关通常是标准的 U 形结构，其发射器和接收器分别位于 U 形槽的两边，并形成一光轴，当被检测物体经过 U 形槽且阻断光轴时，光电开关就产生了开关信号。槽式光电开关比较安全可靠，适合检测高速变化，分辨透明与半透明物体。

图 1-84　槽式光电开关

（5）光纤式光电开关

如图 1-85 所示，光纤式光电开关采用塑料或玻璃光纤传感器来引导光线，以实现被检测物体不在相近区域的检测。光纤式光电开关由光纤检测头和光纤放大器两部分组成，光纤检测头安装在检测位置，光纤放大器可以安装在安全合适的区域。通常，光纤式光电开关分为对射式和漫反射式。D11 系列光纤式光电开关外形如图 1-86 所示，其输出和接线形式如图 1-87 所示。

图 1-85　光纤式光电开关

图 1-86　D11 系列光纤式光电开关外形

图 1-87　光纤式光电开关的输出和接线形式

1.7　执行电器

1.7.1　电磁铁

电磁铁利用通电线圈在铁心中产生的电磁吸力吸引衔铁，以完成所需要的动作。衔铁的运动方式有直动式和转动式两种。常用的电磁铁有牵引电磁铁、阀用电磁铁、制动电磁铁和起重电磁铁等。电磁铁的文字符号为 YA，图形符号如图 1-88 所示。

1）牵引电磁铁。MQ 型牵引电磁铁常用于自动控制设备中，用以开关阀门或牵引其他机械装置。牵引电磁铁一般采用开启的交流单相螺管，能在较长的行程保持较大的吸引力。

2）制动电磁铁。MZ 型制动电磁铁通常与闸瓦制动器组成电磁制动器，以实现对电动机机械制动的控制。电磁制动器的文字符号为 YB，图形符号如图 1-89 所示。

图 1-88　电磁铁的图形符号　　　　图 1-89　电磁制动器的图形符号

电磁制动器的示意图如图 1-90 所示。当电动机通电起动时，电磁制动器的线圈也通电，吸引衔铁动作，克服弹簧力推动杠杆，使闸瓦松开闸轮，电动机便能正常运转。当电源切断时，线圈也同时断电，衔铁与铁心分离，在弹簧的作用下，使闸瓦与闸轮紧紧抱住，电动机被迅速制动而停转。

图 1-90　电磁制动器

1.7.2　电磁换向阀

电磁换向阀利用电磁铁的吸力推动阀芯改变阀的工作位置，简称电磁阀。电磁阀的文字符号为 YV。电磁阀用于液压阀或气动阀的远距离控制。当线圈通电时，电磁力使阀杆移动，控制油路或气路的开闭。线圈断电时，靠弹簧的弹力复位。根据电磁线圈所用的电源不同，电磁阀可以分为交流型和直流型。直流型工作可靠，换向冲击小、噪声小，但需要直流电源。

图 1-91 所示是三位四通电磁阀。该电磁阀是双向电控的，既两边都有电磁线圈。两边电磁铁都不通电时，阀芯在两边对中弹簧的作用下处于中位，P、T、A、B 口互不相通；当右边的电磁铁通电时，推杆将阀芯推向左端，P 通 B，A 通 T；当左边电磁铁通电时，推杆将阀芯推向右端，P 通 A，B 通 T。

说明：

1）阀的工作位置数称为位，用方格表示，三格即 3 个工作位置。

2）与一个方格的相交点数为油口的通路数，简称通。箭头"↑"表示两油口相通，堵塞符号"⊥"表示该油口不通流，中位箭头可省略。

3）P 表示通泵或压力油口，T 表示通油箱的回油口，A 和 B 表示连接两个工作油路的油口。

4）控制方式和复位弹簧的符号画在方格的两侧（如"▱"表示电磁铁控制，"⋁⋁⋀"表示复位弹簧）。

5）三位阀的中位、二位阀靠有弹簧的位为常态位。二位二通阀有常开型和常闭型两种。在液压系统图中，换向阀与油路在常态位连接。

如三位四通电磁阀：通过控制左右电磁铁的通断，控制液流方向。

不通电：中位—P、A、B、T 口不通。

左边通电：阀芯通电，阀芯右移，看左位，P 通 A，B 通 T。

右边通电：阀芯通电，阀芯左移，看右位，P 通 B，A 通 T。

图 1-91 三位四通电磁阀

a）结构图 b）图形符号

1—阀体 2—阀芯 3—定位套 4—对中弹簧 5—挡圈 6—推杆 7—环 8—线圈

9—铁心 10—导套 11—插头组件

1.8 技 能 训 练

1.8.1 组合开关的拆装与维修

1. 训练目的

1）熟悉组合开关的基本结构，了解各组成部分的作用。

2）掌握组合开关的拆卸、组装方法，并对其进行维护。

3）学会对组合开关进行简单的检测。

2. 器材

尖嘴钳、螺钉旋具、活扳手等常用电工工具及万用表、绝缘电阻表（兆欧表）各一块，HZ10 系列组合开关一只。

3. 训练内容

1）记录组合开关的极数，用万用表电阻档测量触点的通断；转动手柄再次测量触点通断的情况，并记录手柄断开的位置。将结果记录在表 1-6 中。

2）拆装组合开关，观察组合开关的基本结构，了解各部分的作用并进行维护。

松去手柄紧固螺钉，取下手柄。松去支架上的紧固螺母，取下顶盖、转轴弹簧和凸轮等操作机构。抽出绝缘杆，取下绝缘垫板上盖。拆卸 3 对动静触点。检查触点有无烧毛，如有烧毛，应用 0 号砂布或砂纸进行修整。更换损坏的触点。检查转轴弹簧是否松脱，检查消弧垫是否严重磨损，根据情况调换新的。

表1-6 组合开关拆装记录

型 号	额定电流/A	极 数	操作位置及通断情况

	名称	作用	检查记录
主要零部件			

　　装配组合开关时按拆卸的逆顺序进行。装配时，应注意动触点和静触点的相互位置是否正确及叠片连接是否紧密。对已修复和装配好的组合开关，进行通断试运行，手柄置于不同位置，用万用表测试触点通断情况。合上组合开关，用兆欧表测量每两相触点之间的绝缘电阻，如不合格应重新装配。

　　注意：拆下的零部件应放入容器，以免丢失。

4. 实训考核及成绩评定

成绩评定表

项目内容	要 求	评分标准	得分
手柄通断位置	手柄通断判断位置正确（10分）	不会判断-10分	
拆卸与装配	拆装方法正确（20分） 保持零件完好（20分） 触点检修正确（10分） 手柄转动灵活（10分） 用万用表检查通断试验成功（30分）	顺序错一次-10分 丢失零件每个-5分 检修不正确-10分 手柄不能转动-10分 一次不成功-10分	
安全文明操作	工具的正确使用 执行安全操作规定	损坏工具-50分 违反安全规定-50分	
工时	120分钟	每超过5分钟扣5分	

1.8.2　接触器的拆装与维修

1. 训练目的

1) 掌握交流接触器的结构，了解各组成部分的作用。

2) 学会用万用表检测交流接触器。

3) 会更换触点、电磁线圈等部件。

2. 器材

CJ10—20型交流接触器、万用表及螺钉旋具、尖嘴钳、锉刀等常用工具。

3. 训练内容

1) 拆卸和组装交流接触器的电磁机构，观察其组成，将结果记录在表1-7中。

表1-7 交流接触器拆装记录

型号及含义				容量/A		
触点系统	主触点			辅助触点		
	数量		结构	常开数量	常闭数量	结构
	测量触点	动作前		动作后		
		常开触点	常闭触点	常开触点		常闭触点
电磁机构	电磁线圈					
	工作电压/V	直流电阻/Ω		线径/mm	匝数	形状
	电磁铁					
	铁心形状		衔铁的形状		短路环的位置及大小	
灭弧罩	材料		位置		灭弧方式	

拆下灭弧罩，观察灭弧罩内部的结构，并检查灭弧罩有无炭化现象。如有炭化现象，用锉刀或小刀刮掉，并将灭弧罩内吹刷干净。记录主触点和常开、常闭辅助触点的数量，用万用表检测触点的通断情况，并记录。用手或工具压下主触点，模拟触点吸合，观察辅助触点的动作情况，并再次用万用表测量其通断情况。

拆底盖螺钉，取下盖板，取出铁心（注意衬垫纸片不要丢弃）、铁皮支架和缓冲弹簧。用尖嘴钳拔出线圈与接线柱之间的连接线，取出电磁线圈、反力弹簧、衔铁和胶木支架。检查动静铁心结合处是否紧密，检查短路环是否完好。

注意：拆下的零部件应放入容器，以免丢失。

按与拆卸相反的顺序进行安装：装反力弹簧，装电磁线圈，装缓冲弹簧，装铁心，装底盖，上螺钉。

2）更换和修整触点。

① 更换辅助触点。

拆下辅助触点：松开压线螺钉，拆下静触点，用尖嘴钳夹住动触点向外拆，拆下动触点。

安装辅助触点：将静触点插在应装位置上，将螺钉拧紧，用镊子或尖嘴钳夹住动触点插入原位，注意应插在触点弹簧两端金属片与胶木框之间。

② 更换主触点。

首先拆下固定螺钉取下静触点，接着将金属框向上拉起，触点弹簧被压缩，然后将动触点翻转一定角度即可撤出动触点。检查触点的磨损状况，决定是否需要修整或调换触点。

组装时应注意各部分零件必须到位，无卡阻现象。最后安装灭弧罩。

在整个拆装过程中，不允许硬撬，拆装灭弧罩时要轻拿轻放，避免碰撞。

3）装配后进行通断试运行，测量主触点和辅助触点的接触电阻。

4）最后清点、整理用具。

4. 实训考核及成绩评定

成绩评定表

项目内容	要　求	评分标准	得分
拆卸与装配	拆装方法正确（10分） 保持零件完好（30分） 触点拆卸检修正确（10分） 吸合时铁心不能被卡住（20分） 通电时没有振动和噪声（20分） 用万用表检查通断试验成功（10分）	方法错-10分 每丢失或损坏一件-10分 方法错-10分 每出现一次-10分 每出现一次-10分 一次不成功-10分	
安全文明操作	工具的正确使用 执行安全操作规定	损坏工具-50分 违反规定-50分	
工时	120分钟	每超过5分钟扣5分	

1.8.3　认识中间继电器和时间继电器

1. 实训目的

1）熟悉中间继电器和空气阻尼式时间继电器的基本结构和各部分的作用。

2）学会用万用表检测继电器的触点，并记录。

2. 器材

中间继电器、空气阻尼式时间继电器、万用表及常用电工工具。

3. 训练内容

1）观察中间继电器的结构并记录于表1-8中。

表1-8　中间继电器基本结构记录

型号及含义	接线端子号		
	线　圈	常 开 触 点	常 闭 触 点
主要结构	衔铁动作方式		

2）观察时间继电器的结构及动作过程，并记录于表1-9中。

表1-9　时间继电器的结构及动作过程记录

型号及含义	主　要　结　构		延　时　范　围	
	瞬动触点的数量		延时动作触点的数量	
触点组合	常 开 触 点	常 闭 触 点	常 开 触 点	常 闭 触 点
用手操作电磁机构，用万用表测量触点动作情况	吸合			
	释放			

（续）

型号及含义		主 要 结 构	延 时 范 围
反转电磁机构重复上述操作	吸合		
	释放		

1.8.4　认识热继电器、按钮

1. 实训目的

1）掌握热继电器的基本结构及各组成部分的作用，学会对其进行检测和调整整定值。

2）学会按钮的检测和接线方法。

2. 器材

热继电器、按钮、万用表、绝缘电阻表（兆欧表）及常用电工工具。

3. 实训内容

1）拆开热继电器的外壳，观察其内部结构，并将各部分的作用记录在表 1-10 中。

表 1-10　热继电器观察记录表

型　　号		额定电流		相数	
主要元件的名称		作用			
热元件					
主双金属片					
导板					
补偿双金属片					
调节旋钮					
手动复位按钮					
触点数目					

2）用螺钉旋具轻轻推动双金属片，模拟其动作，观察触点的动作情况。

3）调整热继电器的整定值调节旋钮，观察其内部结构的动作。

4）拆开按钮盒观察其内部结构并测量其动作情况。

1.9　习　　题

1. 什么是低压电器？怎样分类？常用的低压电器有哪些？

2. 叙述接触器的用途，并画出接触器的图形符号。

3. 叙述交流接触器的组成部分及各部分的作用。

4. 交流接触器的主要技术参数有哪些？各如何定义？

5. 交流接触器和直流接触器是如何划分的？在结构上有何不同？

6. 如何选用接触器？

7. 接触器在运行维护中有哪些注意事项？

8. 交流接触器的短路环断裂后会出现什么现象？

9. 电流继电器、电压继电器和中间继电器各有什么作用？

10. 画出时间继电器的图形符号，写出名称。

11. 画出热继电器的图形符号，并叙述热继电器的作用和主要结构。

12. 如何选用热继电器？在什么情况下选用带断相保护的热继电器？

13. 什么是固态继电器？如何分类？

14. 速度继电器的作用是什么？

15. 低压断路器有何作用？主要组成部分有哪些？各有什么作用？

16. 安装螺旋式熔断器应注意些什么？

17. 画出复合按钮的图形符号，标出其文字符号，并说明其动作特点。

18. 画出行程开关的图形符号，标出其文字符号，并简述其作用。

19. 画出接近开关的图形符号，标出其文字符号，并简述其作用。

20. 画图说明接近开关常用的输出接线形式。

21. 常用的电磁铁有几种？

22. 电磁阀的作用是什么？画出三位四通阀的图形符号并说明符号的意义。

第2章

三相异步电动机电气控制线路

本章要点

- 制作电动机控制线路的步骤
- 三相异步电动机典型的控制线路及检查试车
- 三相异步电动机典型控制线路的安装技能训练

2.1 制作电动机控制线路的步骤

制作电动机控制线路包括根据控制要求绘制电气原理图、电器元件布置图和电气安装接线图，并照图进行安装接线，最后进行检查试车。

2.1.1 电气原理图、电器元件布置图和接线图

1. 电气原理图

电气原理图是用国家统一规定的图形符号和文字符号，表示各个电器元件的连接关系和电气控制线路的工作原理的图形。电气原理图结构简单、层次分明，便于阅读和分析线路的工作原理。图 2-1 为 CW6132 型普通车床的电气原理图。

电气原理图、
布置图和接线图

绘制电气原理图应遵守下面的基本原则。

1) 电气原理图包括主线路和辅助线路两部分。主线路是从电源到电动机的大电流通过的路径，一般从电源开始，经过电源引入的组合开关或低压断路器、熔断器、接触器的主触点、热继电器的热元件到电动机；辅助线路包括控制线路、信号回路、保护线路和照明线路。辅助线路中经过的电流比较小，一般不超过 5A。控制线路一般由熔断器、主令电器（如按钮）、接触器的线圈及辅助触点、继电器线圈和触点、热继电器的常闭触点、保护电器的触点等组成。信号回路主要由接触器的辅助触点、继电器的触点和信号灯等组成。

2) 在电气原理图中，电器元件采用展开的形式绘制，如属于同一接触器的线圈和触点分开来画，但同一元件的各个部件必须标以相同的文字符号。电气原理图包括所有电器元件的导电部件和接线端子，但并不是按照各电器元件的实际位置和实际接线情况绘制的。

图 2-1　CW6132 型普通车床的电气原理图

3）电气原理图中所有的电器元件必须采用国家标准中规定的图形符号和文字符号。属于同一电器的各个部件要用同一个文字符号表示。当使用多个相同类型的电器时，要在文字符号后面标注不同的数字序号。

4）电气原理图中所有的电器元件的触点均在常态下绘出。所谓常态是指电器元件没有通电或没有外力作用时的状态，即常开触点断开，常闭触点闭合。

5）电气原理图的布局安排应便于阅读分析。采用垂直布局时，动力线路的电源线绘成水平线，主线路应垂直于电源线路画出。控制回路和信号回路应垂直地画在两条电源线之间，耗能元件（如线圈、电磁铁、信号灯等）应画在线路的最下面，且交流电压线圈不能串联。

6）在电气原理图中，各电器元件应按动作顺序从上到下、从左到右依次排列，并尽量避免线条交叉。有直接电联系的导线的交叉点，要用黑圆点表示。

7）在电气原理图的上方，将图分成若干图区，从左到右用数字编号，这是为了便于检索电气线路，方便阅读和分析。图区编号下方的文字表明它对应的下方元件或线路的功能，以便于理解线路的工作原理。

8）在电气原理图的下方附图表示接触器和继电器的线圈与触点的从属关系。在接触器和继电器的线圈下方给出相应的文字符号，文字符号的下方要标注其触点的位置索引代号，对未使用的触点用"×"表示，如图 2-2 所示。

对于接触器，左栏表示主触点所在的图区号，中栏表示辅助常开触点所在的图区号，右栏表示辅助常闭触点所在的图区号。对于继电器，左栏表示常开触点所在的图区号，右栏表示常闭触点所在的图区号。

KM			KA	
			9	×
4	6	×	13	×
4	×	×	×	×
4		×	×	×

图 2-2　线圈与触点的从属关系附图

2. 电器元件布置图

电器元件布置图主要用来表明在控制盘或控制柜中电气元件的实际安装位置。图中各元器件的代号应与电气原理图和电器清单上的元器件代号相同。图 2-3 为 CW6132 型普通车床的电器元件布置图。

3. 电气接线图

电气接线图用来表明电气控制线路中所有电器的实际位置，标出各元器件之间的接线关系和接线去向。接线图主要在安装电器设备和电器元件时用于配线。接线图根据表达对象和用途不同，可以分为单元接线图、互连接线图和端子接线图。单元接线图表示单元内部的连接关系，不包括单元之间的外部连接，应根据位置图布置各个电器元件，根据电器位置布置最合理、连接导线最经济的原则绘制。图 2-4 为 CW6132 型普通车床的互连接线图。绘制接线图时应注意以下事项。

1）在接线图中各电器以国家标准规定的图形符号代表实际的电器，各电器的位置与实际安装位置一致。一个元件的所有部件应画在一起，并用虚线框起来。

图 2-3　CW6132 型普通车床的电器元件布置图

图 2-4　CW6132 型普通车床的互连接线图

2）接线图中的各电器元件的图形符号及文字代号必须与原理图完全一致，并要符合国家标准。

3）各电器元件上凡是需要接线的部件端子都应绘出，并且一定要标注端子编号，各接线端子的编号必须与原理图上相应的线号一致；同一根导线上连接的所有端子的编号应相同，即等电位点的标号相同。

4）同一控制盘上的电器元件可以直接连接，而盘内和外部元器件连接时必须经过接线端子排进行，走向相同的相邻导线可绘成一股线。在接线图中一般不表示导线的实际走线途径，施工时由操作者根据实际情况选择最佳走线方式。

2.1.2　制作电动机控制线路的步骤

1. 熟悉电气原理图

为了顺利地安装接线、检查调试和排除故障，必须认真阅读原理图，明确电器元件的数目、种类和规格；看懂线路图中各电器元件之间的控制关系及连接顺序；分析线路的控制动作，以便确定检查线路的步骤方法；对于比较复杂的线路，还应看懂是由哪些基本环节组成的，分析这些环节之间的逻辑关系。

为了方便线路投入运行后的日常维护和故障排除，必须按规定给原理图标注线号。应将主线路与辅助线路分开标注，各自从电源端起，各相线分开，顺次标注到负荷端。标注时应做到每段导线均有线号，并且一线一号，不得重复。

2. 绘制安装接线图

在接线图中，各电器元件都要按照在安装板或控制柜中的实际安装位置绘出，元件所占据的面积按它的实际尺寸依照统一的比例绘制；各电器元件之间的位置关系依据安装盘的面积大小、长宽比例及连接线的顺序来决定。

3. 检查电器元件

电器元件先检查后使用，避免安装接线后发现问题再拆换，提高制作线路的工作效率。对电器元件的检查应包括以下几个方面。

1）外观检查。电器元件的外观是否清洁完整；外壳有无碎裂；零部件是否齐全有效；各接线端子及紧固件有无缺失、生锈等现象。

2）触点检查。电器元件的触点有无熔焊粘连、变形严重、氧化锈蚀等现象；触点的闭合、分断动作是否灵活；触点的开距、超程是否符合标准；接触压力弹簧是否有效。

3）电磁机构和传动机构的检查。电器的电磁机构和传动部件的动作是否灵活；有无衔铁卡阻、吸合位置不正等现象；新产品使用前应拆开清除铁心端面的防锈油；检查衔铁复位弹簧是否正常。用万用表检查所有元器件的电磁线圈的通断情况，测量它们的直流电阻并做好记录，以备检查线路和排除故障时参考。

4）其他器件的检查。检查有延时作用的所有电器元件的功能，如时间继电器的延时动作、延时范围及整定机构的作用；检查热继电器的热元件和触点的动作情况。

5）电器元件规格的检查。核对各电器元件的规格（如电器的电压等级和电流容量，触点的数目和开闭状况，时间继电器的延时类型等）与图样要求是否一致，不符合要求的应更换或调整。

4. 固定电器元件

按照接线图规定的位置将电器元件固定在安装底板上。元件之间的距离要适当，既要节省板面，又要方便走线和投入运行后的检修。固定元件的步骤如下。

1）定位。将电器元件摆放在确定好的位置，用尖锥在安装孔中心做好标记。元件应排列整齐，以保证连接导线做得横平竖直、整齐美观，同时尽量减少弯折。

2）打孔。用手钻在做好标记的位置处打孔，孔径应略大于固定螺钉的直径。

3）固定。所有的安装孔打好后，用螺钉将电器元件固定在安装底板上。固定元件时，应注意在螺钉上加装平垫圈和弹簧垫圈。紧固螺钉时将弹簧垫圈压平即可，不要过分用力。防止用力过大将元件塑料底板压裂造成损坏。

5. 接线

接线时，必须按照接线图规定的方位进行。一般从电源端起，按线号顺序进行，先做主线路，然后做控制线路。

接线前应先做好准备工作：按主线路、控制线路的电流容量选好规定截面积的导线；准备适当的线号管；使用多股线时应准备烫锡工具或压线钳。

接线应按以下步骤进行。

1）选取适当截面积的导线，按接线图规定的方位在规定好的电器元件之间测量所需的长度，截取适当长短的导线，剥去两端绝缘外皮。为保证导线与端子接触良好，要用电工刀将芯线表面的氧化物刮掉；使用多股芯线时要将线头绞紧，必要时应做烫锡处理。

2）走线时应尽量避免导线交叉。先将导线校直，把同一走向的导线汇成一束，依次弯向所需的方向。走线应做到横平竖直，拐直角弯。做线时要将拐角做成90°的"慢弯"，导线的弯曲半径为导线直径的3~4倍，不要用钳子将导线做成"死弯"，以免损伤绝缘层和线芯。做好的导线束用铝线卡垫上绝缘物卡好。

3）将成形的导线套上线号管，根据接线端子的情况，将芯线围成圆环或直接压进接线端子。

4）接线端子应紧固好，必要时加装弹簧垫圈紧固，防止电器动作时因振动而松脱。接线过程中注意按照图样核对，防止错接。必要时用万用表校线。同一接线端子内压接两根以上导线时，可以只套一只线号管；导线截面积不同时，应将截面积大的放在下层，截面积小的放在上层。

2.1.3 检查线路和试车

制作好控制线路后，必须经过认真地检查才能通电试车，以防止错接、漏接及电器故障引起线路动作不正常，甚至造成短路事故。检查线路应按以下步骤进行。

1. 核对接线

对照原理图、接线图从电源端开始逐段核对端子接线的线号，排除漏接、错接现象。重点检查控制线路中易接错的线号，还应核对同一根导线的两端是否错号。

2. 检查端子接线是否牢固

检查所有端子上接线的接触情况。用手一一摇动、拉拨端子上的接线，不允许有松脱现象。避免通电试车时因虚接造成麻烦，将故障排除在通电之前。

3. 电阻测量法检查线路

电阻测量法必须断电进行。电阻测量法可以分为分段测量法和分阶测量法。检查时，把万用表拨到（$R×1$）电阻档，若用分段测量法，就逐段测量各个触点之间的电阻。若所测线路并联了其他线路，测量时必须将被测电路与其他电路断开，如图2-5所示。

图2-5 电阻测量法检查线路

用手动来模拟电器的操作动作，根据线路的动作来确定检查步骤和内容。若测得某两点间的电阻很大，说明该触点接触不良或导线断开。对于接触器线圈，其进出线两端的电阻值应与铭牌上标注的电阻值相符。若测得 KM1 线圈间的电阻为无穷大，则线圈断线或接线脱落；若测得 KM1 线圈间的电阻接近于零，则线圈内部绝缘损坏，线圈可能短路。测量时根据原理图和接线图选择测量点。一般情况下，按下列步骤进行。

（1）断开控制线路，检查主线路

断开电源开关，取下控制线路中熔断器的熔体，断开控制线路，用万用表检查下述内容：主线路不带负荷（电动机）时相间应绝缘；摘下灭弧罩，用手按下接触器主触点支架，检查接触器主触点动作的可靠性；正反转控制线路的电源换相线路及热继电器热元件是否良好、动作是否正常等。

（2）断开主线路，检查控制线路的动作情况

主要检查下列内容：控制线路的各个控制环节及自锁、联锁装置的动作情况及可靠性；与设备的运动部件联动的元件（如行程开关、速度继电器等）动作的正确性和可靠性；保护电器动作的准确性等。

4. 通电试车与调整

通电试车步骤如下。

（1）空操作试验

先切除主线路（可断开主线路熔断器），装好控制线路熔断器，接通三相电源，使线路不带负荷（电动机）通电操作，以检查辅助线路工作是否正常。操作各按钮检查它们对接触器、继电器的控制作用；检查接触器的自锁、联锁等控制作用；用绝缘棒操作行程开关，检查它的行程控制或限位控制作用等。同时观察各电器操作动作的灵活性，有无过大的噪声，线圈有无过热等现象。

在空操作试验时，若出现故障，可以采用电压测量法检查故障。电压测量法可以分为分阶测量法和分段测量法。

分段测量法如图 2-6 所示。将万用表调到交流 500 V 档，接通电源，按下起动按钮 SB2，正常工作时，KM1 吸合并自锁。这时电路中（1-2）、（2-3）、（3-4）各段电压均为 0，4 和 5 之间为线圈的工作电压 380 V。

当触点故障时，按下按钮 SB2，若 KM1 不吸合，先测电源两端的电压，若测得电压为 380 V，说明电源电压正常，熔断器完好。接着测量各个触点之间的电压。若测得热继电器触点之间的电压为 380 V，说明热继电器 FR 保护触点已动作或接触不良，应检查触点本身是否接触不好或连线松脱；若测得 KM1 两端（3、4 之间）的电压为 380 V，则 KM1 的触点没有吸合或连接导线断开，依此类推。

图 2-6　电压测量法检查故障

当线圈故障时，若各个触点之间的各段电压均为 0，KM1 线圈两端的电压为 380 V，而

KM1 不吸合，则故障是 KM1 线圈或连接导线断开。

分阶测量法是将电压表的一支表笔固定在线路电源的一端（如图中 5 点），另一支表笔依次按顺序接到 4、3、2、1 的每个接点上。正常时，电压表的读数为电源电压。若没有读数，说明连线断开；将电压表的表笔逐级上移，当移至某点，电压表的读数又为电源电压，说明该点以上的触点接线完好，故障点就是刚跨过的接点。

（2）带负荷试车

控制线路经过数次空操作试验动作无误，即可切断电源，接通主线路，带负荷试车。如果发现电动机起动困难、发出噪声及线圈过热等异常现象，应立即停车，切断电源后进行检查。

2.2 三相异步电动机直接起动控制线路及检查试车

三相笼型电动机具有结构简单、价格便宜、坚固耐用、维修方便等优点，因而获得广泛应用。据统计，在一般工矿企业中，笼型电动机的数量占电力拖动设备总台数的 85% 左右。笼型电动机的起动方式有直接起动与减压起动两种。

笼型电动机的直接起动是一种简便、经济的起动方法。但直接起动时的起动电流为电动机额定电流的 4~7 倍，过大的起动电流会造成电压明显下降，直接影响在同一电网工作的其他负载的正常工作，所以直接起动的电动机的容量受到一定限制。可根据电动机起动的频繁程度、供电变压器容量的大小来决定允许直接起动的电动机的容量。对于起动频繁的情况，允许直接起动的电动机容量应不大于变压器容量的 20%；对于不经常起动者，直接起动的电动机容量不大于变压器容量的 30%。通常容量小于 11kW 的笼型电动机可采用直接起动。

2.2.1 点动控制线路及检查试车

点动控制是指按下按钮电动机才会运转，松开按钮即停转的线路。生产机械有时需要做点动控制，如用于电动葫芦、地面操作的小型起重机及某些机床辅助运动的电气控制。

1. 点动控制线路

图 2-7 是电动机单向点动控制线路的原理图，由主线路和控制线路两部分组成。

主线路中刀开关 QS 为电源开关，起隔离电源的作用；熔断器 FU1 对主线路进行短路保护，主线路由接触器 KM 的主触点接通或断开。由于是点动控制，电动机运行时间短，有操作人员在近处监视，所以一般不设过载保护环节。

控制线路中的熔断器 FU2 用于短路保护；常开按钮 SB 控制接触器 KM 电磁线圈的通断。

线路控制动作如下：①合上隔离开关 QS；②按下 SB→KM 线圈通电→KM 主触点闭合→电动机 M 得电起动并进入运行状态；③松开 SB→KM 线圈断电→KM 主触点断开→电动机 M 失电停转。

图 2-7 电动机单向点动控制
线路的原理图

2. 按照原理图接线

在原理图上，按规定标好线号，如图 2-7 所示。按照原理图进行接线。在试验台上接线，从刀开关 QS 的下接线端子开始，先做主线路，后做控制线路的连接线。主线路使用导线的横截面积应按电动机的工作电流适当选取。将导线先校直，剥好两端的绝缘皮后成形。套上线号管接到对应端子上。做线时要注意水平走线尽量靠近底板；中间一相线路的各段导线呈一直线，左右两相导线对称。三相电源线直接接入刀开关 QS 的上接线端子。电动机接线盒至安装盘上的接线端子排之间应使用护套线连接。注意做好电动机外壳的接地保护线。

对中小功率电动机控制线路而言，一般可以使用截面积为 $1.5\ \text{mm}^2$ 左右的导线连接。将同一走向的相邻导线并成一束。要用螺钉压接的一端的导线先套好线号管，将芯线按顺时针方向围成圆环，压接入端子，避免旋紧螺钉时将导线挤出，造成虚接。

3. 检查线路

接线完成后首先对照原理图逐线检查，核对线号，用手拨动导线，检查所有端子接线的接触情况，排除虚接。断开 QS，摘下接触器的灭弧罩，以便用手操作来模拟触点的分合动作；将万用表拨到 $R\times1$ 档。

（1）检查主线路

拔去 FU2 以切除辅助线路，用万用表分别测量开关下端 L11～L21、L21～L31 和 L11～L31 之间的电阻，结果均应该为断路（$R\rightarrow\infty$）。如果某次测量的结果为短路（$R\rightarrow0$），则说明所测量的两相之间的接线有短路问题，应仔细逐线检查。

用手按压接触器主触点架，使三极主触点都闭合，重复上述测量，应分别测得电动机各相绕组的阻值。若某次测量结果为断路（$R\rightarrow\infty$），则应仔细检查所测两相的各段接线。例如，测量的 L21～L31 之间电阻值 $R\rightarrow\infty$，则说明主线路 L2、L3 两相之间的接线有断路处。可将一支笔接 L21 处，另一支表笔依次测 L22、V 各段导线两端的端子，再将表笔移到 W、L32、L31 各段导线两端测量，这样即可准确地查出断路点，并予以排除。

（2）检查控制线路

插好 FU2，万用表表笔接组合开关下端子 L11、L21（辅助线路电源线）处，应测得断路；按下按钮 SB，应测得接触器 KM 线圈的电阻值。如所测得的结果不正常，则将一支表笔接 L11 处，另一支表笔依次接 1 号、2 号……各段导线两端端子，即可查出短路或断路点，并予以排除。移动表笔测量、逐步缩小故障范围是一种快速可靠的探查方法。

4. 通电试车

完成上述检查后，清点工具，清理试验台上的线头杂物，装好接触器的灭弧罩，检查三相电源电压。一切正常后，在指导老师的监护下通电试车。

（1）空操作试验

空操作试验是指不接电动机，只检查控制线路的试验方法。试验时必须拆下电动机接线，合上刀开关 QS，按下点动按钮 SB，接触器 KM 应立即动作；松开 SB，则 KM 应立即复位。细听 KM 主触点分合动作的声音和接触器线圈电动运行的声音是否正常。反复做几次试验，检查线路动作的可靠性。

（2）带负荷试车

切断电源后，接好电动机接线，重新通电试车。合上 QS，按下 SB 后注意观察电动机起动和运行的情况，松开 SB 观察电动机能否停车。

试车中如发现接触器振动、发出噪声、主触点燃弧严重，以及电动机嗡嗡响、不能起动等现象，应立即停车断电。重新检查接线和电源电压，必要时拆开接触器检查电磁机构，排除故障后重新试车。

5. 线路故障检查及排除

1）线路进行空操作试验时，按下 SB 后，接触器 KM 的衔铁剧烈振动，发出严重噪声。

分析：线路经过万用表检测未见异常，电源电压也正常。怀疑控制线路熔断器 FU2 接触不实，当接触器动作时，振动造成辅助线路电源时通时断，使接触器振动；或接触器电磁机构有故障造成振动。

检查：先检查熔断器接触情况，将各熔断器瓷盖上的触刀向内按紧，保证与静插座接触良好。装好后通电试验，接触器振动如前。再将接触器拆开，检查电磁机构，发现铁心端面的短路环断裂。

处理：更换短路环（或更换铁心）后装复，将接触器装回线路。重新检查后试验，故障排除。

2）线路空操作试验正常，带负荷试车时，按下 SB 发现电动机嗡嗡响不能起动。

分析：线路空操作试验未见异常，带负荷试车时接触器动作正常，而电动机起动异常现象是缺相造成的。怀疑线路中间有一相连接线有断路点，因主线路、辅助线路共用 L1、L2相电源，而接触器电磁机构工作正常，表明 L1、L2 相电源正常。

检查：用万用表检查各接线端子之间的连接线，未见异常。摘下接触器灭弧罩，发现一极主触点歪斜，接触器动作时，这一极触点无法接通，致使电动机缺相无法起动。

处理：仔细装好接触器主触点，装回灭弧罩后重新试车，故障排除。

2.2.2 全压起动连续运转控制线路及检查试车

1. 全压起动连续运转控制线路

图 2-8 为电动机全压起动连续运转控制线路。图中 QS 为电源开关，FU1、FU2 为主线路与控制线路熔断器，KM 为接触器，FR 为热继电器，SB1、SB2 分别为停止按钮与起动按钮，M 为三相笼型电动机。

全压起动连续
运转控制

全压起动连续
运转控制课件

图 2-8　全压启动连续运转控制线路

电动机控制如下。

①合上电源开关 QS。②起动时，按下起动按钮 SB2(2-3)，接触器 KM 线圈 (4-5) 通电吸合，其主触点闭合，电动机接通三相电源起动。同时，与起动按钮 SB2 并联的接触器常开辅助触点 KM(2-3) 闭合，使 KM 线圈经 SB2 触点与接触器 KM 自身常开辅助触点 KM(2-3) 通电，当松开 SB2 时，KM 线圈仍通过自身常开辅助触点继续保持通电，从而使电动机获得连续运转。这种依靠接触器自身辅助触点保持线圈通电的电路，称为自锁电路，而这对常开辅助触点称为自锁触点。③电动机需停转时，可按下停止按钮 SB1，接触器 KM 线圈断电释放，KM 常开主触点与辅助触点均断开，切断电动机主线路及控制线路，电动机停止旋转。

继电器、接触器电路中常用的保护有短路保护、过载保护、欠电压和失电压保护。

1) 短路保护。由熔断器 FU1、FU2 分别实现主线路与控制线路的短路保护。

2) 过载保护。由热继电器 FR 实现电动机的长期过载保护。当电动机出现长期过载时，串接在电动机主线路中的热元件使双金属片受热弯曲，热继电器动作，使串接在控制线路中的热继电器的常闭触点断开，切断 KM 线圈电流，KM 主触点断开，使电动机断电，实现电动机过载保护。

3) 欠电压和失电压保护。当电源电压严重下降或电压消失时，接触器电磁吸力急剧下降或消失，衔铁释放，各触点复原，断开电动机电源，电动机停止旋转。电源电压恢复时，电动机也不会自行起动，从而避免事故发生。因此，具有自锁电路的接触器控制具有欠电压与失电压保护作用。

2. 按照原理图接线

在原理图上，按规定标好线号，如图 2-8 所示。在试验台上按照原理图进行接线。

（1）接主线路

从刀开关 QS 的下接线端子开始，先做主线路。电动机的连续运转要考虑电动机的过载保护，若用 JR16 系列有三相热元件的热继电器，主线路接触器 KM 主触点三只端子（L13、L23、L33）分别与三相热元件上端子连接；若使用其他系列只有两相热元件的热继电器，则 KM 主触点只有两只端子与热元件端子连接，而第三只端子直接经过端子排 XT 相应端子接电动机。注意：切不可将热继电器触点的接线端子当成热元件端子接入主线路，否则将烧毁触点。

（2）接控制线路

在连续运转的控制线路中，增加了自锁触点和热继电器的常闭触点。在控制线路中出现了并联支路，则应先接串联支路，在串联支路接完后，检查无误，再连接并联支路，如并联连接接触器的自锁触点 KM(2-3)。

注意：①按钮盒中引出三根（1、2、3 号线）导线，使用三芯护套线与接线端子排连接。经过接线端子排再接入控制线路；接触器 KM 的自锁触点的上、下端子接线分别为 2 号和 3 号，不可接错。②停止按钮置于起动按钮的下方或左侧，停止按钮用红色，起动按钮用绿色。接线时要左进右出，上进下出。

3. 检查线路

接线完成后，要进行常规检查。对照原理图逐线核查，重点检查按钮盒内的接线和接触器的自锁触点的接线位置，防止错接。用手拨动各接线端子处的接线，排除虚接故障。接着在断电的情况下，用万用表电阻档检查。断开 QS，摘下接触器灭弧罩。

（1）检查主线路

方法与步骤和点动控制主线路的检查相同。

（2）检查控制线路

装上 FU2，将万用表笔跨接在刀开关 QS 下端子 L11、L21 处，应测得断路。按下 SB2，应测得 KM 线圈的电阻值。检查自锁线路，松开 SB2 后，按下 KM 触点架，使其常开辅助触点也闭合，应测得 KM 线圈的电阻值。检查停车控制，在按下 SB2 或按下 KM 触点架测得 KM 线圈电阻值后，同时按下停车按钮 SB1，则应测得辅助线路由通而断。

如操作 SB2 或按下 KM 触点架后，测得结果为断路，应检查按钮及 KM 自锁触点是否正常，连接线是否正确、有无虚接及脱落。必要时用移动表笔缩小故障范围的方法探查断路点。

如在上述测量中测得短路，则重点检查不同线号的导线是否错接到同一端子上了。例如：起动按钮 SB2 下端子引出的 3 号线如果错接到 KM 线圈下端的 5 号端子上，则控制线路的两相电源不经 KM 线圈直接连通，只要按下 SB2 就会造成短路。再如：停止按钮 SB1 下接线端子引出的 2 号线，如果错接到接触器 KM 自锁触点下接线端子 3 号，则起动按钮 SB2 被短接，不起作用，此时只要合上隔离开关 QS（未按下 SB2），线路就会自行起动而造成危险。

如检查停车控制时，停止按钮不起作用，则应检查自锁触点的连接位置和按钮盒内的接线，并排除错接。

（3）检查过载保护环节

按下 SB2 测得 KM 线圈阻值，按下热继电器的试验按钮，在听到热继电器常闭触点分断动作声音的同时，万用表应显示辅助线路由通而断；否则，应检查热继电器的动作及连接线情况，并排除故障。检查结束后，要按下复位按钮让热继电器复位。

4. 通电试车

完成上述各项检查后，清理好工具和安装板，将接触器的灭弧罩装好，检查三相电源。将热继电器电流整定值按电动机的需要调节好，在指导教师的监护下试车。

（1）空操作试验

在试验时必须拆下电动机接线。合上 QS，按下 SB2 后，接触器 KM 应立即得电动作，松开 SB2，接触器 KM 能保持吸合状态；按下停止按钮 SB1，KM 应立即释放。反复操作几次，以检查线路动作的可靠性。

（2）带负荷试车

切断电源后，接好电动机，合上 QS，按下 SB2，电动机 M 应立即得电起动后进入运行；松开 SB2，电动机继续运转；按下 SB1 时电动机停车。

5. 线路故障检查及排除

1）合上刀开关 QS（未按下 SB2）接触器 KM 立即得电动作；按下 SB1 则 KM 释放，松开 SB1 时，KM 又得电动作。

故障现象说明停止按钮 SB1 停车控制功能正常，而起动按钮 SB2 不起作用。从原理图分析可知，故障是由 SB1 下端连接线 2 直接接到 SB2 下端 3 或接触器自锁触点的下端 3 引起的。

先检查线路，拆开按钮盒，核对接线，再检查接触器辅助触点接线，找到接错的线，改正，再重新试车。

2）试车时合上 QS，没有按下起动按钮，接触器剧烈振动（振动频率低，约 10~20 Hz），主触点严重起弧，电动机转轴时转时停。按下 SB1，则 KM 立即释放；松开 SB1，接触器又剧烈振动。

故障现象表明起动按钮 SB2 不起作用，而停止按钮 SB1 有停车控制作用。接触器剧烈振动且频率低，不像是电源电压低（噪声约 50 Hz）和短路环损坏（噪声约 100 Hz），而是由接触器反复的接通、断开造成，可能是自锁触点接错。若把接触器的常闭触点错当自锁触点使用，合上 QS 时，电流经 QS→SB1→KM 的常闭触点→FR 的常闭触点→KM 的线圈→电源形成回路，使 KM 线圈立即得电动作，其常闭触点分断，又使 KM 线圈失电，常闭触点又接通而使线圈得电，这样就引起接触器剧烈振动。因为是接触器的衔铁在全行程内往复运动，因而振动频率低。

检查自锁触点，找到错误的接线，将 KM 常开辅助触点的端子并接在起动按钮 SB2 的两端，经检查核对后重新试车。

3）试车时，操作按钮 SB2 时 KM 不动作，而同时按下 SB1 时 KM 动作，松开 SB1 则 KM 释放。

故障现象表明，SB1 是一个常开按钮。打开按钮盒核对接线，将 1 号、2 号线接到停止按钮常闭触点接线端子上。

4）试车时按下 SB2 后 KM 不动作，检查接线无错接处；检查电源，三相电压均正常，线路无接触不良处。

故障现象表明，问题出在电器元件上，怀疑按钮的触点、接触器线圈、热继电器触点有断路点。分别用万用表电阻档（$R×1$）测量上述元件。表笔跨接辅助线路 SB1 上端子和 SB2 下端子（1 号和 3 号端子），按下 SB2 时测得 $R→0$，证明按钮完好；测量 KM 线圈阻值正常；测量热继电器常闭触点，测得结果为断路。这说明 FR 没有复位，其常闭触点断开，切断了辅助线路，因此 KM 不能起动。按下 FR 复位按钮，重新试车。

2.2.3　既能点动控制又能连续运转的控制线路

1. 既能点动控制又能连续运转的控制线路

图 2-9 为既能点动控制又能连续运转的控制线路。

图 2-9a 由手动开关 SA 控制。当 SA 闭合时为连续控制，SA 断开时则为点动控制。这种控制线路由于点动和连续运转的控制共用 SB2 按钮，若是忘记操作开关 SA，就会导致操作错误。

图 2-9b 改为采用两个按钮，分别实现连续与点动的控制线路。其中 SB2 为连续运转起动按钮，复合按钮 SB3 为点动按钮，利用 SB3 的常闭触点来断开自锁电路，实现点动控制，SB1 为连续运转的停止按钮。操作时先合上电源开关 QS。

若进行连续控制，起动时按下 SB2，KM 线圈得电吸合，KM 主触点闭合，电动机 M 起动，KM 自锁触点（4-6）闭合，进行自锁，电动机连续运转。停止时按下 SB1，KM 线圈断电，其主触点断开，电动机停止，自锁触点 KM(4-6) 断开，切断自锁回路。

若进行点动控制，按下点动控制按钮 SB3，其常闭触点 SB3(3-6) 先断开，切断自锁回

图 2-9 既能点动控制又能连续运转的控制线路
a) 手动开关 SA 控制 b) 用两个按钮分别控制 c) 用中间继电器控制

路，其常开触点 SB3(3-4) 后闭合，接通 KM 线圈回路，KM 线圈得电，其主触点闭合，电动机运转。当松开点动按钮 SB3 时，其常开触点 SB3(3-4) 先断开，KM 线圈断电释放，自锁触点 KM(6-4) 断开，KM 主触点断开，电动机停止。常闭触点 SB3(3-6) 后闭合，此时自锁触点 KM(6-4) 已经断开，KM 线圈不会得电动作。

这种控制方式中，在松开 SB3 时，必须在 KM 自锁触点断开后 SB3 的常闭触点再闭合。如果接触器发生缓慢释放，KM 的自锁触点还没有断开，SB3 的常闭触点已经闭合，KM 线圈就不会断电，这样就变成连续控制了。

图 2-9c 是用中间继电器实现既能点动控制又能连续运转控制的。其中 SB1 为连续运转的停止按钮，SB2 为连续运转的起动按钮，SB3 为点动按钮。操作时先合上电源开关 QS。

若进行连续控制，起动时按下 SB2，KA 线圈得电吸合，其触点 KA(3-4) 闭合自锁，KA(3-6) 闭合，接通 KM 线圈回路，KM 线圈得电，其主触点吸合，电动机连续运转。停止时，按下 SB1，KA 线圈断电释放，KA(3-4) 断开，切断自锁回路，KA(3-6) 断开，切断 KM 线圈回路，KM 线圈断电，其主触点断开，电动机停止。

若需点动控制，按下 SB3，KM 线圈得电，其主触点闭合，电动机运转。松开 SB3，KM 线圈断电，其主触点断开，电动机停止。

2. 按照原理图接线

在原理图上，按规定标好线号（见图 2-9）。在试验台上按照图 2-9b 进行接线。

（1）接主线路

从刀开关 QS 的下接线端子开始，先做主线路。

（2）接控制线路

在图 2-9b 中使用了复合按钮。接线时先接串联支路：FU2(L11-1)→FR(1-2)→SB1 (2-3)→SB2(3-4)→KM 线圈 (4-5)→FU2(5-L21)。在串联支路接完后，检查无误，再将复合按钮 SB3 的常开触点并联连接在 SB2 两端，将 SB3 常闭触点的一端连接 SB3 的常开触点的一端（3 号），将 SB3 常闭触点的另一端串联接触器 KM 常开触点，KM 常开触点的另一端接 KM 线圈的进线端。

接线时注意，按钮盒中引出 3 根（2、4、6 号线）导线，使用 3 芯护套线与接线端子排连接，经过接线端子排再接入控制线路；接触器 KM 的常开触点上、下端子接线分别为 6 号和 4 号，不可接错。

3. 检查线路

接线完成后，先进行常规检查。对照原理图逐线核查。重点检查按钮盒内的接线和接触器的常开自锁触点的接线位置，防止错接。用手拨动各接线端子处接线，排除虚接故障。接着在断电的情况下，用万用表电阻档检查。断开 QS，摘下接触器灭弧罩。

（1）检查主线路

方法步骤和点动控制主线路的检查相同。

（2）检查控制线路

插好 FU2 的瓷盖，万用表表笔接刀开关下端子 L11、L21（辅助线路电源线）处，应测得断路；按下按钮 SB2，应测得接触器 KM 线圈的电阻值；松开 SB2，按下 SB3，同样应测得接触器 KM 线圈的电阻值；松开 SB3，用手按下接触器主触点的支架，此时接触器主触点闭合，其常开辅助触点也闭合，同样应测得接触器 KM 线圈的电阻值；在用手按下接触器主触点的支架后，再用手按下 SB3 按钮，这时万用表的指针应该是先指向无穷（即测得断开），随后万用表应测得接触器线圈的电阻值。若在检查中测得的结果和上述不符，则移动万用表的表笔进行逐段检查。

4. 通电试车

完成上述各项检查后，清理好工具和安装板，将接触器的灭弧罩装好，检查三相电源。将热继电器电流整定值按电动机的需要调节好，在指导老师的监护下试车。

（1）空操作试验

在试验时必须拆下电动机接线。合上 QS，按下 SB2 后，接触器 KM 应立即得电动作；松开 SB2，接触器 KM 能保持吸合状态；按下停止按钮 SB1，KM 应立即释放。若按下 SB3 接触器，KM 立即得电动作，松开 SB3，KM 应立即释放。在操作过程中注意听接触器动作的声音。反复操作几次，以检查线路动作的可靠性。

（2）带负荷试车

切断电源后，接好电动机，合上 QS，按下 SB2，电动机 M 应立即得电起动后进入运行；松开 SB2，电动机继续运转；按下 SB1 时电动机停车。若按下 SB3，电动机应立即得电起动后进入运行，松开 SB3，电动机立即停车。

5. 线路故障检查及排除

1）合上刀开关 QS，按下 SB2，接触器 KM 得电动作；松开 SB2，接触器 KM 保持通电状态；但是按下 SB1，KM 不释放。按下 SB3（没有按到底时），接触器 KM 先断电释放，当 SB3 按到底时，接触器 KM 又通电吸合，松开 SB3，接触器 KM 断电。

故障现象说明起动按钮工作正常，并且能够自锁；停止按钮 SB1 不起作用；点动控制按钮 SB3 也能实现点动控制。从原理图分析可知，故障是由 SB3 上端错接到 SB1 上端引起的。

先检查线路，拆开按钮盒，核对接线，重新试车。

2）合上刀开关 QS（未按下 SB2），接触器 KM 立即得电动作；按下 SB1，则 KM 释放，松开 SB1 时，KM 又得电动作，按下 SB3，KM 接触器断电，松开 SB3，KM 又得电动作。

故障现象说明停止按钮 SB1 停车控制功能正常，而起动按钮 SB2 不起作用。点动控制按钮没有起到点动控制的作用，只起到停车的作用。从原理图分析可知，起动按钮不起作用是由于被短接造成的，同时点动控制按钮 SB3 没有实现点动控制，所以故障是由 SB3 复合按钮接错造成的。

用万用表的电阻档在断电时逐段测量，测量 SB3(3-4) 端点之间应为断开，SB3(3-6) 两端之间应为闭合，实测结果相反。

拆开按钮盒，核对接线，应按原理图把 SB3 的常闭按钮并接在 SB2 两侧，而把 SB3 的常开触点和 KM 的自锁触点串联。改正接线后重新试车。

2.2.4 多点控制线路及检查试车

1. 多点控制线路

多点控制就是要在两个及以上的地点根据实际情况设置控制按钮，在不同的地点可以进行相同的控制。如有的机床在正面和侧面都安装起动或停止操作按钮。

如果要在两个地点对同一台电动机进行控制，必须在两个地点分别装一组按钮。这两组按钮连接的方法是：常开的起动按钮要并联，常闭的停止按钮要串联。这个原则对多个地点的控制同样适用。实现两地控制的控制线路如图 2-10 所示。

图 2-10 两地控制的控制线路

2. 按照原理图接线

在原理图上，按规定标好线号，接线时选用两个按钮盒，并放置在接线端子排的两侧，经接线端子排连接。接线图如图 2-11 所示。

3. 检查线路

接线完成后，先进行常规检查。对照原理图逐线核查。重点检查按钮的串并联接线，防止错接。用手拨动各接线端子处接线，排除虚接故障。接着在断电的情况下，用万用表电阻档（$R \times 1$）检查。断开 QS，摘下接触器灭弧罩。

检查主线路：方法和步骤与点动控制主线路的检查相同。

检查控制线路：插好 FU2 的瓷盖，万用表笔接刀开关下端子 L11、L21（辅助线路电源线）处，应测得断路；按下按钮 SB3，应测得接触器 KM 线圈的电阻值；松开 SB3，按下 SB4，同样应测得接触器 KM 线圈的电阻值；松开 SB4，用手按下接触器主触点的支架，此时接触器主触点闭合，其常开辅助触点也闭合，同样应测得接触器 KM 线圈的电阻值；用手按下接触器主触点的支架，再按下 SB1(SB2)，线路断开，松开 SB1(SB2)，线路接通。若检查结果不符，仔细检查接线情况。

图 2-11　两地控制的控制线路接线图

4. 通电试车

经检查无误后可通电试车。若操作中出现故障或没有实现控制要求，自行分析加以排除。

2.2.5　顺序控制线路及检查试车

在生产实践中常常要求控制生产机械的各个运动部件的电动机能够按顺序工作，因此在控制线路中就要反映出多台电动机之间的起动顺序和停止顺序，这就是顺序控制。

1. 常用的几种顺序控制线路

1）两台电动机 M1 和 M2，要求 M1 起动后，M2 才能起动，M1 停止后，M2 立即停止，M1 运行时，M2 可以单独停止。其控制线路如图 2-12 所示。

图 2-12 中将电动机 M1 的控制接触器 KM1 的常开辅助触点串入电动机 M2 的控制接触器 KM2 的线圈回路。这样就保证了在起动时，只有在电动机 M1 起动，即 KM1 吸合，其常开辅助触点 KM1(8-9) 闭合后，按下 SB4 才能使 KM2 的线圈通电动作，其主触点才能起动电动机 M2，从而实现了电动机 M1 起动后，M2 才能起动。

在停止时，按下 SB1，KM1 线圈断电，其主触点断开，电动机 M1 停止，同时 KM1 的常开辅助触点 KM1(3-4) 断开，切断自锁回路，KM1 的常开辅助触点 KM1(8-9) 断开，使 KM2 线圈断电释放，其主触点断开，电动机 M2 断电。这实现了当电动机 M1 停止时，电动机 M2 立即停止。当电动机 M1 运行时，按下电动机 M2 的停止按钮 SB3，电动机 M2 可以单独停止。

2）两台电动机 M1、M2，其主线路如图 2-12 所示，其控制线路如图 2-13 所示。要求 M1 起动后，M2 才能起动，M1 和 M2 同时停止。

这种顺序起动，同样是通过将接触器 KM1 的常开辅助触点串入 KM2 线圈回路实现的；M1 和 M2 同时停止，只需要一个停止按钮控制两台电动机的停止。若一台电动机发生过载，则两台电动机同时停止。

图 2-12 顺序控制线路 (1)

图 2-13 顺序控制线路 (2)

3) 两台电动机 M1、M2，要求 M1 起动后 M2 才能起动，M1 和 M2 可以单独停止。控制线路如图 2-14 所示。这种顺序起动同样通过将接触器 KM1 的常开辅助触点 KM1(7-8) 串入 KM2 线圈回路实现；M1 和 M2 可以单独停止，需要两个停止按钮控制两台电动机的停止，但是 KM2 自锁回路应将 KM1 的常开辅助触点 KM1(7-8) 自锁在内，这样当 KM2 通电后，其自锁触点 KM2(6-8) 闭合，KM1(7-8) 则失去了作用。SB1 和 SB3 可以单独使电动机 M1 和 M2 停止。

4) 两台电动机 M1、M2，要求 M1 起动后 M2 才能起动，M2 停止后 M1 才能停止。过载时，两台电动机同时停止。

图 2-14 顺序控制线路 (3)

控制线路如图 2-15 所示，在 M1 的停止按钮 SB1 两端并联 KM2 的常开辅助触点 KM2(3-4)，只有 KM2 接触器线圈断电（即电动机 M2 停止后），其常开辅助触点 KM2(3-4) 断开，M1 的停止按钮 SB1 才起作用，此时按下 SB1，电动机 M1 停止。这种控制线路的特点是：电动机顺序起动，逆序停止，当发生过载时，两台电动机同时停止。

5) 按时间顺序控制电动机按顺序起动。

两台电动机 M1、M2，要求 M1 起动后，经过 5 s 后 M2 自行起动，M1 和 M2 同时停止。

这种控制需要用时间继电器实现延时，时间继电器的延时时间设置为 5 s，如图 2-16 所示。按下 M1 的起动按钮 SB2，接触器 KM1 的线圈通电并自锁，其主触点闭合，电动机 M1 起动，同时时间继电器 KT 线圈通电，开始延时。经过 5 s 的延时后，时间继电器的延时闭合常开触点 KT(7-8) 闭合，接触器 KM2 的线圈通电，其主触点闭合，电动机 M2 起动，其常开辅助触点 KM2(7-8) 闭合自锁，同时其常闭辅助触点 KM2(4-6) 断开，时间继电器的线圈断电，退出运行。

图 2-15　顺序控制线路（4）

图 2-16　顺序控制线路（5）

2. 按照原理图接线

根据顺序控制线路（1）的原理图（见图 2-12），按规定标好线号，画出接线图，如图 2-17 所示。接线时注意：按钮盒中引出 6 根（2、3、4、6、7、8 号线）导线，SB1、SB2 使用一根 3 芯护套线与接线端子排连接，SB3、SB4 使用一根 3 芯护套线与接线端子排连接，经过接线端子排再接入控制线路。

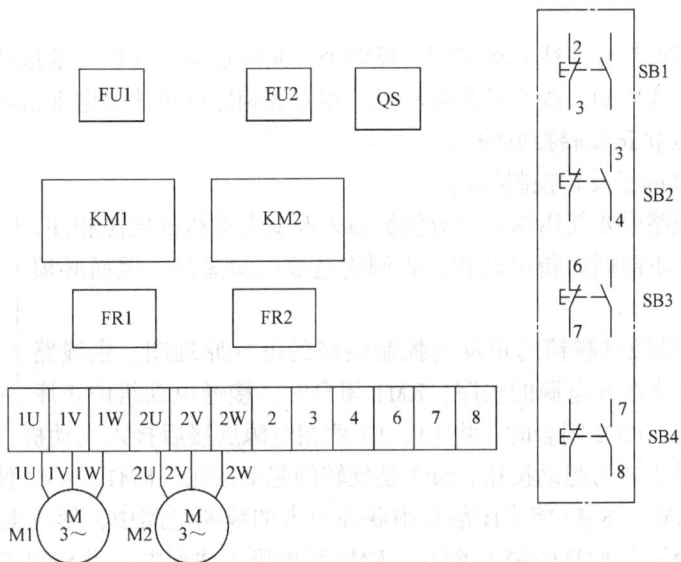

图 2-17　顺序控制线路（1）的接线图

3. 检查线路

接线完成后，先进行常规检查。对照原理图逐线核查。用手拨动各接线端子处接线，排除虚接故障。接着在断电的情况下，用万用表电阻档（$R \times 1$）检查。断开 QS，摘下接触器灭弧罩。先检查主线路，再检查控制线路，方法同前。重点检查控制线路中顺序控制的触点：将万用表的一支表笔放在 SB3 的上端，另一支表笔放在 KM2 线圈的下端，按下 SB4，此时应为断开。按下接触器 KM1 的触点支架，再按下 SB4，此时应测得 KM2 线圈的电阻值，即电路为接通状态；松开 KM1 的触点支架，电路断开。

4. 通电试车

完成上述各项检查后，清理好工具和安装板，检查三相电源。将接触器的灭弧罩装好，将热继电器的整定值按电动机的需要调节好，在指导老师的监护下试车。

（1）空操作试验

在试验时必须拆下电动机接线。合上 QS，按下 SB2 后，接触器 KM1 应立即得电动作，松开 SB2，接触器 KM1 能保持吸合状态；按下按钮 SB4，KM2 应立即得电动作。松开 SB4，KM2 保持吸合；按下停止按钮 SB1，KM1、KM2 相继释放。若先按下按钮 SB4，接触器不动作。在操作过程中注意听接触器动作的声音。反复操作几次，以检查线路动作的可靠性。

（2）带负荷试车

切断电源后，接好电动机，合上 QS，按下 SB2，电动机 M1 应立即得电起动后进入运行；松开 SB2，电动机继续运转；按下 SB1 时电动机 M1 停车。若按下 SB4，电动机 M2 不动作。先按下按钮 SB2，电动机 M1 起动并保持，再按下按钮 SB4，电动机 M2 起动并保持，按下按钮 SB1，电动机 M1、M2 相继停止。

5. 线路故障检查及排除

在通电试车后，若出现故障或没有达到控制要求，应立即停车检查，排除故障，重新试车。

2.2.6 正反转控制线路及检查试车

生产机械的运动部件往往要求实现正反两个方向的运动，这就要求拖动电动机能做正反向运转。从电机原理可知，改变异步电动机三相电源相序即可改变电动机的旋转方向。

1. 常用的电动机正反转控制线路

（1）电气联锁的正反转控制线路

正反转控制线路中要使用两只交流接触器来改变电动机的电源相序。显然，两只接触器不能同时得电动作，否则将造成电源短路，因而必须设置联锁电路。

图 2-18 是辅助触点联锁的正反向控制线路的电气原理图。主线路中使用两个接触器来改变电源的相序，KM1 闭合时，接通电动机的正序电源，电动机正转；KM2 闭合时，将 L1、L3 两相电源反接后接入电动机，电动机反转。辅助线路中的 SB2 是正转的起动按钮，SB3 是反转的起动按钮。KM1、KM2 使用一副常开触点进行自锁，另外 KM1、KM2 将常闭触点串联在对方的线圈电路中，形成电气联锁。当 KM1 先接通时，其常闭触点 KM1（7-8）断开，KM2 线圈则无法通电；当 KM2 先接通时，其常闭触点 KM2（4-5）断开，KM1 线圈无法接通，这样两只接触器不能同时得电动作，便防止了电源短路。要想实现由正转到反转的控制或由反转到正转的控制，都必须先按下停止按钮 SB1，使接触器断电释放，联锁的常闭触点闭合，再按下正转或反转的起动按钮，这就构成了正转—停止—反转、反转—停止—正转的控制。

线路控制动作如下。

正反转控制 1

图 2-18　电气联锁的正反转控制线路

合上刀开关 QS。

① 正向起动。按下 SB2→KM1 线圈得电：常闭辅助触点 KM1(7-8) 断开，实现联锁；KM1 主触点闭合，电动机 M 正向起动运行；常开辅助触点 KM1(3-4) 闭合，实现自锁。

② 反向起动。先按停止按钮 SB1→KM1 线圈失电：常开辅助触点 KM1(3-4) 断开，切除自锁；KM1 主触点断开，电动机断电；KM1(7-8) 常闭辅助触点闭合。

③ 再按下反转起动按钮 SB3→KM2 线圈得电：KM2(4-5) 常闭辅助触点分断，实现联锁；KM2 主触点闭合，电动机 M 反向起动；KM2(3-7) 常开辅助触点闭合，实现自锁。

（2）按钮电气双重联锁的正反转控制线路

在电气联锁的正反转控制线路中，进行电动机由正转变反转或由反转变正转的操作中须先按下停止按钮 SB1，而后再进行反向或正向起动的控制，对于要求电动机直接由正转变反转或反转直接变正转时，可采用按钮电气双重联锁的正反转控制线路，如图 2-19 所示。它

图 2-19　按钮电气双重联锁的正反转控制线路

是在图 2-18 的基础上,采用了复合按钮,用起动按钮的常闭触点构成按钮联锁,形成具有电气、按钮双重联锁的正反转控制线路。该电路既可实现正转—停止—反转、反转—停止—正转操作,又可实现正转—反转—停止、反转—正转—停止的操作。

2. 按照原理图接线

在按钮电气双重联锁的正反转控制线路的原理图基础上(见图 2-19),按规定标好线号,画出互连接线图,如图 2-20 所示。

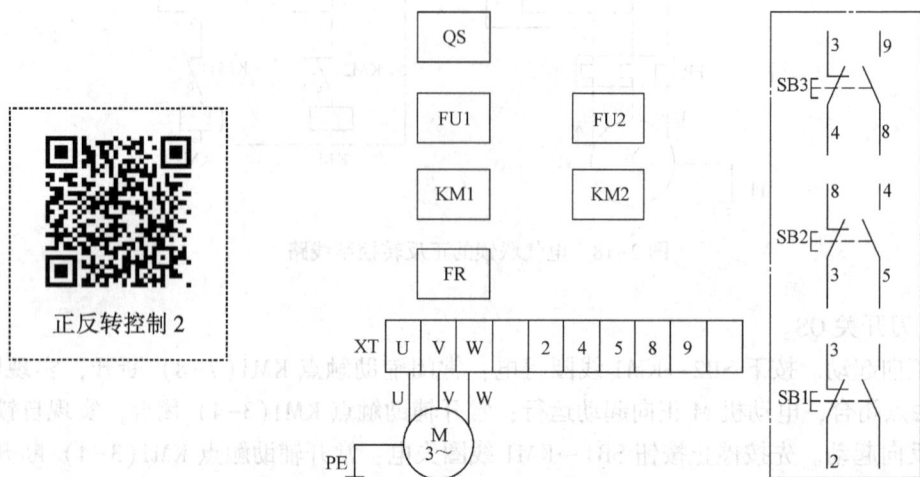

图 2-20 按钮电气双重联锁的正反转控制线路的互连接线图

接线时应注意以下几个问题。

1)主线路从 QS 到接线端子板 XT 之间的走线方式与单向起动线路完全相同。两只接触器主触点端子之间的连线可以直接在主触点高度的平面内走线,不必向下贴近安装底板,以减少导线的弯折。

2)做辅助线路接线时,可先接好两只接触器的自锁线路,然后做按钮联锁线,核查无误后,最后做辅助触点联锁线。每做一条线,就在图上标一个记号,随做随核查,反复核对,避免漏接、错接和重复接线。按钮盒的接线可以参考图 2-20。

3. 检查线路

首先对照原理图、接线图逐线核查。重点检查主线路两只接触器之间的换相线,辅助线路的自锁、按钮联锁及接触器辅助触点的联锁线。特别注意,自锁触点用接触器自身的常开触点,联锁触点是将自身的常闭触点串入对方的线圈回路。同时检查各端子处接线是否牢靠,排除虚接故障。接着在断电的情况下,用万用表电阻档检查。断开 QS,摘下 KM1、KM2 的灭弧罩。

(1)检查主线路

断开 FU2 以切除辅助线路。首先检查各相通路,两支表笔分别接 L11~L21、L21~L31 和 L11~L31 端子,测量相间电阻值。未操作前应测得断路;分别按下 KM1、KM2 的触点架,均应测得电动机绕组的直流电阻值。接着检查电源换相通路。两支表笔分别接 L11 端子和接线端子板上的 U 端子,按下 KM1 的触点架时应测得 $R \rightarrow 0$;松开 KM1 而按下 KM2 触点架时,应测得电动机绕组的电阻值。用同样的方法测量 L21~V、L31~W 之间的通路。

（2）检查辅助线路

拆下电动机接线，接通 FU2。将万用表笔接于 QS 下端的 L11、L21 端子，操作按钮前应测得断路。

按下 SB2，应测得 KM1 线圈电阻值，同时再按下 SB1，万用表应显示线路由通而断，这样是检查正转停车控制，用同样的方法可以检查反转停车控制线路。

按下 KM1 触点支架应测得 KM1 线圈电阻值，说明自锁回路正常，用同样的方法检测 KM2 线圈的自锁回路。

检查电气联锁线路。按下 SB2（或 KM1 触点架），测得 KM1 线圈电阻值后，再同时按下 KM2 触点架使其常闭触点分断，万用表应显示线路由通而断，说明 KM2 的电气联锁触点工作正常。用同样方法检查 KM1 对 KM2 的联锁作用。

检查按钮联锁线路。按下 SB2（或 KM1 触点架），测得 KM1 线圈电阻值后，再同时按下反转起动按钮 SB3，万用表应显示线路由通而断，说明 SB3 的联锁按钮工作正常。用同样方法检查 SB2 的联锁按钮工作情况。

按前述的方法检查 FR 的过载保护作用，然后使 FR 触点复位。

4. 通电试车

上述检查一切正常后，检查三相电源，装好接触器的灭弧罩，清理试验台上的杂物，在指导老师的监护下试车。

（1）空操作试验

拆下电动机接线，合上刀开关 QS。

检查正—反—停、反—正—停的操作。按一下 SB2，KM1 应立即动作并能保持吸合状态；按下 SB3，KM1 应立即释放，将 SB3 按到底后松开，KM2 动作并保持吸合状态；按下 SB2，KM2 应立即释放，将 SB2 按到底后松开，KM1 动作并保持吸合状态；按下 SB1，接触器释放。操作时注意听接触器动作的声音，检查联锁按钮的动作是否可靠，操作按钮时，速度放慢一些。

（2）带负荷试车

切断电源后接好电动机接线，合上刀开关后试车，操作方法同空操作试验。注意观察电动机起动时的转向和运行声音，如有异常立即停车检查。

5. 常见的故障

1）将 KM1 的常开辅助触点并接在 SB3 常开按钮上，KM2 的常开辅助触点并接到 SB2 的常开按钮上。使 KM1、KM2 均不能自锁，如图 2-21 所示。这种故障的现象是：按下 SB2，KM1 动作，但松开按钮时接触器释放；按下 SB3 时，KM2 动作，松开按钮，KM2 释放。

2）将 KM1 的常闭联锁触点接入 KM1 线圈的回路，将 KM2 的常闭联锁触点接入 KM2 线圈回路，如图 2-22 所示。这种故障的现象是：按下 SB2，接触器 KM1 剧烈振动，主触点严重起弧，电动机时转时停；松开 SB2 则 KM1 释放。按下 SB3 时 KM2 的现象与 KM1 相同。因为当按下按钮时，接触器得电动作后，常闭联锁触点断开，切断自身线圈通路，造成线圈失电，其触点复位，又使线圈得电而动作，接触器将不断地接通、断开，产生振动。

图 2-21　常见的故障（1）　　　　　图 2-22　常见的故障（2）

2.2.7　限位控制和自动往复循环控制线路及检查试车

1. 限位控制线路

限位控制线路是指电动机拖动的运动部件达到规定位置后自动停止，然后按返回按钮使机械设备返回到起始位置后自动停止。停止信号是由安装在规定位置的行程开关发出的，当运动部件到达规定的位置时，其挡铁压下行程开关，行程开关的常闭触点断开，发出停止的信号。限位控制线路如图 2-23 所示。

图 2-23　限位控制线路

图 2-23 中，SB1 为停止按钮，SB2 为电动机正转起动按钮，SB3 为电动机反转起动按钮，SQ1 为前行到位行程开关，SQ2 为后退到位行程开关。线路控制动作如下：合上刀开关

QS，当按下正转起动按钮 SB2 时，KM1 线圈通电吸合，电动机正向起动，拖动运动部件前进，到达规定的位置后，运动部件的挡铁压下行程开关 SQ1，其常闭触点 SQ1(6-7) 断开，KM1 线圈断电释放，电动机停止，运动部件停止在行程开关的安装位置。此时如果操作人员再按下 SB2，KM1 线圈也不会通电，电动机也不会正向起动。当需要运动部件后退、电动机反转时，按下电动机反转起动按钮 SB3，KM2 线圈通电吸合，电动机反向起动，拖动运动部件后退。到达规定的位置后，运动部件的挡铁压下行程开关 SQ2，其常闭触点 SQ2(11-12) 断开，KM2 线圈断电释放，电动机停止，运动部件停止在行程开关的安装位置。由此可以看出，行程开关的常闭触点相当于运动部件到位后的停止按钮。

2. 自动往复控制线路

生产机械的运动部件有时需要自动往复运动，为此常用行程开关作为控制元件来控制电动机的正反转。图 2-24 为自动往复运动控制线路示意图。图中 SQ1、SQ2、SQ3、SQ4 为行程开关，SQ1、SQ2 用来控制工作台的自动往返，相当于双重联锁正反向控制线路中的正向起动按钮 SB2 和反向起动按钮 SB3，只不过它们不是由操作者按动的，而是由运动部件上的挡铁来操作的，因而实现了自动往复控制。SQ3、SQ4 进行限位保护，即限制工作台的极限位置。当按下正向（或反向）起动按钮，电动机正向（或反向）起动旋转，拖动运动部件前进（或后退）。当运动部件上的挡铁压下换向行程开关 SQ1（或 SQ2）时，将使电动机改变转向，如此循环往复，实现电动机可逆旋转控制，工作台就能实现往复运动，直到操作人员按下停止按钮时，电动机才停止旋转。自动往复运动的控制线路如图 2-25 所示。

图 2-24 自动往复运动控制线路示意图

图 2-25 自动往复运动的控制线路

3. 按照原理图接线

按照图 2-25 自动往复运动的控制线路接线，接线要求与正反向控制线路基本相同。注意接线端子排 XT 与各行程开关之间的连接线应使用护套线，走线时应将护套线固定好，走线路径不可影响运动部件正、反两个方向的运动。接线前应先用万用表认真校线，套上写好的线号管，核对无误后再接到端子上。特别注意区分行程开关的常开、常闭触点端子，防止错接。接线时参看接线图 2-26。

图 2-26 自动往复运动控制线路的接线图

SQ1 和 SQ2 的作用是行程控制，而 SQ3 和 SQ4 的作用是限位保护，这两组开关不可装反，否则会引起错误动作。

4. 检查线路

对照电气原理图和接线图逐线检查线路并排除虚接的情况。接着用万用表按规定的步骤检查。断开 QS，先检查主线路，再拆下电动机接线，检查辅助线路的正反向起动、自锁、按钮及辅助触点联锁等控制和保护作用，方法同双重联锁正反转控制线路。排除发现的故障。

最后再做下面的检查：

（1）检查限位控制

先按下 SB2 不松开（或 KM1 触点架）测得 KM1 线圈电阻值后，再按下行程开关 SQ3 的滚轮，使其常闭触点断开，万用表应显示线路由通而断。先按下 SB3 不松开（或 KM2 触点架）测得 KM2 线圈电阻值后，再按下行程开关 SQ4 的滚轮，使其常闭触点断开，万用表应显示线路由通而断。

（2）检查行程控制

按下 SB2 不要放开，测得 KM1 线圈电阻值；再轻轻按下 SQ1 的滚轮，使其常闭触点分断，万用表应显示线路由通而断；将 SQ1 的滚轮按到底，万用表应显示线路由断而通，测得 KM2 线圈的电阻值。按下 SB3 不放，应测得 KM2 线圈的电阻值；再轻轻按下 SQ2 的滚轮，使其常闭触点分断，万用表应显示线路由通而断；将 SQ2 的滚轮按到底，万用表应显示线路由断而通，测得 KM1 线圈的电阻值。

5. 通电试车

做好清理准备工作，安装好接触器的灭弧罩，检查三相电源，在指导老师的监护下试车。

（1）空操作试验

合上刀开关 QS，按照双重联锁正反转控制线路的试验步骤检查各控制、保护环节的动作。试验结果一切正常后，再按一下 SB2 使 KM1 得电动作并吸合，然后用绝缘棒按下 SQ3 的滚轮，使其触点分断，则 KM1 应失电释放。再按下 SB3 使 KM2 得电动作，按下 SQ4 滚轮，KM2 应失电释放。反复试验几次，检查限位保护动作的可靠性。

按下 SB2 使 KM1 得电动作后，用绝缘棒轻按 SQ1 滚轮，使其常闭触点分断，KM1 应释放，将 SQ1 滚轮按到底，则 KM2 得电动作；再用绝缘棒缓慢按下 SQ2 滚轮，则应先后看到 KM2 释放、KM1 得电动作。反复试验几次以后检查行程控制动作的可靠性。

（2）带负荷试车

断开 QS，接好电动机接线。合上刀开关 QS，做好立即停车的准备，做下述几项试验。

1）检查电动机转向。按下 SB2 电动机起动，拖动设备上的运动部件开始移动，如移动方向为前进（指向 SQ1），则符合要求；如果运动部件后退，则应立即断电停车，将刀开关 QS 上端子处的任意两相电源线交换位置后，再接通电源试车。电动机的转向符合要求后，操作 SB3 使电动机拖动部件反向运动，检查 KM2 的改换相序作用。

2）正反向控制试验。方法同双重联锁的正反转控制，试验 SB1、SB2、SB3 每个按钮的控制作用。

3）行程控制试验。做好立即停车的准备，正向起动电动机，运动部件前进。当部件移动到规定位置附近时，要注意观察挡铁与行程开关 SQ1 滚轮的相对位置。SQ1 被挡铁压下后，电动机应先停转再反转，运动部件后退。当部件移动到规定位置附近时，要注意观察挡铁与行程开关 SQ2 滚轮的相对位置。SQ2 被挡铁压下后，电动机应先停转再正转，运动部件前进。观察设备上的运动部件在正、反两个方向的规定位置之间往返的情况，试验行程开关及线路动作的可靠性。如果部件到达行程开关，挡块已将开关滚轮压下而电动机不能停车，应立即断电停车进行检查。重点检查这个方向上的行程开关的接线、触点及有关接触器的触点动作，排除故障后重新试车。

4）限位控制试验。起动电动机，在设备运行中用绝缘棒按压该方向上的限位保护行程开关，电动机应断电停车；否则，应检查限位行程开关的接线及其触点动作的情况，排除故障后重新试车。

6. 常见的故障

1）运动部件的挡铁和行程开关滚轮的相对位置不对正，滚轮行程不够，造成行程开关常闭触点不能分断，电动机不能停转。

故障现象是挡铁压下行程开关后，电动机不停车；检查接线没有错误，用万用表检查行程开关的常闭触点的动作情况以及线路的连接情况均正常；在正反转试验时，操作按钮 SB1、SB2、SB3 电路工作正常。

处理方法：用手摇动电动机轴，观察挡铁压下行程开关的情况。调整挡铁与行程开关的相对位置后，重新试车。

2）主线路接错，KM1、KM2 主触点接入线路时没有换相。

故障现象是电动机起动后设备运行，运动部件到达规定位置、挡块操作行程开关时接触器动作，但部件运动方向不改变，继续按原方向移动而不能返回；行程开关动作时两只接触器可以切换，表明行程控制作用及接触器线圈所在的辅助线路接线正确。

处理方法：改正主线路换相连线后重新试车。

2.3 三相笼型异步电动机减压起动控制线路及检查试车

三相笼型异步电动机采用全电压起动，控制线路简单，起动电流大。当电动机容量较大，不允许采用全压直接起动时，应采用减压起动。有时为了减小或限制电动机起动时对机械设备的冲击，即便是允许采用直接起动的电动机，也往往采用减压起动。减压起动的目的是为了限制起动电流。起动时，通过起动设备使加到电动机上的电压小于额定电压，待电动机的转速上升到一定数值时，再给电动机加上额定电压运行。减压起动虽然限制了起动电流，但是由于起动转矩和电压的二次方成正比，因此减压起动时，电动机的起动转矩也减小，所以减压起动多用于空载或轻载起动。

三相笼型异步电动机减压起动方法有：丫-△减压起动、自耦变压器减压起动等。

1. 丫-△减压起动

丫-△减压起动在起动时将定子绕组接成星形，起动结束后，再将定子绕组接成三角形运行。这种方法只是用于正常运行时定子绕组为三角形联结的电动机。丫-△减压起动时，起动电流和起动转矩都降为直接起动时的 1/3。丫-△减压起动方法简单，起动设备简单，应用广泛，因为一般用途的小型异步电动机容量大于 4 kW 时，定子绕组都采用三角形联结。由于起动转矩是直接起动时的 1/3，这种方法多用于空载或轻载起动。

2. 自耦变压器减压起动

自耦变压器减压起动是通过自耦变压器把电压降低后，再加到电动机的定子绕组上，以达到减小起动电流的目的。起动时电源电压接到自耦变压器的一次侧，自耦变压器的二次侧接电动机的定子绕组，起动结束后，切除自耦变压器，电源电压直接接到电动机的定子绕组上。

采用自耦变压器减压起动时，起动电流和起动转矩都降低到直接起动时的 $1/K^2$（K^2 为变压器的变比）。起动用的自耦变压器有 QJ_2 和 QJ_3 两个系列，QJ_2 型的 3 个抽头比（抽头比即 $1/K$）分别为 73%、64%、55%，QJ_3 型的 3 个抽头比分别为 80%、60%、40%。

这种起动方法对定子绕组采用星形或三角形接法的电动机都适用，可以获得较大的起动转矩。根据需要选用自耦变压器二次侧的抽头，但是设备体积大。这种方法常用于 10 kW 以上的三相异步电动机。

2.3.1 丫-△减压起动控制线路及检查试车

1. 丫-△减压起动控制线路

图 2-27 是按时间原则转换的异步电动机丫-△减压起动的线路。在主线路中，KM1 是引入电源的接触器，KM3 是将电动机接成星形联结的接触器，KM2 是将电动机接成三角形联结的接触器，它的主触点将电动

星-三角减压起动

机三相绕组首尾相接。KM1、KM3 接通，电动机进行星形起动，KM1、KM2 接通，电动机进入三角形运行。KM2、KM3 不能同时接通，KM2、KM3 之间必须联锁。在主线路中因为将热继电器 FR 接在三角形联结的边内，所以热继电器 FR 的额定电流为相电流。

图 2-27　异步电动机 Y-△ 减压起动的线路

控制线路工作情况：合上电源开关 QS。按下按钮 SB2→KM1 通电并自锁；KM3 通电，其主触点将电动机接成 Y 联结，接入三相电源进行减压起动，其联锁常闭触点 KM3(4-8) 断开进行联锁，切断 KM2 线圈回路；同时 KT 线圈通电，经一定时间延时后，KT 延时断开的常闭触点 KT(6-7) 延时断开，KM3 断电释放，电动机中性点断开；KT 延时闭合的常开触点 KT(8-9) 延时闭合，KM2 通电并自锁，电动机接成三角形联结运行，同时 KM2 常闭触点 KM2(4-6) 断开，断开 KM3、KT 线圈回路，使 KM3、KT 在电动机三角形联结运行时处于断电状态，使线路工作更可靠。

2. 按照原理图接线

接线前要用万用表检查时间继电器的动作情况。图 2-27 控制线路中若选用的是通电延时型空气阻尼式时间继电器，则将万用表的表笔分别放在延时闭合的常开触点和延时断开的常闭触点两端，用手模拟时间继电器电磁铁吸合，观察时间继电器触点动作的情况是否符合延时闭合和延时断开的要求，并做好记录。在接线时不要接错。如果延时类型不符合要求，则将电磁机构拆下，倒转方向后装回；注意电磁机构的安装位置，并测量触点的动作情况，直到触点可靠动作。将延时时间调整到 5 s。

按照原理图中标注的线号顺序进行接线。注意主线路中接触器主触点之间的接线，特别是 KM2 主触点两端的线号要认真核对，一定要保证电动机绕组首尾相接。主线路中的电流较大，适用的导线截面积较大，连接时各接线端要压接可靠，否则，会引起接线端过热。控制线路中时间继电器的接点不要接错。

3. 检查线路

按原理图检查线路，并排除虚接情况。断开 QS，摘下接触器的灭弧罩，将万用表拨到 $R×1$ 档，用万用表检查。

1) 检查主线路。断开 FU2，切除控制线路。

检查 KM1 的控制作用：将万用表笔分别接 QS 下端的 L11 和 U2 端子，应测得断路；而按下 KM1 触点架时，应测得电动机一相绕组的电阻值。再用同样的方法检测 L21~V2、L31~W2 之间的电阻值。

检查 $\curlyvee$ 起动线路：将万用表笔接 QS 下端的 L11、L21 端子，同时按下 KM1 和 KM3 的触点架，应测得电动机两相绕组串联的电阻值。用同样的方法测量 L21~L31 及 L11~L31 之间的电阻值。

检查 △ 运行线路：将万用表笔接 QS 下端的 L11、L21 端子，同时按下 KM1 和 KM2 的触点架，应测得电动机两相绕组串联后再与第三相绕组并联的电阻值（小于一相绕组的电阻值）。

2) 检查控制线路。拆下电动机接线。

检查起动控制：万用表笔接 L11、L31 端子，按下 SB2 应测得 KM1、KM3、KT 这 3 只线圈的并联电阻值；按下 KM1 的触点支架，也应测得上述 3 只线圈的并联电阻值。

检查联锁线路：万用表笔接 L11、L31 端子，按下 KM1 触点架，应测得线路中 3 只线圈的并联电阻值；再轻按 KM2 触点架使其常闭触点 KM2(4-6) 分断（不要放开 KM1 触点架），切除了 KM3、KT 线圈，KM2(8-9) 常开触点闭合，接通 KM2 线圈，此时应测得两只线圈的并联电阻值，测量的电阻值应增大。

检查 KT 的控制作用：将万用表的表笔放在 KT(6-7) 两端，此时应为接通；用手按下时间继电器的电磁机构不放，经过 5 s 的延时，万用表断开。用同样的方法检查 KT(8-9) 接点。

4. 通电试车

装好接触器的灭弧罩，检查三相电源，在指导老师的监护下通电试车。

(1) 空操作试验

合上 QS，按下 SB2，KM1、KM3 和 KT 应立即得电动作，约 5 s 后，KT 和 KM3 断电释放，同时 KM2 得电动作。按下 SB1 则 KM1 和 KM3 释放。反复操作几次，检查线路动作的可靠性和延时时间，调节 KT 的延时旋钮，使其延时更准确。

(2) 带负荷试车

断开 QS，接好电动机接线，仔细检查主线路各熔断器的接触情况，检查各端子的接线情况，做好立即停车的准备。

合上 QS，按下 SB2，电动机应得电起动，转速上升，此时应注意电动机运转的声音；约 5 s 后线路转换，电动机转速再次上升，进入全压运行。

5. 常见故障

1) 使用空气阻尼式时间继电器，在调整电磁机构的安装方向后，电磁机构的位置安装不准确。故障现象是：进行空操作试车时，操作 SB2 后 KM1、KM3、KT 得电动作，但过 5 s

延时后，线路没有转换。此时应检查时间继电器电磁机构的安装位置是否准确。用手按压 KT 的衔铁，约 5 s 后，延时器的顶杆已放松，顶住了衔铁，但未听到延时触点动作的声音。因电磁机构与延时器距离太近，使气囊动作不到位。调整电磁机构位置，使衔铁动作后，气囊顶杆可以完全复位。

2）KM3 主触点的丫联结中性点的短接线接触不实，使电动机一相绕组末端引线未接入线路，电动机形成单相起动。故障现象是：线路空操作试验工作正常，带负荷试车时，按下 SB2，KM1 及 KM3 均得电动作，但电动机发出异响，转子向正、反两个方向颤动；立即按下 SB1 停车，KM1 及 KM3 释放时，灭弧罩内有较强的电弧。空操作试验时线路工作正常，说明控制线路接线正确。带负荷试车时，电动机的故障现象是缺相起动引起的。检查主线路熔断器及 KM1、KM3 主触点未见异常；检查连接线时，发现 KM3 主触点的中性点短接线接触不实，使电动机 W 相绕组末端引线未接入线路，电动机形成单相起动，大电流造成强电弧。由于缺相，绕组内不能形成旋转磁场，使电动机转轴的转向不定。排除方法是：接好中性点的接线，紧固好各端子，重新通电试车。

3）控制线路中，KM2 接触器的自锁触点接线松脱。故障现象是：空操作试验时，丫联结起动正常，过 5 s 接触器换接，再过 5 s，又换接一次……如此重复。排除方法是：接好 KM2 自锁触点的接线，重新试车。

2.3.2 软起动器及其使用

在直接起动的方式下，起动电流为额定值的 4~8 倍，起动转矩为额定值的 0.5~1.5 倍；在定子串电阻减压起动方式下，起动电流为额定值的 4.5 倍，起动转矩为额定值的 0.5~0.75 倍；在丫-△起动方式下，起动电流为额定值的 1.8~2.6 倍，在丫-△切换时也会出现电流冲击，且起动转矩为额定值的 0.5 倍；而自耦变压器减压起动方式下，起动电流为额定值的 1.7~4 倍，在电压切换时会出现电流冲击，起动转矩为额定值 0.4~0.85 倍。因而上述这些方法经常用于对起动特性要求不高的场合。

在一些对起动要求较高的场合，可选用软起动装置，即采用电子起动方法。其主要特点是：具有软起动和软停车功能，起动电流、起动转矩可调节，还具有电动机过载保护等功能。

1. 软起动器的工作原理

图 2-28 所示为软起动器内部原理示意图。它主要由三相交流调压线路和控制线路构成。其基本原理是利用晶闸管的移相控制原理，通过晶闸管的导通角，改变其输出电压，达到通过调压方式来控制起动电流和起动转矩的目的。控制线路按预定的不同起动方式，通过检测主线路的反馈电流，控制其输出电压，可以实现不同的起动特性。最终软起动器输出全压，电动机全压运行。由于软起动器为电子调压并对电流实时检测，因此还具有对电动机和软起动器本身的热保护，及限制转矩和电流冲击、三相电源不平衡、缺相、断相等保护功能，并可实时检测并显示电流、电压、功率因数等参数。

2. 软起动器的控制功能

异步电动机在软起动过程中，软起动器通过控制加到电动机上的电压来控制电动机的起动电流和转矩，起动转矩逐渐增加，转速也逐渐增加。一般软起动可以通过改变参数设定得到不同的起动特性，以满足不同的负载特性要求。

图 2-28　软起动器原理示意图

（1）斜坡升压起动方式

斜坡升压起动方式一般可以设定起动初始电压 U_{q0} 和起动时间 t_1。这种起动方式断开了电流反馈，属于开环控制方式。在电动机起动过程中，电压线性逐渐增加，在设定的时间内达到额定电压。这种起动方式主要用于一台软起动器并接多台电动机或电动机功率远低于软起动器额定值的应用场合。

（2）转矩控制及起动电流限制起动方式

转矩控制及起动电流限制起动方式一般可设定起动初始转矩 T_{q0}、起动阶段转矩的最大值 T_{L1}、转矩斜坡上升时间 t_1 和起动电流的最大值 I_{L1}，这种起动方式引入了电流反馈，通过计算间接得到负载转矩，属于闭环控制方式。由于控制目标为转矩，故软起动器输出电压为非线性上升，转矩为恒加速度上升。

在电动机起动的过程中，保持恒定的转矩以恒定的加速度上升，实现平稳起动。在电动机起动的初始阶段，起动转矩逐渐增加，当转矩达到预先设定的最大值后保持恒定，直至起动完毕。在起动过程中，转矩上升的速率可以根据电动机负载情况调整设定。斜坡陡，转矩上升速率大，即速度上升速率大，起动时间短。当负载较轻或空载起动时，所需转矩较低，可使斜坡缓和一些。由于在起动过程中，控制目标为电动机转矩，即电动机的加速度，即使电网电压发生波动或负载发生波动，通过控制线路自动增大或减少起动器的输出电压，也可以维持转矩设定值不变，保持起动的恒定速度。此种控制方法可以使电动机以最佳的起动加速度、最快的时间完成平稳的起动，是应用最多的起动方式。

随着软起动器控制技术的发展，目前大多采用转矩控制方式，也有采用电流控制方式，即电流斜坡控制及恒流升压起动方式的。这种方式间接控制电动机电流以达到控制转矩的目的，与转矩控制方式相比起动效果略差，但控制相对简单。

（3）电压提升脉冲起动方式

电压提升脉冲起动方式一般可设定提升脉冲最大电压 U_{L1}。升压脉冲宽度一般为 5 个电源周波，即 100 ms。在起动开始阶段，晶闸管在极短时间内按设定的最大电压 U_{L1} 起动，可得到较大的起动转矩，此阶段结束后，转入转矩控制及起动电流限制起动。该起动方式适用于重载并需要克服较大静摩擦的起动场合。

（4）转矩控制软停车方式

当电动机需要停车时，立即切断电动机电源，属于自由停车。传统的控制方式大都采用这种方法。但许多应用场合，不允许电动机瞬间停机，如高层建筑、楼宇的水泵系统，要求电动机逐渐停机，采用软起动器可以满足这个要求。

软停车方式通过逐渐降低软起动器的输出电压而切断电源，这一过程时间较长且一般大于自由停车时间，故称为软停车方式。转矩控制软停车方式是在停车过程中，匀速调整电动机转矩的下降速率，实现平滑减速。减速时间 t_1 一般是可以设定的。

（5）制动停车方式

当电动机需要快速停机时，软起动器具有能耗制动功能。在实施能耗制动时，软起动器向电动机定子绕组通入直流电，由于软起动器是通过晶闸管对电动机供电的，因此很容易通过改变晶闸管的控制方式而得到直流电。制动停车方式一般可设定制动电流加入的幅值 I_{L1} 和时间 t_1，但制动开始到停车的时间不能设定。时间长短与制动电流有关，应根据实际应用情况，调节加入的制动电流幅值和时间来调节制动时间。

3. 软起动器的应用举例

下面以法国 TE 公司生产的 Altistart 46 型软起动器为例，介绍软起动器的典型应用。Altistart 46 型软起动器有标准负载和重型负载应用两大类，额定电流为 17~1200 A，共 21 种额定值，电动机功率为 4~800 kW。其主要特点是：具有斜坡升压、转矩控制与起动电流限制、电压提升脉冲 3 种起动方式；具有转矩控制软停车、制动停车、自由停车 3 种停车方式；具有对电动机和软起动器本身的热保护、限制转矩和电流冲击、三相电源不平衡、缺相、断相和电动机运行中过电流等保护功能并提供故障输出信号；且有实时检验并显示电流、电压、功率因数等参数的功能，并提供模拟输出信号；提供本地端子控制接口和远程控制 RS-485 通信接口。

通过人机对话操作盘或 PC 与通信接口连接，Altistart 46 型软起动器可显示和修改系统配置、参数。其主要参数设置范围如下：起动电源可调节范围在额定值的 2~5 倍之间；起动转矩可调节范围在额定值的 0.15~1.0 倍之间；加速转矩斜坡时间可调节范围为 1~60 s；减速转矩斜坡时间可调节范围为 1~60 s；制动转矩可调节范围为额定值的 0~100%；电压提升脉冲幅值可调节范围为额定电压的 50%~100%；电动机运行时过电流保护动作电流值可调节范围为额定值的 50%~300%。

（1）电动机单向运行带旁路接触器、软起动、软停车或自由停车控制线路

图 2-29 所示为三相异步电动机用软起动器起动控制线路。

图 2-29 中虚线框所示为软起动器，其中 C 和 400 为软起动器控制电源进线端子；L1、L2、L3 为软起动器主电源进线端子；T1、T2、T3 为连接电动机的出线端子；A1、A2，B1、B2，C1、C2 端子由软起动器三相晶闸管两端分别直接引出。当相对应端子短接时，相当于图 2-29 中 KM2 主触点闭合时，将软起动器内部晶闸管短接，但此时软起动器内部的电流检测环节仍起作用，即此时起动器对电动机的保护功能仍为有效。

图 2-29　电动机单向运行、软起动、软停车或自由停车控制线路

PL 是软起动器为外部逻辑输入提供的 +24 V 电源；L+ 为软起动器逻辑输出部分的外接输出电源，在图中直接由 PL 提供。

STOP、RUN 分别为软停车和软起动控制信号，接线方式分为：三线制控制、二线制控制和通信远程控制。三线制控制要求输入信号为脉冲输入型；二线制控制要求输入信号为电平输入型；通信远程控制时，在图 2-29 中将 PL 与 STOP 端子短接，起停要使用通信口远程控制。图 2-29 所示控制线路采用三线制控制方式。

KA1 和 KA2 为输出继电器。KA1 为可编程输出继电器，可设置成故障继电器或隔离继电器。若将 KA1 设置为故障继电器，则当软起动器控制电源上电时，KA1 闭合；当软起动器发生故障时，KA1 断开。若 KA1 设置为隔离继电器，则当软起动器接收到起动信号时 KA1 闭合；当软起动器软停车结束时，或软起动器在自由停车模式下接收到停车信号时，或在运行过程时出现故障时 KA1 断开。KA2 为起动结束继电器，当软起动器完成起动过程后，KA2 闭合；当软起动器接收到停车信号或出现故障时 KA2 断开。

图 2-29 为电动机单向运行、软起动、软停车或自由停车控制线路。KA1 设置为隔离继电器。KM1 为此软起动器的进线接触器。当开关 QS 合闸时，按起动按钮 SB2，则 KA1 触点闭合，KM1 线圈上电，使其主触点闭合，主电源加入软起动器。电动机按设定的起动方式起动，当起动完成后，内部继电器 KA2 常开触点闭合，KM2 接触器线圈吸合，电动机转由接触器 KM1 和旁路接触器 KM2 的主触点供电，同时将软起动器内部的功率晶闸管短接，电动机通过接触器由电网直接供电。但此时过载、过电流等保护仍起作用，KA1 相当于保护继电器的触点。若发生过载、过电流，则切断接触器 KM1 电源，且软起动器进线电源被切除。因此电动机不需要额外增加过载保护线路。正常停车时，按停车按钮 SB1，停车指令使 KA2 触点断开，旁路接触器 KM2 跳闸，使电动机软停车，软停车结束后，KA1 触点断开。按钮 SB3 用于紧急停车，当按下 SB3 时，接触器 KM1 失电，软起动器内部的 KA1 和 KA2 触点复位，使 KM2 失电，电动机自由停转。

由于带有旁路接触器，该线路有如下优点：在电动机运行时可以避免软起动器产生的谐波；软起动器仅在起动和停车时工作，可以避免长期运行使晶闸管发热，延长使用寿命。

（2）单台软起动器起动多台电动机

用一台软起动器对多台电动机进行软起动，可以降低控制系统的成本。通过设计适当的线路可以实现对多台电动机软起动、软停车控制，但不能同时起动或停机，只能一台台分别起动或停机。考虑到实现一台软起动器对多台电动机既能软起动又能软停车，控制线路比较复杂，而且还要使用软起动器内部的一些特殊功能，所以下面仅介绍用一台软起动器对两台电动机进行软起动、自由停车控制的线路，如图 2-30 所示。软起动器的起动、停车采用二

图 2-30　一台软起动器对两台电动机进行软起动、自由停车控制的线路
a）主线路　b）控制线路

线制控制方式，即将 RUN 和 STOP 端子连接到一起，通过控制触点 KA5 和 PL 端子相连。KA5 触点接通表示起动信号，断开表示停车信号。由于电动机起动结束后，由旁路接触器为电动机供电，图 2-30a 中主线路的接线方式将整个软起动器短接，因此软起动器的各种保护对电动机无效，故每台电动机要各自增加过载保护的热继电器。

此线路的工作原理如下：将 KA1 设置为隔离继电器。在图 2-30b 的控制线路中，按 SB2 按钮，接触器 KM1 线圈通电并自锁，软起动器的进线电源上电。若起动第一台电动机 M1，按起动按钮 SB4，接触器 KM2 线圈通电、中间继电器 KA5 线圈通电、起动信号加入软起动器、隔离继电器 KA1 触点接通、中间继电器 KA3 线圈通电，KA3 常开触点使 KM2 自锁，电动机软起动开始。当起动结束时，软起动器的起动结束，继电器 KA2 触点闭合，中间继电器 KA4 线圈通电，KA4 常开触点使旁路接触器 KM3 线圈通电并自锁，此时 KM2 和 KM3 均接通。软起动器旁路后，使隔离继电器 KA1 触点断开、起动结束继电器 KA2 触点也断开，KA3 线圈断电，KA3 常开触点使 KM2 线圈自锁回路断开，KM2 线圈失电，第一台电动机从软起动器上切除，此时软起动器处于空闲状态。同理，若对第二台电动机软起动，则按起动按钮 SB6。若使第一台电动机停机，按停止按钮 SB3，则 KM3 线圈失电，主触点断开，电动机自由停机。第二台电动机的起、停控制过程与上述分析类似。

为防止软起动器带两台电动机同时起动，KM2 和 KM4 线圈回路增加了联锁触点。

2.4　三相笼型异步电动机的制动控制线路及检查试车

2.4.1　三相笼型异步电动机的制动

三相异步电动机除了运行于电动状态外，还常工作于制动状态。运行于电动状态时，电磁转矩与转速的方向相同，是驱动性质的。运行于制动状态时，电磁转矩和转速的方向相反，是制动转矩。制动可以使电动机快速停车，或者使位能性负载（如在起重机下放重物时，或在运输工具下坡运行时）获得稳定的下降速度。异步电动机的制动方法有机械制动和电气制动。机械制动是利用机械设备（如电磁抱闸）在电动机断电后，使电动机迅速停转。电气制动是利用电磁转矩与转速方向相反的原理制动，常用的制动方法有反接制动和能耗制动。

1. 电源两相反接的反接制动

在电动机处于电动运行时，将定子绕组的电源两相反接，因机械惯性，转子的转向不变，而电源相序改变，使旋转磁场的方向变为和转子的旋转方向相反，转子绕组中的感应电动势、感应电流和电磁转矩的方向都改变，电磁转矩变为制动转矩。如图 2-31a 所示，电动机处于电动运行状态时，KM1 闭合，KM2 断开，其机械特性为图 2-31b 中的曲线 1，其工作点在固有机械特性曲线的 A 点。当把定子绕组的电源进线两相对调时，KM2 闭合，KM1 断开，其机械特性为图 2-31b 中的曲线 2。定子电源两相反接瞬间，转子的转速不能突变，工作点由 A 点平移到 B 点，在制动的电磁转矩的作用下，电动机迅速减速，工作点沿曲线 2 移动，到达 C 点时，转速为 0，制动过程结束，如需停车，应立即切断电源，否则电动机将反向起动。所以在一般的反接制动线路中常利用速度继电器来反映转速，以实现自动控制。

图 2-31　电源两相反接的反接制动

a）电源反接制动主线路　b）电源反接制动机械特性

由于反接制动时，转子与旋转磁场的相对速度接近于 2 倍的同步转速，定子绕组中流过的反接制动电流相当于直接起动时电流的 2 倍，冲击很大。为了减小冲击电流，通常在笼型异步电动机的定子回路中串接电阻以限制反接制动电流。反接制动电阻可以采用对称接法和不对称接法。图 2-31a 中采用的是对称接法。对称接法在定子三相绕组中都串入制动电阻，不对称接法是只在两相绕组中串入制动电阻。制动电阻的对称接法可以在限制制动转矩的同时限制制动电流。在制动电阻的不对称接法中，在没有串入制动电阻的那一相，仍具有较大的电流，因此一般采用对称接法。电动机定子绕组正常工作时的相电压为 380V 时，若要限制反接制动电流不大于起动电流，如采用对称接法，则每相应串入的电阻值可按 $R=1.5\times 220/I_{st}$ 计算，I_{st} 为电动机直接起动的电流。如采用不对称接法，则电阻值应为对称接法电阻值的 1.5 倍。绕线转子异步电动机则可在转子回路中串入制动电阻。

反接制动的优点是制动转矩大，效果好，制动迅速，控制设备简单。但是其制动过程冲击强烈，易损坏传动部件。在反接制动过程中，电动机转子靠惯性旋转的机械能和从电网吸收的电能全都转变成电能消耗在电枢绕组上，能量消耗大。反接制动适用于制动要求迅速且不频繁的场合。

2. 能耗制动

能耗制动就是在电动机脱离三相电源之后，在定子绕组上加一个直流电压，通入直流电流，如图 2-32a 所示，定子绕组产生一个恒定的磁场，转子因惯性继续旋转而切割该磁场，在转子导体中便产生感应电动势和感应电流。

按图 2-32b 设定的磁场的方向和转子旋转的方向，用右手定则可以判定转子导体中的感应电流和感应电动势的方向。转子感应电流在恒定的磁场中受到电磁力的作用，用左手定则可以判断转子导体受力的方向。该电磁力在电动机转轴上形成的电磁转矩为制动转矩，因

图 2-32 三相异步电动机的能耗制动
a) 主线路 b) 原理图 c) 机械特性

此转速迅速下降，当转速下降到零时，转子的感应电动势和感应电流都为零，制动过程结束。这种制动方法实质上是把转子靠惯性旋转的动能转变为电能消耗在转子绕组上，故称为能耗制动。能耗制动的机械特性如图 2-32c 所示。能耗制动时的机械特性曲线通过坐标原点，其形状和电动机接交流电正常运行时的机械特性的形状相似，如曲线 2。电动机电动运行时工作在固有机械特性曲线 1 的 A 点上，当接触器 KM1 断开，KM2 闭合后，直流电源接在定子绕组上，开始能耗制动，在制动瞬间，因转速不能突变，工作点便由 A 点平移到能耗制动特性曲线的 B 点上，在制动转矩的作用下电动机开始减速，工作点沿曲线 2 移至坐标原点时，$n=0$，$T_{em}=0$。如果电动机拖动的是反抗性负载（即由摩擦力产生转矩的机械），则电动机停转，实现制动停车；如果电动机拖动的负载是位能性的负载（即由重力产生转矩的机械），当转速过零时，若要停车，必须立即用机械抱闸将电动机轴刹住，否则电动机在位能性负载的倒拉下反转，最后将稳定运行在 C 点（$T_{em}=T_L$），系统在能耗制动的状态下使重物保持匀速下降。能耗制动时制动转矩的大小与通入定子绕组的直流电流的大小有关。电流大，产生的恒定磁场强，制动转矩就大，电流可以通过 R 进行调节。但通入的直流电流不能太大，一般为空载电流的 3~5 倍，否则会烧坏定子绕组。

能耗制动广泛应用于要求平稳、准确停车的场合，也可应用于起重机一类带位能性负载的机械上，用以限制重物下降的速度，使重物保持匀速下降。

2.4.2 反接制动控制线路

1. 电动机单向运行反接制动控制线路

图 2-33 为制动电阻对称接法的电动机单向运行反接制动的控制线路。

在主线路中，KM1 接通，KM2 断开时，电动机单向电动运行；KM1 断开，KM2 接通时，电动机电源相序改变，电动机进入反接制动的运行状态。用速度继电器检测电动机转速的变化，当电动机转速 $n>130\text{r/min}$ 时，速度继电器的触点动作（其常开触点闭合，常闭触点断开），当转速 $n<100\text{r/min}$ 时，速度继电器的触点复位（其常开触点断开，常闭触点闭

图 2-33　制动电阻对称接法的电动机单向运行反接制动的控制线路

合）。这样可以利用速度继电器的常开触点，当转速下降到接近于 0 时，使 KM2 接触器断电，自动地将电源切除。在控制线路中停止按钮用的是复合按钮。

线路的工作情况如下：先合上 QS。起动时，按下起动按钮 SB2→接触器 KM1 线圈通电并自锁：其主触点闭合，电动机起动运行；KM1（8-9）断开，实现联锁。当电动机的转速大于 130 r/min 时，速度继电器 KS 的常开触点 KS（7-8）闭合。停车时，按下停止按钮 SB1→其常闭触点 SB1（2-3）先断开，KM1 线圈断电；KM1 主触点断开，电动机的电源断开；KM1（3-4）断开，切除自锁；KM1（8-9）闭合，为反接制动做准备。此时电动机的电源虽然断开，但在机械惯性的作用下，电动机的转速仍然很高，KS（7-8）仍处于闭合状态。将 SB1 按到底，其常开触点 SB1（2-7）闭合→接通反接制动接触器 KM2 的线圈：常开触点 KM2（2-7）闭合自锁；常闭触点 KM2（4-5）断开，进行联锁；KM2 主触点闭合，使电动机定子绕组 U、W 两相交流电源反接，电动机进入反接制动的运行状态，电动机的转速迅速下降。当转速 $n < 100$ r/min 时速度继电器的触点复位，KS（7-8）断开，KM2 线圈断电，反接制动结束。

2. 可逆运行的反接制动控制线路

图 2-34 为可逆运行的反接制动控制线路。在主线路中，KM1、KM2 分别为正、反转接触器，KM3 为短接电阻 R 的接触器，电阻 R 既是反接制动电阻，也是起动限流电阻。控制线路中，KA1～KA4 为中间继电器，KS1 为速度继电器在正转时闭合的常开触点，KS2 为速度继电器在反转时闭合的常开触点。

线路的工作情况如下：先合上 QS。按下正转起动按钮 SB2，中间继电器 KA3 线圈通电，KA3（3-4）闭合并自锁，其常闭触点 KA3（11-12）断开，联锁 KA4 中间继电器回路，KA3（3-8）常开触点闭合，使接触器 KM1 线圈通电，KM1 主触点闭合，使定子绕组经电阻 R 接通电动机正序的三相电源串电阻减压起动。当电动机转速上升到一定值时，速度继电器正转

图 2-34 可逆运行的反接制动控制线路

闭合的常开触点 KS1(2-15) 闭合，使中间继电器 KA1 通电并自锁，这时由于 KA1(2-19)、KA3(19-20) 常开触点闭合，接触器 KM3 的线圈通电，其主触点闭合，电阻 R 被短接，电动机全压正向运行。在电动机正转运行的过程中，若按下停止按钮 SB1，则 KA3、KM1、KM3 三只线圈相继断电。由于惯性，电动机转子的转速仍然很高，KS1(2-15) 仍处于闭合状态，中间继电器 KA1 仍处于工作状态，KA1(2-13) 接通，所以在接触器 KM1(13-14) 常闭触点复位后，接触器 KM2 线圈通电，其主触点闭合，使定子绕组经电阻 R 接通反相序的三相交流电源，对电动机进行反接制动，电动机的转速迅速下降。当电动机的转速低于速度继电器 KS1 的动作值时，正转速度继电器的常开触点 KS1(2-15) 断开，KA1 线圈断电，KA1(2-13) 断开，KM2 释放，电动机反接制动过程结束。电动机反向起动与制动停车的过程，与上述过程基本相同。

3. 按照原理图接线

按照图 2-33 接线。接主线路时注意 KM1 及 KM2 主触点的相序不可接错。接线端子排 XT 与电阻箱之间使用护套线。速度继电器装在电动机轴头或传动箱上预留的安装平面上，用护套线通过接线端子排与控制线路连接。JY1 系列速度继电器有两组触点，每组都有常开、常闭触点，使用公共触点，接线前用万用表测量分辨，防止错接造成线路故障。注意，使用速度继电器时，一定先根据电动机的运转方向正确选择速度继电器的触点，然后再接线。接线时可参照安装接线图，如图 2-35 所示。

4. 线路检查

检查速度继电器的转子、联轴器与电动机轴（或传动轴）的转动是否同步；检查它的触点切换动作是否正常。还应检查限流电阻箱的接线端子及电阻的情况，检查电动机和电阻箱的接地情况。测量每只电阻的阻值并做记录。接线完成后按控制线路图逐线进行检查并排除虚接的情况。接着断开 QS，摘下 KM1、KM2 的灭弧罩，用万用表的电阻档进行以下几项检测。

图 2-35　电动机单向运行反接制动的控制线路的接线图

（1）检查主线路

断开 FU2 切除辅助线路。按下 KM1 触点架，分别测量 QS 下端 L11～L21、L21～L31 及 L11～L31 之间的电阻，应测得电动机各相绕组的电阻值；松开 KM1 触点架，则应测得断路。按下 KM2 触点架，分别测量 QS 下端 L11～L21、L21～L31 及 L11～L31 之间电阻，应测得电动机各相绕组串联两只限流电阻后的电阻值；松开 KM2 触点架，应测得断路。

（2）检查辅助线路

拆下电动机接线，接通 FU2，将万用表笔分别接 L11、L31 端子，做以下测量。

1）检查起动控制。按下 SB2，应测得 KM1 线圈电阻值；松开 SB2 则应测得断路；按下 KM1 触点架，应测得 KM1 线圈电阻值；放松 KM1 触点架，应测得断路。

2）检查反接制动控制。按下 SB2，再按下 SB1，万用表显示由通而断；松开 SB2，将 SB1 按到底，同时转动电动机轴，使其转速约达 130 r/min，使 KS 的常开触点闭合，应测得 KM2 线圈电阻值；电动机停转则测得线路由通而断。同样，按下 KM2 触点架，同时转动电动机轴使 KS 的常开触点闭合，应测得 KM2 线圈电阻值。在此应注意电动机轴的转向应能使速度继电器的常开触点闭合。

3）检查联锁线路。按下 KM1 触点架，测得 KM1 线圈电阻值的同时，再按 KM2 触点架使其常闭触点分断，应测得线路由通而断。同样将万用表的表笔接在 8 号线端和 L31 端，将测得 KM2 线圈电阻值，再按下 KM1 触点架使其常闭触点分断，也应显示线路由通而断。

5. 通电试车

万用表检查情况正常后，检查三相电源，装好接触器的灭弧罩，装好熔断器，在指导老师的监护下试车。

合上 QS，按下 SB2，观察电动机起动情况；轻按 SB1，KM1 应释放使电动机断电后惯性运转而停转。在电动机转速下降的过程中观察 KS 触点的动作。再次起动电动机后，将 SB1 按到底，电动机应刹车，在 1～2 s 内停转。

6. 常见的故障

1）电动机起动后，速度继电器 KS 的摆杆摆向没有使用的一组触点，使线路中使用的 KS 的触点不起控制作用，致使停车时没有制动作用。这时应断电，将控制线路中的速度继电器的触点换成另外一组，重新试车。注意：使用速度继电器时，一定先根据电动机的转向正确选择速度继电器的触点，然后再接线。

2）速度继电器 KS 的常开触点在转速较高（远大于 100 r/min）时就复位，致使电动机制动过程结束，KM2 断开时，电动机转速仍较高，不能很快停车。速度继电器出厂时切换动作转速已调整到 100 r/min，但在运输过程中因振动等原因，可能使触点的复位机构螺钉松动造成误差。处理办法是：切断电源，松开触点复位弹簧的锁定螺母，将弹簧的压力调小后再将螺母锁紧。重新试车观察制动情况，反复调整几次，直至故障排除。

3）速度继电器 KS 的常开触点断开过迟，在转速降低到 100 r/min 时还没有断开，造成 KM2 释放过晚，在电动机制动过程结束后，电动机又慢慢反转。处理办法是：将复位弹簧压力适当调大，反复试验调整后，将锁定螺母紧好即可。

2.4.3 能耗制动控制线路

1. 电动机单向运行的能耗制动控制线路

（1）时间原则控制的电动机单向运行的能耗制动控制线路

图 2-36 是以时间原则控制的电动机单向运行的能耗制动控制线路。图中 KM1 为单向运行的接触器，KM2 为能耗制动的接触器，TC 为整流变压器，VC 为桥式整流线路，KT 为通电延时型时间继电器。复合按钮 SB1 为停止按钮，SB2 为起动按钮。能耗制动时的制动转矩的大小与通入定子绕组的直流电流的大小有关。电流大，产生的恒定磁场强，制动转矩就大，电流可以通过 R 进行调节。但通入的直流电流不能太大，一般为空载电流的 3~5 倍，否则会烧坏定子绕组。

线路的工作情况是：按下 SB2，KM1 线圈通电并自锁，其主触点闭合，电动机正向运转，KM1(8-9) 断开，对 KM2 线圈联锁。若要电动机停止运行，则按下按钮 SB1，其常闭触点 SB1(2-3) 先断开，KM1 线圈断电，KM1 主触点断开，电动机断开三相交流电源。将 SB1 按到底，其常开触点 SB1(2-7) 闭合，能耗制动接触器 KM2 和时间继电器 KT 线圈同时通电，并由时间继电器的瞬动触点 KT(2-10) 和能耗制动接触器 KM2 的常开触点 KM2(10-7) 串联自锁。KM2 线圈通电，其主触点闭合，将直流电源接入电动机的二相定子绕组中，进行能耗制动，电动机的转速迅速降低。KT 线圈通电，开始延时，当延时时间到时，其延时断开的常闭触点 KT(7-8) 断开，KM2 线圈断电，其主触点断开，将电动机的直流电源断开，KM2(10-7) 断开，自锁回路断电，KT 线圈断电，制动过程结束。时间继电器的时间整定值应为电动机由额定转速降到转速接近于零的时间。当电动机的负载转矩较稳定时，可采用时间原则控制的能耗制动，这样时间继电器的整定值比较固定。

（2）速度原则控制的单向能耗制动控制线路

图 2-37 是速度原则控制的单向能耗制动控制线路。它和按时间原则控制的电动机单向运行的能耗制动控制线路基本相同，只是在主线路中增加了速度继电器，在控制线路中不再使用时间继电器，而是用速度继电器的常开触点代替了时间继电器延时断开的常闭触点。

图 2-36　以时间原则控制的电动机单向运行的能耗制动控制线路

图 2-37　速度原则控制的单向能耗制动控制线路

　　线路的工作情况是：按下 SB2，KM1 线圈通电并自锁，其主触点闭合，电动机正向运转，KM1(8-9) 断开，对 KM2 线圈联锁。当电动机转速上升到一定值时，速度继电器常开触点 KS(7-8) 闭合。若要电动机停止运行，则按下按钮 SB1，其常闭触点 SB1(2-3) 先断开，KM1 线圈断电，KM1 主触点断开，电动机断开三相交流电源，由于惯性，电动机转子的转速仍然很高，速度继电器常开触点 KS(7-8) 仍然处于闭合状态。将 SB1 按到底，其常开触点 SB1(2-7) 闭合，KM1(8-9) 已经闭合，能耗制动接触器 KM2 线圈通电并自锁，其主触点闭合，将直流电源接入电动机的两相定子绕组，进行能耗制动，电动机的转速迅速降低。当电动机的转速接近零时，速度继电器复位，其常开触点 KS(7-8) 断开，接触器 KM2 线圈断电释放，能耗制动结束。如果电动机能够通过传动系统实现速度的变换，则可以采用速度原则控制的能耗制动。

2. 电动机可逆运行能耗制动控制线路

（1）时间原则控制的电动机可逆运行的能耗制动控制线路

按时间原则控制的电动机可逆运行的能耗制动控制线路如图 2-38 所示。在主线路中，KM1、KM2 分别为正、反转接触器，KM3 为能耗制动接触器。从主线路可以看出：正、反转接触器 KM1、KM2 之间要有联锁，同时，能耗制动接触器 KM3 和正反转运行的接触器 KM1、KM2 之间也必须有联锁。在控制线路中，SB2 为正转起动按钮，SB3 为反转起动按钮，复合按钮 SB1 是停止按钮。

图 2-38　按时间原则控制的电动机可逆运行的能耗制动控制线路

线路的工作情况是：按下 SB2，KM1 线圈通电并自锁，其主触点闭合，电动机正向运转，KM1(8-9) 断开，对 KM2 线圈联锁；KM1(12-13) 断开，对 KM3 线圈联锁。若要电动机停止运行，则按下按钮 SB1，其常闭触点 SB1(2-3) 先断开，KM1 线圈断电，KM1 主触点断开，电动机断开三相交流电源，KM1(12-13) 闭合。将 SB1 按到底，其常开触点 SB1(2-10) 闭合，能耗制动接触器 KM3 和时间继电器 KT 线圈同时通电，并由时间继电器的瞬动触点 KT(2-14) 和能耗制动接触器 KM3 的常开触点 KM3(14-15) 串联自锁。KM3 线圈通电，其主触点闭合，将直流电源接入电动机的两相定子绕组中，进行能耗制动，电动机的转速迅速降低。KT 线圈通电，开始延时，当延时时间到时，其延时断开的常闭触点 KT(10-11) 断开，KM3 线圈断电，其主触点断开，将电动机的直流电源断开，KM3(14-15) 断开，自锁回路断开，KT 线圈断电，制动过程结束。

（2）速度原则控制的电动机可逆运行的能耗制动控制线路

速度原则控制的电动机可逆运行的能耗制动控制线路如图 2-39 所示。线路中，KM1、KM2 分别为正、反转接触器，KM3 为能耗制动接触器，KS 为速度继电器，KS1 为正转时闭合的常开触点，KS2 为反转时闭合的常开触点。SB2 为正转起动按钮，SB3 为反转起动按钮，复合按钮 SB1 是停止按钮。

图 2-39　速度原则控制的电动机可逆运行的能耗制动控制线路

线路的工作情况是：合上 QS，按下 SB2，电动机正转并自锁，同时速度继电器 KS1 闭合。停车时，按下停止按钮 SB1，其常开触点断开，KM1 线圈断电，电动机断开三相交流电源。将 SB1 按到底，KM3 线圈通电并自锁，电动机接入直流电源进行能耗制动。当电动机转速降到 100 r/min 时，KS1 断开，KM3 断电释放，将电动机的直流电源断开，能耗制动结束。

3. 无变压器单管能耗制动

前面所讲的能耗制动是由一套整流装置及整流变压器构成的单相桥式整流线路作为直流电源，制动效果好，但制动的成本较高。而无变压器单管能耗制动控制线路适用于 10 kW 以下电动机，这种线路结构简单，附加设备较少，体积小，采用一只二极管半波整流器作为直流电源，如图 2-40 所示。

图 2-40　无变压器单管能耗制动控制线路

图 2-40 中 KM1 为单向运行的接触器，KM2 为单管能耗制动的接触器，KT 为能耗制动时间继电器。该线路的整流电源为 220 V，由 KM2 主触点接至电动机定子绕组，经整流二极管 VD 接到中性线 N 构成回路。线路工作情况与图 2-36 相同。

能耗制动比反接制动消耗的能量少，制动电流比反接制动时小，只是需要增加整流设备。能耗制动所需的直流电流不能太大，一般取 $1.5I_N$ 或 $(3\sim5)I_0$；I_N 为电动机的额定电流，I_0 为电动机的空载线电流。可以通过调节制动电阻来调节制动电流。

4. 无变压器单管能耗制动控制线路实际操作

（1）元器件准备

元器件明细表如表 2-1 所示。根据元器件明细表预先制作安装整流二极管和制动电阻的支架。

表 2-1 无变压器单管能耗制动控制线路实际操作所需元器件明细表

代号	名 称	型 号	规 格	数量	检测结果
FU1	主线路熔断器	RL1—60—25	60 A 配 25 A 熔体	3	
FU2	控制线路熔断器	RL1—15—4	15 A 配 4 A 熔体	2	
KM	交流接触器	CJ10—20	20 A、线圈电压 380 V	2	测量线圈电阻值
FR	热继电器	JR16—20/3	三极、20 A、整定电流 8.8 A	1	
SB1、SB2	按钮	LA4—2H	按钮数为 2，保护式	2	
XT	接线端子排	JD0—1020	380 V、10 A、20 节	1	
VD	整流二极管	2CZ30	30 A、600 V	1	
R	制动电阻		0.5 Ω、50 W（外接）	1	
M	三相异步电动机	Y—112M—4	4 kW、380 V、8.8A、△联结、1440 r/min	1	测量电动机线圈电阻

（2）按照原理图接线与检测

按照图 2-40 中所标的线号接线，特别注意 KM1、KM2 主触点之间的连接线，防止错接造成短路。整流二极管和制动电阻应通过接线端子排接入控制线路。接线完成后要逐线逐号地核对，然后用万用表检查。

断开 QS，摘下接触器的灭弧罩，使用万用表的 $R×1$ 档做以下各项检测。

1）断开 FU2 切除辅助线路，检查主线路。

首先检查起动线路。按下 KM1 的触点架，在 QS 下端子测量 L11～L21、L21～L31 及 L11～L31 端子之间电阻，应测得两相绕组串联再与一相绕组并联的电阻值；放开 KM1 触点架，线路由通而断。

然后检查制动线路。将万用表拨到 $R×10\text{k}\Omega$ 档，按下 KM2 触点架，将黑表笔接 QS 下端 L31 端子，红表笔接中性线 N 端，应测得 R 和整流器 VD 的正向导通阻值和电动机电阻值；将表笔调换位置测量，应测得 $R→\infty$。

2）检查辅助线路。拆下电动机接线，接通 FU2，将万用表拨回 $R×1$ 档，表笔接 QS 下端 L11、L31 处检测。

按前面所述方法检查起动控制后，再检查制动控制：按下 SB1 或按下 KM2 的触点架，均应测得 KM2 与 KT 两只线圈的并联电阻值。最后检查 KT 延时控制：断开 KT 线圈的一端接线，按下 SB1 应测得 KM2 线圈，同时按住 KT 电磁机构的衔铁，当 KT 延时触点动作时，万用表应显示线路由通而断。重复检测几次，将 KT 的延时时间调整到 2 s 左右。

（3）通电试车

完成上述检查后，检查三相电源及中性线，装好接触器的灭弧罩，在指导老师的监护下试车。

1）空操作试验。合上 QS，按下 SB2，KM1 应得电并保持吸合；轻按 SB1 则 KM1 释放。按 SB2 使 KM1 动作并保持吸合，将 SB1 按到底，则 KM1 释放而 KM2 和 KT 同时得电动作，KT 延时触点约过 2 s 左右动作，KM2 和 KT 同时释放。

2）带负荷试车。断开 QS，接好电动机接线，先将 KT 线圈一端引线断开，合上 QS。

首先检查制动作用。起动电动机后，轻按 SB1，观察 KM1 释放后电动机能否惯性运转。再起动电动机后，将 SB1 按到底使电动机进入制动过程，待电动机停转后立即松开 SB1。记下电动机制动所需要的时间。此时应注意，进行制动时，要将 SB1 按到底才能实现。

然后根据制动过程的时间来调整时间继电器的整定时间。切断电源后，调整 KT 的延时为刚才记录的时间，接好 KT 线圈连接线，检查无误后接通电源。起动电动机，待达到额定转速后进行制动，电动机停转时，KT 和 KM2 应刚好断电释放，反复试验调整以达到上述要求。

试车中应注意起动、制动不可过于频繁，以防止电动机过载及整流器过热。

能耗制动线路中使用了整流器，因而主线路接线错误时，除了会造成 FU1 动作、KM1 和 KM2 主触点烧伤以外，还可能烧毁整流器，因此试车前应反复核查主线路接线，并一定要进行空操作试验，线路动作正确、可靠后，再进行带负荷试车，避免造成事故。

2.5　三相笼型异步电动机速度控制

2.5.1　三相笼型异步电动机的调速

由异步电动机的转速关系式 $n = n_0(1-s) = 60f_1(1-s)/p$ 可以看出，异步电动机的调速可分以下三大类。

- 变极调速：改变定子绕组的磁极对数 p。
- 变频调速：改变供电电源的频率 f_1。
- 变转差率调速：改变电动机转差率的方法有绕线转子异步电动机转子串电阻调速、串级调速和改变定子电压调速。

1. 变极调速

在电源频率不变的条件下，改变电动机的极对数，电动机的同步转速就会发生变化，从而改变电动机的转速。若极对数减小一半，同步转速就提高一倍，电动机的转速也几乎升高一倍。

通常对用改变定子绕组的接法来改变极对数的电动机称为多速电动机。其转子均采用笼式转子，转子感应的极对数能自动与定子相适应。这种电动机在制造时，从定子绕组中抽出一些线头，以便于使用时调换。下面以 4 极电动机一相绕组来说明变极原理。图 2-41 中画出的是 4 极电机 U 相绕组中的两个线圈，每个线圈代表 U 相绕组的一半称为半相绕组。

将两个半相绕组顺向头尾串联，根据线圈的电流方向，可以判断出定子绕组产生 4 极磁场，$p=2$。

图 2-41 绕组变极原理图（$2p=4$）

若将两个半绕组的连接方式改为图 2-42 所示的连接方法，则 U 相绕组中的半相绕组 a2-x2 的电流反向，根据线圈的电流方向，可以判断出定子绕组产生 2 极磁场，$p=1$。

图 2-42 绕组变极原理图（$2p=2$）

可见，使定子每相绕组的一半绕组中的电流方向改变，就可以改变磁极对数。

目前，在我国多极电动机定子绕组联结方式常用的有三种：一种是从星形改成双星形，写作 Y/YY，如图 2-43a 所示；另一种是从三角形改成双星形，写做 △/YY，如图 2-43b 所示；图 2-43c 所示为由星形联结改接成反向串联的星形联结。这三种接法可使电动机极对数减小一半。在改接绕组时，为了使电动机转向不变，应把绕组的相序改接一下。变极调速主要用于各种机床及其他设备上。它所需设备简单，体积小，重量轻，但电动机引出头较多，调数级数少，级差大，不能实现无级调速。

2. 变频调速

三相异步电动机的转速为 $n=n_0(1-s)=60f_1(1-s)/p$，因此，改变三相异步电动机的电源频率 f_1，也可达到调速的目的。

电动机正常运行时，三相异步电动机的每相电压为 $U_1 \approx E_1 = 4.44f_1N_1k_w\Phi_0$，若电源电压 U_1 不变，当降低电源频率 f_1 调速时，磁通 Φ_0 将增加，将使铁心过饱和，从而导致励磁电流和铁损耗的大量增加，电动机温升过高等；而当 f_1 增大时，Φ_0 将减少，电磁转矩及最大转矩减少，电动机的过载能力下降。这些是不允许的。因此在变频调速的同时，为保证磁通 Φ_0 不变，就必须改变电源电压，使 U_1/f_1 或 E_1/f_1 为常数。额定频率称为基频，变频调速时，可以从基频向上调，也可以从基频向下调。

（1）从基频向下变频调速

降低电源频率时，必须同时降低电源电压。保持 U_1/f_1 为常数，则 Φ_0 为常数，这是恒

图 2-43　双速电动机常用的变极接线方式

a) Ｙ/ＹＹ　b) △/ＹＹ　c) 顺串Ｙ/反串Ｙ

转矩调速方式。降低电源频率 f_1 调速的人为机械特性的特点为：同步转速 n_0 与 f_1 成正比，最大转矩 T_{max} 不变，转速降落 $\Delta n =$ 常数，特性斜率不变（与固有机械特性平行），机械特性较硬，在一定静差率的要求下，调速范围宽，而且稳定性好，由于频率可以连续调节，因此变频调速为无级调速，平滑性好，效率较高。

（2）从基频向上变频调速

升高电源电压（$U_1 > U_N$）是不允许的。因此，升高频率向上调速时，只能保持电压为 U_N 不变，频率越高，磁通 Φ_0 越低。这是一种降低磁通的方法，类似于他励直流电动机的弱磁升速情况。保持电压为 U_N 不变的变频调速近似为恒功率调速方式。

（3）变频电源

异步电动机变频调速的电源是一种能调压的变频装置。现有的交流供电电源都是恒压恒频的，所以只有通过变频装置才能获得变压变频电源。目前，多采用由晶闸管元件或自关断的功率晶体管器件组成的变频器。

变频器若按相分类，可以分为单相和三相；若按性能分类，可以分为交-直-交变频器和交-交变频器。

变频器的作用是将直流电源（可由交流经整流获得）变成频率可调的交流电（称为交-直-交变频器）或是将交流电源直接转换成频率可调的交流电（交-交变频器），以供给交流负载作用。交-交变频器将工频交流电变换成所需频率的交流电，不经中间环节，也称为直接变频器。关于变频器的具体情况，请见第 2.5.3 节。

变频调速由于调速性能优越，能平滑调速、调速范围广、效率高，已经在很多领域获得广泛应用，如轧钢机、工业水泵、鼓风机、起重机、纺织机等方面。其主缺点是系统较复杂、成本较高。

3. 改变转差率调速

改变定子电压调速、转子线路串电阻调速和串级调速都属于改变转差率调速。这些调速方法的共同特点是在调速过程中都产生大量的转差率。前两种调速方法都是把转差功率消耗在转子线路里，很不经济，而串级调速则能将转差功率加以吸收或大部分反馈给电网，提高了经济性能。

（1）改变电源电压调速

对于转子电阻大、机械特性曲线较软的笼型异步电动机而言，如加在定子绕组上的电压发生改变，对于恒转矩负载 T_L 对应于不同的电源 U_1、U_2、U_3，可获得不同的工作点 a_1、a_2、a_3，如图 2-44 所示，显然电动机的调速范围很宽。其缺点是低压时机械特性太软，转速变化大，可采用带速度反馈的闭环控制系统提高低速时机械特性的硬度。

改变电源电压这种调速方法主要应用于专门设计的较大转子电阻的高转差率的笼型异步电动机，靠改变转差率 s 调速。目前广泛采用晶闸管交流调压线路来实现。

（2）绕线转子电动机转子回路串接电阻调速

从绕线转子电动机转子回路串接对称电阻 RS 的机械特性图 2-45 上可以看出，转子电阻为 R_2，当转子串入附加电阻 RS_1、RS_2 时（$RS_1 < RS_2$），n_0 和最大转矩 T_m 不变，但对应于最大转矩的转差率 s_m（又称临界转差率）增大，机械特性的斜率增大。若带恒转矩负载，工作点将随着转子回路串联的电阻的增加下移，转差率增加（$s_m < s_{m1} < s_{m2}$），对应的工作点的转速将随着转子串联电阻的增大而减小。这种调速方法的优点是方法简单，但调速是有级的，转子的铜损耗随着转差率的增加而增加，经济性差，主要用于中小功率的绕线转子异步电动机，如桥式起重机等。

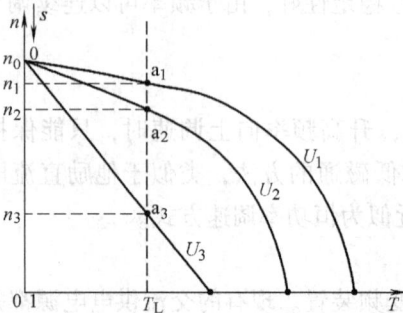

图 2-44 大转子电阻高转差率异步电动机　　　图 2-45 转子串电阻调速的机械特性

（3）串级调速

串级调速就是在转子回路中不串接电阻，而是串接一个与转子电动势 $\dot{E}_{2S}$ 同频率的附加电动势 $\dot{E}_{ad}$，通过改变 $\dot{E}_{ad}$ 的大小和相位，就可以调节电动机的转速。这种调速方法适用于绕线转子异步电动机。串级调速有低同步串级调速和超同步串级调速。低同步串级调速是 $\dot{E}_{ad}$ 和 $\dot{E}_{2S}$ 的相位相反，串入 $\dot{E}_{ad}$ 后，转速降低了，串入的附加电动势越大，转速降得越多，$\dot{E}_{ad}$ 装置从转子回路吸收电能回馈到电网。超同步串级调速是 $\dot{E}_{ad}$ 和 $\dot{E}_{2S}$ 的相位相同，串入 $\dot{E}_{ad}$ 后，转速升高了，$\dot{E}_{ad}$ 装置和电源一起向转子回路输入电能。

串级调速性能比较好，但附加电动势装置比较复杂。随着晶闸管技术的发展，这种方法现已广泛应用于水泵和风机节能调速，以及不可逆轧钢机、压缩机等生产机械的调速上。

2.5.2　变极调速控制线路

变极调速有两种方法：一种是改变定子绕组的连接方法；另一种是在定子上设置具有不同极对数的两套互相独立的绕组。改变定子绕组的连接方法可构成双速电动机；在定子上设置具有不同极对数的两套互相独立的绕组，通过绕组不同的组合连接方式，可得到两级、三级、四级速度。但常见的是通过改变定子绕组的连接方式构成的双速电动机。双速电动机在绕组的极数改变后，其相序和原来的相反，所以在变极的同时将改变三相绕组的电源相序，以保持电动机在低速和高速时的转向相同。双速电动机常用的控制线路有按钮控制线路和按时间原则自动转换的控制线路。图 2-46a 为双速电动机的控制主线路。在主线路中，KM1 的主触点闭合时，电动机绕组构成三角形的联结，电动机低速运行；KM2 和 KM3 的主触点闭合时，电动机构成双星形的联结，电动机高速运行。KM1 和 KM2、KM3 之间必须有联锁。

图 2-46　双速电动机的控制线路

a）双速电动机的控制主线路　b）双速电动机的按钮控制线路

图 2-46b 为双速电动机的按钮控制线路，SB2 为低速起动按钮，SB3 为高速起动按钮，SB1 为停止按钮。电路的工作情况是：当按下 SB2 时，SB2 的常闭触点先断开，断开 KM2、KM3 线圈的回路，SB2 的常开触点后闭合，KM1 接触器的线圈通电吸合并自锁，KM1 的互锁触点 KM1（9-10）对 KM2、KM3 线圈回路进行联锁，其主触点将电动机的定子绕组接成三角形，电动机低速运行。当电动机需要转换为高速运转时，只需按下高速起动按钮 SB3，其常闭触点 SB3（3-4）先断开 KM1 线圈回路，接触器 KM1 断电释放，电动机绕组断电，联锁触点 KM1（9-10）复位（闭合），SB3 的常开触点 SB3（8-9）后闭合，KM2、KM3 接触器线圈同时通电吸合，KM2（8-11）、KM3（11-9）串联后进行自锁，KM2（4-5）、KM3（5-6）对 KM1 线圈进行联锁，KM2、KM3 的主触点将电动机的绕组接成双星形，同时 KM2 的主触点

改变电源的相序, 电动机保持原来的转向高速运转。

　　按时间原则自动转换的控制线路如图 2-47 所示。主线路和图 2-46a 相同。当按下起动按钮 SB2 时, KM1 线圈通电并自锁, KM1 主触点闭合, 电动机接成三角形低速运行, KM1(2-3)、KM1(3-8) 闭合, 通电延时型时间继电器线圈通电开始延时, 瞬动触点 KT(2-8) 闭合自锁; 延时时间到, KT(3-4) 断开, KM1 线圈断电释放, KT(2-9) 闭合, KM2、KM3 线圈通电吸合并自锁, 电动机接成双星形高速运行。

图 2-47　按时间原则自动转换的控制线路

2.5.3　变频器及其控制线路

　　近年来, 随着电力电子技术、微电子技术、电动机和控制理论的飞速发展, 交流电动机调速系统有了很大的提高, 变频调速技术已经趋于成熟, 用晶闸管或全控型器件组成逆变器, 容量从几十瓦到几十千瓦的异步电动机变频调速系统大量投入到工业、商业等领域中应用。有关矢量变换控制、直接转矩控制等新技术在高性能交流调速系统中也取得了根本性的突破, 高性能交流调速系统已经能与直流调速系统媲美, 交流调速系统正成为调速传动的主流。

　　变频调速是通过改变电动机供电电源频率进行调速的一种方法, 目前已经广泛采用普通晶闸管、GTR(大功率晶体管)、GTO(门极关断) 晶闸管、IGBT(绝缘栅双极型晶体管) 等电力电子器件组成的静止变频器对异步电动机进行调速。

　　各国使用的交流供电电源, 无论是用于家庭还是用于工厂, 其电压和频率均为 200 V/60 Hz(50 Hz) 或 100 V/60 Hz(50 Hz)。通常, 把电压和频率固定不变的交流电变换为电压或频率可变的交流电的装置称做 "变频器"。

　　变频器是利用电力半导体器件的通断作用将工频电源变换为另一频率的电能控制装置。为了产生可变的电压和频率, 变频设备首先要把电源的交流电变换为直流电, 再把直流电变换为交流电, 其科学术语为 "Inverter"(逆变器)。由于变频设备中产生变化的电压或频率的主要装置叫"Inverter",故该产品本身就被命名为"Inverter",即变频器。

1. 变频器的工作原理

异步电动机采用变频器进行控制时,为了避免电动机磁饱和,要控制电动机的磁通,同时抑制起动电流,这就需要根据电动机的特性对供电电压、电流、频率进行适当的控制,使电动机产生必需的转矩。

变频器的控制方式可分为两种,即开环控制和闭环控制。开环控制有 V/F 控制方式,闭环控制有矢量控制等方式。

(1) V/F 控制

在工业领域所使用的大部分电动机为感应式交流电动机。感应式交流电动机的旋转速度 $n = \dfrac{60f_1}{p}(1-s)$,其中 $n_0 = \dfrac{60f_1}{p}$ 常被称为电动机理想空载旋转速度,式中 f_1 为电源频率,p 为电动机极对数。例如:4 极电动机,频率为 60 Hz,那么电动机理想空载旋转速度为 1800 r/min;4 极电动机,频率为 50 Hz,那么电动机理想空载旋转速度为 1500 r/min。电动机的理想空载旋转速度同频率成比例。r/min(转/分)是电动机的旋转速度单位。感应式交流电动机的旋转速度近似地决定于电动机的极对数和频率。改变电源频率就可以实现交流电动机的调速。以控制频率为目的的变频器,是作为电动机调速设备的优选设备。

异步电动机定子绕组每相感应电动势为

$$E_1 = 4.44 f_1 N_1 k_1 \Phi$$

$$\dot{U}_1 = \dot{I}_1 Z_1 + \dot{E}_1$$

如果忽略定子阻抗压降,则感应电动势近似等于定子外加电压

$$U_1 \approx 4.44 f_1 N_1 k_1 \Phi$$

从上式可知,若定子外加电压不变,则随着 f_1 的升高,气隙磁通 Φ 将减小,电动机的转矩为

$$T = C_T I_2 \Phi \cos \Phi_2$$

从电动机转矩的表达式可以看出,气隙磁通 Φ 的减小可导致电动机的转矩下降,使电动机的利用率降低,严重时会使电动机堵转。

当频率降低时,问题也很突出。在额定频率下调节频率,如果电压一定而只降低频率,那么磁通就过大,磁回路饱和,严重时将烧毁电动机。

因此,频率与电压要成比例地改变,即改变频率的同时控制变频器输出电压,使电动机的磁通保持一定,避免弱磁和磁饱和现象的产生。V/F 控制的特点是:控制比较简单,不用选择电动机,通用性优良,现多用于通用变频器及风机、泵类节能型变频器;与其他控制方式相比,在低速区内电压调整困难,故调速范围窄,通常在 1:10 左右的调速范围内使用;急加速、减速或负载过大时,抑制过电流的能力有限;不能精密控制电动机实际速度,不适合用于同步运转场合。

(2) 矢量控制

直流电动机的电枢电流控制方式使直流电动机构成的传动系统的调速和控制性能非常优良。矢量控制按照直流电动机电枢电流控制思想,在交流异步电动机上实现该控制方法,并且达到与直流电动机具有相同的控制性能。

矢量控制是将供给异步电动机的定子电流在理论上分成两部分:产生磁场的电流分量

（磁场电流）和与磁场相垂直、产生转矩的电流分量（转矩电流）。该磁场电流、转矩电流与直流电动机的磁场电流、电枢电流相当。在直流电动机中，利用整流子和电刷机械换向，使两者保持垂直，并且可分别供电。对异步电动机来讲，其定子电流在电动机内部，利用电磁感应作用，可在电气上分解为磁场电流和垂直的转矩电流。

矢量控制就是根据上述原理，将定子电流分解成磁场电流和转矩电流，任意进行控制。两者合成后，决定定子电流大小，然后供给异步电动机。

矢量控制方式使交流异步电动机具有与直流电动机相同的控制性能。目前，这种控制方式的变频器已广泛应用于生产实际中。矢量控制变频器的特点是：需要使用电动机参数，一般用作专用变频器；调速范围在 1:100 以上；速度响应性极高，适合于急加速、减速运转和连续 4 象限运转，能适用任何场合。

2. 变频器的安装

变频器内部是大功率的电子元器件，极易受到周围环境的影响，因此要求安装场所的温度应保持在 -10~40℃ 之间，相对湿度在 90% 以下，无结露状态。若安装在配电盘内，则必须采取必要的措施（如使用电风扇等），以保证工作温度不高于 40℃。如果环境温度太高且温度变化较大时，变频器内部易出现结露现象，其绝缘性能就会大大降低，甚至可能引发短路事故。必要时，必须在箱中增加干燥剂。

变频器在工作中由于整流和变频，周围产生了很多的干扰电磁波，这些高频电磁波对附近的仪表、仪器有一定的干扰。因此，柜内仪表和电子系统应该选用金属外壳，以屏蔽变频器对仪表的干扰。所有的元器件均应可靠接地。除此之外，各电气元器件、仪器及仪表之间的连线应选用屏蔽控制电缆，且屏蔽层应接地。如果处理不好电磁干扰，往往会使整个系统无法工作，导致控制单元失灵或损坏。

在实际运用中，要核实输入变频器的电压（单相还是三相）和变频器的额定电压值。特别是电源电压极不稳定时要有稳压设备，否则会造成严重后果。

变频器正确接地是提高控制系统灵敏度、抑制噪声能力的重要手段，变频器接地端子 E（G）的接地电阻越小越好，接地导线截面积应不小于 2 mm²，长度应控制在 20 m 以内。变频器的接地必须与动力设备接地点分开，单独接地。信号输入线的屏蔽层应接至 E（G）上，其另一端绝不能接于地端，否则会引起信号波动，使系统振荡不止。

还要注意变频器与驱动电动机之间的距离一般不超过 50 m；若需更长的距离，则应降低载波频率或增加输出电抗器（选件）。

3. 西门子 MM420 变频器介绍

目前，实用化的变频器种类很多。下面以西门子的 MicroMaster420（简称 MM420）为例，简要说明变频器的使用。

MM420 是用于控制三相交流电动机速度的变频器系列。该系列有多种型号，从单相电源电压 AC200~240 V，额定功率 120 W 到三相电源电压 AC200~240 V/AC380~480 V，额定功率 11 kW。

变频器由微处理器控制，并采用具有现代先进技术水平的绝缘栅双极型晶体管（IGBT）作为功率输出器件。因此，它们具有很高的运行可靠性和功能多样性。其脉冲宽度调制的开关频率是可选的，因而降低了电动机运行的噪声，全面而完善的保护功能为变频器和电动机提供了良好的保护。

（1）MM420 系列变频器的配线

变频器采用恒转矩、V/F 控制方式，输出频率的范围为 0～650 Hz。MM420 还有内部 PID 调节功能，改善了调节性能，并增加了二进制连接（BICO）的功能。变频器的接线端子分为主线路端子和控制线路端子。其中，主线路为变频器与工作电源和电动机之间的接线；控制线路的控制信号为微弱的电压、电流信号。MM420 的基本配线如图 2-48 所示。

图 2-48　MM420 的基本配线

变频器可以通过外部模拟量输入接口（3、4），通过 0～10 V 的模拟量输入，3 点开关量输入信号（5、6、7）与 1 点开关量输出信号（10、11）进行控制；12、13 端子为模拟量输出 0～20 mA 信号，其功能也是可编程的，用于输出显示运行频率、电流等。变频器提供了三种频率模拟设定方式：外接电位器设定、0～10 V 电压设定和 4～20 mA 电流设定。当用电压或电流设定时，最大的电压或电流对应变频器输出频率设定的最大值。变频器有两路频率设定通道，开环控制时只用 AIN1 通道，闭环控制时使用 AIN2 通道作为反馈输入，两路模拟设定进行叠加。

14、15 为通信接口端子，是一个标准的 RS-485 接口。S7-200/300/400 系列 PLC 通过此通信接口可以实现对变频器的远程控制，包括运行/停止及频率设定控制，也可以与端子控制进行组合完成对变频器的控制。

变频器可使用数字操作面板控制，也可使用端子控制，还可使用 RS-485 通信接口对其进行远程控制。

（2）MM420 变频器操作面板的介绍

MM420 变频器的操作面板如图 2-49 所示，在标准供货方式时装有状态显示板（SDP）。对于很多用户来说，利用 SDP 和制造厂的默认设置值就可以使变频器成功地投入运行。如果工厂的默认设置值不适合用户的设备情况，可以利用基本操作板（BOP）或高级操作板（AOP）修改参数。BOP 和 AOP 是作为可选件供货的。用户也可以用 PC IBN 工具 "Drive Monitor" 或 "STARTER" 来调整工厂的设置值。相关的软件在随变频器供货的光盘中可以找到。

a)   b)   c)

图 2-49   MM420 变频器的操作面板

a）状态显示板   b）基本操作板   c）高级操作板

4. BOP 的基本操作方法

以常用的 BOP 为例进行说明。BOP 具有五位数字的七段显示，用于显示参数的序号和数值，报警和故障信息，以及该参数的设定值和实际值。利用 BOP 可以改变变频器的各项参数，参见表 2-2。

表 2-2   BOP 的显示及按钮功能

显示/按钮	功能	功 能 说 明
r-0000	状态显示	LCD 显示变频器当前的设定值
(I)	起动变频器	按此键起动变频器。以默认值运行时此键是被封锁的。为了使此键的操作有效，应设定 P0700=1
(0)	停止变频器	OFF1：按此键，变频器将按选定的斜坡下降速率减速停车。以默认值运行时此键是禁用的；为了允许此键操作，应设定 P0700=1 OFF2：按此键两次（或一次，但时间较长），电动机将在惯性作用下自由停车 此功能总是 "使能" 的
(⌒)	改变电动机的转动方向	按此键可以改变电动机的转动方向。电动机的反向用负号（-）表示或用闪烁的小数点表示 以默认值运行时此键是禁用的；为了使此键的操作有效，应设定 P0700=1
(jog)	电动机点动	在变频器无输出的情况下按此键，将使电动机起动，并按预设定的点动频率运行。释放此键时，变频器停车。如果变频器/电动机正在运行，按此键将不起作用

（续）

显示/按钮	功能	功 能 说 明
Fn	功能	1. 此键用于浏览辅助信息。变频器运行过程中，在显示任何一个参数时按下此键并保持不动 2 s，将显示以下参数值（在变频器运行中，从任何一个参数开始）： （1）直流回路电压（用 d 表示，单位：V） （2）输出电流（A） （3）输出频率（Hz） （4）输出电压（用 o 表示，单位：V） （5）由 P0005 选定的数值（如果 P0005 选择显示参数 3、4、5 中的任何一个，这里将不再显示）。连续多次按下此键，将轮流显示以上参数 2. 跳转功能 在显示任何一个参数（r××××或 P××××）时短时间按下此键，将立即跳转到 r0000，如果需要，可以接着修改其他参数；跳转到 r0000 后，按此键将返回原来的显示点
P	访问参数	按此键即可访问参数
▲	增加数值	按此键即可增加面板上显示的参数数值
▼	减少数值	按此键即可减少面板上显示的参数数值

5. MM420 变频器参数简介

（1）MM420 变频器参数分类

MM420 变频器参数可以分为显示参数和设定参数两大类。显示参数为只读参数，以 r××××表示。典型的显示参数为频率给定值、实际输出电压、实际输出电流等。设定参数为可读写的参数，以 P××××表示。设定参数可以用基本操作面板、高级操作面板或通过串行通信接口进行修改，使变频器实现一定的控制功能。变频器的参数有 3 个用户访问级："1"为标准级，"2"为扩展级，"3"为专家级。访问的等级由参数 P0003 来选择，对于大多数应用对象，只要访问标准级（P0003 = 1）和扩展级（P0003 = 2）参数就足够了。还有 第 4 级的参数只是用于内部的系统设置，一般用户是不能修改的，只有得到授权的人员才能修改。

（2）变频器快速调试的方法

1）利用 BOP 更改参数的数值。下面说明如何改变 P0003 "访问级"的数值。操作步骤见表 2-3。

表 2-3　修改访问级参数 P0003 的步骤

步骤	操 作	显示结果
1	按 P 访问参数	r0000
2	按 ▲ 键，直到显示出 P0003	P0003
3	按 P 键，进入参数访问级	1

（续）

步骤	操　作	显示结果
4	按 ⬆ 或 ⬇ 键，达到所要求的数值（例如3）	3
5	按 Ⓟ 键，确认并存储参数的数值	P0003
6	现在已设定访问级为3，使用者可以看到第1~3级的全部参数	

2）改变参数数值的操作。为了快速修改参数的数值，可以一个个地单独修改显示出的每个数字，操作步骤如下。

当已处于某一参数数值的访问级（参看"用BOP修改参数"）。

- 按 Ⓕⓝ （功能键），最右边的一个数字闪烁。
- 按 ⬆/⬇ ，修改这位数字的数值。
- 再按 Ⓕⓝ （功能键），相邻的下一位数字闪烁。
- 执行第2~4步，直到显示出所要求的数值。
- 按 Ⓟ ，退出参数数值的访问级。

3）快速调试（P0010=1）。利用快速调试功能使变频器与实际使用的电动机参数相匹配，并对重要的技术参数进行设定。在快速调试的各个步骤都完成以后，应选定P3900，如果它置1，将执行必要的电动机计算，并使其他所有的参数（P0010=1不包括在内）恢复为出厂默认设置值。只有在快速调试方式下才进行这一操作。快速调试的操作步骤如表2-4所示。

表2-4　快速调试步骤

步骤	参数号及说明	参数设置值及说明	出厂默认值	备　注
1	P0003：选择访问级	1：第1访问级	1	
2	P0010：开始快速调试	1：快速调试	0	在电动机投入运行之前，P0010必须回到"0"。但是，如果调试结束后选定P3900=1，那么P0010回零的操作是自动进行的
3	P0100：选择工作地区是欧洲/北美	0：功率单位为kW；f 的默认值为50Hz	0	P0100的设定值0应该用DIP开关来更改，使其设定的值固定不变 设定电源频率的DIP开关

（续）

步骤	参数号及说明	参数设置值及说明	出厂默认值	备　注
4	P0304：电动机的额定电压	根据电动机铭牌键入的电动机的额定电压（V）		
5	P0305：电动机的额定电流	根据电动机铭牌键入的电动机额定电流（A）		
6	P0307：电动机的额定功率	根据电动机铭牌键入的电动机额定功率（kW）		
7	P0310：电动机的额定频率	根据电动机铭牌键入的电动机额定频率（Hz）		
8	P0311：电动机的额定速度	根据铭牌键入的电动机额定速度（r/min）		
9	P0700：选择命令源	1：BOP 基本操作面板	2	选择命令信号源 0：出厂时的默认设置 1：BOP（变频器键盘） 2：由端子排输入 4：通过 BOP 链路的 USS 设置 5：通过 COM 链路的 USS 设置 6：通过 COM 链路的 CB 设置
10	P1000：选择频率设定值	1：用 BOP 控制频率的升降（↑、↓）	2	选择频率设定值 1：MOP（电动电位计）设定值 2：模拟设定值 3：固定频率设定值 4：通过 BOP 链路的 USS 设置 5：通过 COM 链路的 USS 设置 6：通过 COM 链路的 CB 设置
11	P1080：电动机最小频率	键入电动机的最低频率（Hz）	0	输入电动机的最低频率，达到这一频率时，电动机的运行速度将与频率的设定值无关。这里设置的值对电动机的正转和反转都是适用的
12	P1082：电动机最大频率	最大频率：键入电动机的最高频率（Hz）	50	输入电动机的最高频率，达到这一频率时，电动机的运行速度将与频率的设定值无关。这里设置的值对电动机的正转和反转都是适用的
13	P1120：斜坡上升时间	电动机从静止停车加速到最大电动机频率所需的时间	10 s	
14	P1121：斜坡下降时间	电动机从最大频率减速到静止停车所需的时间	10 s	
15	P3900：结束快速调试	1：结束快速调试，进行电动机计算和复位为工厂默认设置值（推荐的方式）	0	快速调试结束 0：不进行快速调试（不进行电动机数据计算） 1：开始进行快速调试，并复位为出厂时的默认设置值 2：开始进行快速调试 3：仅对电动机数据开始进行快速调试

6. 用变频器的输入端子实现电动机的正转控制

用中间继电器 KA 控制 MM420 变频器，实现电动机正转功能，电动机加减速时间为 5 s。DIN1 端口设为正转控制。其基本控制线路如图 2-50 所示。

（1）变频器的输入主线路

1）空气断路器 QF。当变频器需要检查或修理时，断开空气断路器，使变频器与电源隔离。空气断路器还具有过电流保护和欠电压保护等保护功能。

变频器正转控制

图 2-50 继电器控制变频器实现电动机正转运行

2）输入接触器 KM。用于接通或切断变频器的电源。

（2）变频器的输出主线路

1）输出接触器。在一台变频器驱动一台电动机的情况下，不建议接入输出接触器，变频器的 U、V、W 三端直接与电动机连接。在某些场合，如果需要变频与工频切换的控制，变频器的输出侧则不可避免地要接入接触器。

2）热继电器。在一台变频器驱动一台电动机的情况下，因为变频器内部具有十分完善的热保护功能，没有必要接入热继电器。在需要接输出接触器的场合，热继电器应该接入。

（3）控制要求分析

通电时，KM 先闭合给变频器送电，然后才能接通 KA，电动机正转运行。KM 未吸合前，KA 是不能接通的，在 KA 线圈回路中串入触点 KM(6-7)，就是为了防止先接通 KA 的误动作。断电时，KA 先断开，然后才能断开 KM，KA 处于通电状态时，KA(1-2) 闭合，SB1(1-2) 不起作用，KM 不能断电，从而保证了只有在电动机先停机的情况下，才能使变频器切断电源。

（4）电路接线与参数设置

按图 2-50 接线，检查无误后合上 QF1、QF2。按下 SB2，接触器 KM 通电，其主触点闭合给变频器送电。

恢复变频器工厂默认值。设定 P0010 = 30 和 P0970 = 1，按下 P 键，开始复位。复位过程大约为 3 min，这样就能保证变频器的参数恢复到工厂默认值。

设置电动机的参数。为了使电动机与变频器相匹配，需要设置电动机的参数。电动机使用型号 WDJ24（实验室配置），其额定参数如下：额定功率为 40 W，额定电压为 380 V，额定电流为 0.2 A，额定频率为 50 Hz，转速为 1430 r/min，三角形联结。电动机参数设置如表 2-5 所示（以实际设备为准）。电动机参数设置完成后，设置 P0010 = 0，变频器当前处于准备状态，可正常运行。

表 2-5　电动机参数设置

参　数　号	出　厂　值	设　置　值	说　　　　明
P0003	1	1	设用户访问级为标准级
P0010	0	1	快速调试
P0100	0	0	工作地区：功率以 kW 表示，频率为 50 Hz
P0304	230	380	电动机的额定电压（V）
P0305	3.25	0.2	电动机的额定电流（A）
P0307	0.75	0.04	电动机的额定功率（kW）
P0308	0	0	电动机额定功率因数（由变频器内部计算电机的功率因数）
P0310	50	50	电动机额定频率（Hz）
P0311	0	1430	电动机的额定转速（r/min）

设置数字输入控制端口参数，如表 2-6 所示。

表 2-6　数字输入控制端口参数

参　数　号	出　厂　值	设　置　值	说　　　　明
P0003	1	1	设用户访问级为标准级
P0004	0	7	命令和数字 I/O
P0700	2	2	命令源选择由端子排输入
P0003	1	2	设用户访问级为扩展级
P0004	0	7	命令和数字 I/O
P0701	1	1	ON 接通正转，OFF 停止
P0003	1	1	设用户访问级为标准级
P0004	0	10	设定值通道和斜坡函数发生器
P1000	2	1	由 MOP（电动电位计）输入设定值
P1080	0	0	电动机的最低运行频率（Hz）
P1082	50	50	电动机运行的最高频率（Hz）
P1120	10	5	斜坡上升时间（s）

（续）

参　数　号	出　厂　值	设　置　值	说　明
P1121	10	5	斜坡下降时间（s）
P0003	1	2	设用户访问级为扩展级
P0004	0	10	设定通道和斜坡函数发生器
P1040	5	40	设定键盘控制频率

（5）操作控制

按下 SB4，接通 KA 时，变频器数字输入端口 DIN1 为"ON"，电动机按 P1120 所设置的 5 s 斜坡上升时间正向起动，经 5 s 后稳定运行在 1144 r/min 的转速上。此转速与 P1040 所设置的 40 Hz 频率对应。按下 SB3，KA 线圈断电，数字输入端口 DIN1 为"OFF"，电动机按 P1121 所设置的 5 s 斜坡下降时间停车，经 5 s 后电动机停止运行。此时按下 SB1，KM 断电，变频器断电。

在上述的操作中通过操作 BOP 面板功能键 🔘 来观察电动机运行的频率。

7. 用变频器的输入端子实现电动机的正反转控制

用 KA1 和 KA2 控制 MM420 变频器，实现电动机正转和反转功能，电动机加减速时间为 5 s。DIN1 端口设为正转控制，DIN2 端口设为反转控制。

电路接线如图 2-51 所示。SB1 控制变频器断电，SB2 控制变频器通电，SB3 控制正、反转停止，SB4 控制正转运行，SB5 控制反转运行。检查无误后合上 QF1、QF2。

图 2-51　用变频器的输入端子实现电动机的正反转控制

恢复变频器工厂默认值。设定 P0010＝30 和 P0970＝1，按下 P 键，开始复位。复位过程大约为 3 min，这样就保证了变频器的参数恢复到工厂默认值。

设置电动机的参数。同电动机正转运行的控制。

设置数字输入控制端口参数，如表 2-7 所示。

表 2-7　数字输入控制端口参数

参　数　号	出 厂 值	设 置 值	说　　明
P0003	1	1	设用户访问级为标准级
P0004	0	7	命令和数字 I/O
P0700	2	2	命令源选择由端子排输入
P0003	1	2	设用户访问级为扩展级
P0004	0	7	命令和数字 I/O
P0701	1	1	ON 接通正转，OFF 停止
P0702	1	2	ON 接通反转，OFF 停止
P0003	1	1	设用户访问级为标准级
P0004	0	10	设定值通道和斜坡函数发生器
P1000	2	1	由 MOP（电动电位计）输入设定值
P1080	0	0	电动机的最低运行频率（Hz）
P1082	50	50	电动机运行的最高频率（Hz）
P1120	10	5	斜坡上升时间（s）
P1121	10	5	斜坡下降时间（s）
P0003	1	2	设用户访问级为扩展级
P0004	0	10	设定通道和斜坡函数发生器
P1040	5	40	设定键盘控制频率

8. 变频器的常见故障及排除

变频器在运行中会出现一些故障，其常见的故障原因分析如下。

（1）过电流跳闸的原因分析

1）重新起动时，一升速就跳闸。这是过电流十分严重的表现，主要原因有：负载侧短路；负载过重，工作机械卡住；逆变管损坏；电动机的起动转矩过小，拖动系统转不起来；电动机自由滑行时起动输出或恢复输出。

2）重新起动时并不立即跳闸，而是在运行过程中跳闸。可能的原因有：同负载惯量（GD^2）相比，升、降速时间设定太短；V/F 曲线选择不当或转矩补偿设定值较大，导致低速时空载电流过大；电子热继电器整定值不当，动作电流设定值太小，引起误动作。

（2）电压跳闸的原因分析

1）过电压跳闸的主要原因有：输入电源电压过高；同负载惯量（GD^2）相比，降速时间设定太短；变频器负载侧能量回馈过大，降速过程中，再生制动的放电单元工作不理想（如来不及放电），此情况可考虑增加外接制动电阻和制动单元；还有可能是放电回路发生故障，实际不放电。

2）欠电压跳闸可能的原因有：输入电源电压过低；电源容量过小（接有焊机、大电机等）；电源缺相；电源侧接触器不良；变频器整流桥故障。

（3）电动机不转的原因分析

1）功能预置不当：上限频率与最高频率或基本频率和最高频率设定矛盾；使用外接给定时，未对"键盘给定/外接给定"的选择进行预置。

2）在使用外接给定时，无"起动"信号。

3）存在其他原因：机械有卡住现象；电动机的起动转矩不够；变频器的电路故障。

在实际应用中出现的问题还很多，只要将问题分析清楚，就很好解决了。

9. 变频器应用与维护

现在通用的变频器，大多使用最新高技术半导体器件制成的控制生产动力用的电子产品。所以，或是受温度、湿度、振动等周围环境的影响，或是由于时间漂移等原因，很有可能发生各种故障。为了防患于未然保持使用效果最佳，日常维护是非常必要的。

（1）维护注意事项

1）进行维护时，操作者必须直接确认变频器的输入电源情况。

2）切断电源后，变频器主线路的电解电容器里，仍有可能充有残留高压。

3）必须等待和确认放净电容器里的残留电压后，才可以进行操作。参考步骤：切断电源→等待 5~10 min，充电指示灯熄灭→用万用表电压档测量直流滤波电容电压＜36 V→对变频器进行维修、检查。

4）直接测量变频器输出电压时，必须使用整流式交流电压表。使用其他一般电压表或数字电压表测量高脉冲电压时，容易产生误动作或显示不准确。

（2）日常检查

使用变频器时，应每天注意观察如下事项：安装环境是否还适合，冷却系统是否工作正常，周围振动情况和变频器及其周围的发热情况。

（3）定期检查内容

1）是否受环境影响发生螺钉松动或锈蚀现象，若有，应立即拧紧或更换。

2）变频器内部或散热板上是否落入异物，若有，应立即用压缩空气吹掉异物。

3）变频器印制电路板上各插件是否良好接触，认真确认各插件的连接情况。

4）冷却风扇、电解电容器、接触器等性能是否良好，及时调换不良品。

（4）使用注意事项

变频器不是在任何情况下都能正常使用的，因此用户有必要对负载、环境要求和变频器有更多了解。

1）负载类型和变频器的选择。电动机所带动的负载不一样，对变频器的要求也不一样。

①风机和水泵是最普通的负载，对变频器的要求最为简单，只要变频器容量等于电动机容量即可（空压机、深水泵、泥沙泵、快速变化的音乐喷泉需要加大容量）。

②起重机类负载。这类负载的特点是起动时冲击很大，因此要求变频器有一定余量。同时，在重物下放时，会有能量回馈，因此要使用制动单元或采用共用母线方式。

③不均匀负载。有的负载（如轧钢机机械、粉碎机械、搅拌机等）有时轻、有时重，此时应按照重负载的情况来选择变频器容量。

④大惯性负载，如离心机、冲床、水泥厂的旋转窑。此类负载惯性很大，因此起动时可

能会产生振荡，电动机减速时有能量回馈。应该用容量稍大的变频器来加快起动，避免振荡。配合制动单元消除回馈电能。

2）长期低速运转时，由于电动机发热量较高，风扇冷却能力降低，因此必须采用加大减速比的方式或改用 6 极电动机，使电动机运转在较高频率附近。

3）变频器安装地点必须符合标准环境的要求，否则易引起故障或缩短使用寿命。变频器与驱动电动机之间的距离一般不超过 50m，若需更长的距离，则应降低载波频率或增加输出电抗器选件才能正常运转。

2.6　基本控制线路的安装技能训练

2.6.1　电气控制线路板安装

1. 安装的要求

1）板上安装的所有电气控制器件的名称、型号、工作电压性质和数值，信号灯及按钮的颜色等，都应正确无误，安装要牢固，在醒目处应贴上各器件的文字符号。

2）连接导线要采用规定的颜色。

- 接地保护导线（PE）必须采用黄绿双色。
- 动力电路的中性线（N）和中间线（M）必须是浅蓝色。
- 交流和直流动力电路应采用黑色。
- 交流控制线路采用红色。
- 直流控制线路采用蓝色。

3）导线的绝缘和耐压要符合电路要求，每一根连接导线在接近端子处的线头上必须套上标有线号的套管；进行控制板内部布线时，要求走线横平竖直、整齐、合理，接点不得松动；进行控制板外部布线时，对于可移动的导线应放适当的余量，使绝缘套管（或金属软管）在运动时不承受拉力，接地线和其他导线接头同样应套上标有线号的套管。

4）安装时按钮的相对位置及颜色有以下要求。

- "停止"按钮应置于"起动"按钮的下方或左侧，当用两个"起动"按钮控制相反方向时，"停止"按钮可装在中间。
- "停止"和"急停"按钮用红色，"起动"按钮用绿色，"起动"和"停止"交替动作的按钮用黑色、白色或灰色；点动按钮用黑色，复位按钮用蓝色，当复位按钮带有"停止"作用时则须用红色。

5）安装指示灯及光标按钮的颜色要求如下。

- 指示灯颜色的含义：红——危险或报警；黄——警告；绿——安全；白——电源开关接通。
- 光标按钮颜色的用法：红——"停止"或"断开"；黄——注意或警告；绿——"起动"；蓝——指示或命令执行某任务 ；白——接通辅助线路。

2. 电气线路安装接线步骤

1）按元器件明细表配齐电气元器件，并进行检验。

2）制作控制板，按原理图上的编号顺序将接触器、继电器等安装在控制板上，并在醒目处贴上编号。

3）在电气控制原理图上编号。主线路中三相电源按相序依次编号为 L1、L2、L3；控制开关的出线头依次编号为 L11、L21、L31，从上至下每经过一个电气元器件，编号要递增；电动机的三根引出线按相序依次编号为 U、V、W。没有经过电气元器件的编号不变。辅助线路编号：从上至下（或从左至右）逐行用数字依次编号，每经过一个电气元器件编号要依次递增，等电位点为同一编号。

4）根据电动机的容量选配主线路的连接导线。

5）按原理图上的编号在电气元器件的醒目处贴上编号标志。

6）给剥去绝缘层的线头两端套上标有与原理图相应号码的套管。

7）用尖嘴钳弯成圈（或绞紧），套进（或塞进）接线柱的压紧螺钉上（或孔内），拧紧螺钉。控制板内的连接导线要沿底面敷设，拐弯处要弯成慢直角弯。

8）控制板与板外的电气设备等的连接应采用多股软线。通常用电线管配线，电线管至电动机的连接导线要用软管加以保护。

3. 安装后（在接通电源前）的质量检验

1）再次检查控制线路中各元器件的安装是否正确和牢靠；各个接线端子是否连接牢固；线头上的线号是否同电路原理图相符；绝缘导线的颜色是否符合规定；保护导线是否已可靠连接。

2）检查电气线路的绝缘电阻。其方法是：短接主线路、控制线路和信号线路，用 500 V 兆欧表测量与保护电路导线之间的绝缘电阻应不得小于 2 MΩ。对于控制线路或信号线路不与主线路连接的，应分别测量主线路、保护线路、控制线路和信号线路各线路之间的绝缘电阻。

3）按 2.1 节介绍的方法用万用表检查线路。

4. 通电试车

（1）空载试车

通电前检查所接电源是否符合要求。若有点动控制，通电后应先点动，然后验证电气设备的各个部分工作是否正确和动作顺序是否正确，特别要验证急停器件是否安全有效，如有异常必须立即切断电源查明原因。

（2）负载试车

在正常负载下连续运行，检查电气设备运行的正确性，特别要验证电源中断和恢复时是否危及人身和设备安全。连续运行时，要检查全部器件的温升不得超过规定的允许温度和允许温升，在有载的情况下验证急停器件是否安全有效。

2.6.2 点动控制线路的安装接线

1. 技能训练目的

1）掌握根据电气原理图绘制安装接线图的方法。

2）掌握检查和测试电气元器件的方法。

3）初步掌握电动机控制线路的安装步骤和安装技能。

4）学习接线、试车和排除故障的方法。

2. 所需元器件和工具

木质控制板一块，交流接触器、熔断器、电源隔离开关、按钮、接线端子排、三相电动机、万用表及电工常用工具一套，以及导线、号码管等。

3. 训练内容

1）画出电路图，分析工作原理，并按规定标注线号。

2）列出元器件明细表，并进行检测，将元器件的型号、规格、质量检查结果及有关测量值记入表 2-8 点动控制线路元器件明细表中。检查内容有：电源开关的接触情况；拆下接触器的灭弧罩，检查相间隔板；检查各主触点表面情况；按压触点架观察动触点（包括电磁机构的衔铁、复位弹簧）的动作是否灵活；检查接触器电磁线圈的电压与电源电压是否相符，用万用表测量电磁线圈的通断，并记下直流电阻值；测量电动机每相绕组的直流电阻值，并做记录。检查中发现异常应检修或更换元器件。

3）在配电板上布置元器件，并画出元器件安装布置图及接线图。绘制安装接线图时，将电气元器件的符号画在规定的位置，对照原理图的线号标出各端子的编号。控制按钮 SB（使用 LA4 系列按钮盒）和电动机 M 在安装板外，通过接线端子排 XT 与安装底板上的电器连接。控制板上的各元器件的安装位置应整齐匀称、间距合理、便于检修。

表 2-8　点动控制线路元器件明细表

代号	名　称	型　号	规　格	数　量	检测结果
QS	电源开关				
FU1	主线路熔断器				
FU2	控制线路熔断器				
KM	交流接触器				测量线圈电阻值：
SB	按钮开关 （点动按钮用黑色）				
XT	接线端子排				
M	三相笼型异步电动机				测量电动机线圈电阻：

4）按照接线图规定的位置定位打孔后将电气元器件固定牢靠。注意 FU1 中间一相熔断器和 KM 中间一极触点的接线端子成一直线，以保证主线路走线美观规整；组合开关、熔断器的受电端子应安装在控制板的外侧；若采用螺旋式熔断器，电源进线应接在螺旋式熔断器的底座中心端上，出线应接在螺纹外壳上。

5）按电路图的编号在各元器件和连接线两端做好编号标志。按图接线，接板前明线时注意：控制板上的走线应平整，变换走向应垂直，避免交叉。转角处要弯成慢直角，控制板至电动机的连接导线要穿软管保护，电动机外壳要安装接地线。走线时应注意：走线通道应尽可能少，同一通道中的沉底导线应按主控电路分类集中，贴紧敷面单层平行密排；同一平面的导线应高低一致或前后一致，不能交叉，当必须交叉时，该根导线应在接线端子引出时合理地水平跨越。导线与接线端子连接时，应不压绝缘层，不反圈，不露铜过长，要拧紧接线柱上的压紧螺钉；一个电气元器件接线端子上的连接导线不得超过两根，每节接线端子排上的连接导线一般只允许连接一根。

6）检查线路并在测量电路的绝缘电阻后通电试车。

4. 实训考核及成绩评定（见表2-9）

表2-9　成绩评定表

项目内容及配分	要求	评分标准（100分）	得分
元器件的检查（10分）	检查和测试电气元器件的方法正确	每错一项扣1分	
	完整地填写元器件明细表		
线路敷设（30分）	按图接线，接线正确	一处不合格扣2分	
	走线整齐美观不交叉		
	导线连接牢靠，没有虚接		
	号码管安装正确、醒目		
	电动机外壳安装了接地线		
线路检查（10分）	在断电的情况下会用万用表检查线路	没有检查扣10分	
	通电前测量线路的绝缘电阻		
通电试车（40分）	试车一次成功	一次不成功扣20分	
安全文明操作（10分）	工具的正确使用 执行安全操作规定	每违反一次扣10分	
工时	120分钟	每超过10分钟扣5分	总分

5. 故障的检查及排除

在通电试车成功的电路上人为地设置故障，通电运行，在表2-10中记录故障现象并分析原因、排除故障。设置故障时，可以用在触点间插入小绝缘套管或小纸片的方法表示触点接触不良的现象。

表2-10　故障的检查及排除

故障设置	故障现象	检查方法及排除
按钮触点接处不良		
接触器线圈松脱		
主线路一相熔断器熔断		
控制线路熔断器熔断		

2.6.3　单向起动控制线路的安装接线

1. 技能训练目的

1）掌握根据电气原理图绘制安装接线图的方法。

2）掌握检查和测试电气元器件的方法。

3）掌握电动机单向起动控制线路的安装步骤和安装技能。

4）学习接线、试车和排除故障的方法。

2. 所需元器件和工具

木质控制板一块，交流接触器、熔断器、电源隔离开关、按钮、接线端子排、三相交流电动机、万用表及电工常用工具一套，以及导线、号码管等。

3. 训练内容

1）画出单向起动控制线路电路图，分析工作原理，并按规定标注线号。

2）列出元器件明细表，并进行检测，将元器件的型号、规格、质量检查结果及有关测量值记入表 2-11 单向起动控制线路元器件明细表中。检查内容有：电源开关的接触情况；拆下接触器的灭弧罩，检查相间隔板；检查各主触点表面情况；按压触点架观察动触点（包括电磁机构的衔铁、复位弹簧）的动作是否灵活；电磁线圈的电压值和电源电压是否相符，用万用表测量电磁线圈的通断，并记下直流电阻值；测量电动机每相绕组的直流电阻值，并做好记录。记录停止按钮和起动按钮的颜色。检查中发现异常应检修或更换元器件。

表 2-11　单向起动控制线路元器件明细表

代号	名　称	型　号	规　格	数　量	检测结果
QS	电源开关				
FU1	主线路熔断器				
FU2	控制线路熔断器				
KM	交流接触器				测量线圈电阻值：
FR	热继电器				
SB1	停止按钮				
SB2	起动按钮				
XT	接线端子排				
M	三相笼型异步电动机				测量电动机线圈电阻：

3）在配电板上布置元器件，并画出元器件安装布置图及接线图。绘制安装接线图时，将电气元器件的符号画在规定的位置，对照原理图的线号标出各端子的编号。注意热继电器应安装在其他发热电器的下方，整定电流装置的位置一般应安装在右边，保证调整和复位时的安全方便。

4）按照接线图规定的位置定位打孔后将电气元器件固定牢靠。注意 FU1 中间一相熔断器和 KM 中间一极触点的接线端子成一直线，以保证主线路走线美观规整。

5）按电路图的编号在各元器件和连接线两端做好编号标志。按图接线，接线时注意：热继电器的热元件要串联在主线路中，其常闭触点接入控制线路，不可接错。接热继电器时接点要紧密可靠，出线端的导线不应过粗或过细，以防止轴向导热过快或过慢，使热继电器动作不准确。接触器的自锁触点用常开触点，且要与起动按钮并联。

6）检查线路并在测量电路的绝缘电阻后通电试车。热继电器的整定电流必须按电动机的额定电流自行调整。一般热继电器置于手动复位的位置上，若需自动复位，可将复位调节螺钉以顺时针方向向里旋足。因电动机过载动作后，若需再次起动电动机，必须使热继电器复位；一般情况下自动复位需 5 min，手动复位需 2 min。试车时先合 QS，再按起动按钮 SB2，停车时，先按停止按钮 SB1，再断开 QS。

4. 实训考核及成绩评定（见表 2-12）

表 2-12　成绩评定表

项目内容及配分	要求	评分标准（100分）	得分
元器件的检查 （10分）	检查和测试电气元器件的方法正确	每错一项扣1分	
	完整地填写元器件明细表		
线路敷设（30分）	按图接线，接线正确	一处不合格扣2分	
	走线整齐美观不交叉		
	导线连接牢靠，没有虚接		
	号码管安装正确、醒目		
	电动机外壳安装了接地线		
线路检查（10分）	在断电的情况下会用万用表检查线路	没有检查扣10分	
	通电前测量线路的绝缘电阻		
保护的整定（10分）	正确调整热继电器的整定值	不会整定扣5分	
	正确地选配熔体	选错熔体扣5分	
通电试车（30分）	试车一次成功	一次不成功扣20分	
安全文明操作（10分）	工具的正确使用 执行安全操作规定	每违反一次扣10分	
工时	120分钟	每超过10分钟扣5分	总分

5. 故障的检查及排除

在通电试车成功的电路上人为地设置故障，通电运行，在表 2-13 中记录故障现象并分析原因、排除故障。

表 2-13　故障的检查及排除

故障设置	故障现象	检查方法及排除
起动按钮触点接触不良		
接触器线圈松脱		
接触器自锁触点接触不良		
接触器主触点一相接触不良		
接触器主触点二相接触不良		
主线路一相熔丝熔断		
控制线路熔丝熔断		
热继电器整定值调得太小		
热继电器常闭触点接触不良		

2.6.4　正反转控制线路的安装接线

1. 技能训练目的

1）掌握按钮和接触器双重互锁电动机正、反转控制线路的安装步骤和安装技能。

2）掌握检查和测试电气元器件的方法。

3）学习接线、试车和排除故障的方法。

2. 所需元器件和工具

木质控制板一块，交流接触器、熔断器、热继电器、电源隔离开关、按钮、接线端子排、三相交流电动机、万用表及电工常用工具一套，以及导线、号码管等。

3. 训练内容

1）画出按钮和接触器双重互锁电动机正、反转控制线路电路图，分析工作原理，并按规定标注线号。

2）列出元器件明细表，并进行检测，将元器件的型号、规格、质量检查结果及有关测量值记入表 2-14 按钮和接触器双重联锁电动机正、反转控制线路元器件明细表中。

表 2-14　按钮和接触器双重联锁电动机正、反转控制线路元器件明细表

代号	名　称	型　号	规　格	数　量	检测结果
QS	电源开关				
FU1	主线路熔断器				
FU2	控制线路熔断器				
KM	交流接触器				测量线圈电阻值：
FR	热继电器				
SB1~SB3	按钮				
XT	接线端子排				
M	三相笼型异步电动机				测量电动机线圈电阻：

3）在配电板上布置元器件，并画出元器件安装布置图及接线图。绘制安装接线图时，将电气元器件的符号画在规定的位置，对照原理图的线号标出各端子的编号。按钮和电动机在安装板外，通过接线端子排 XT 与安装板上的电器连接。电动机必须安放平稳，以防止在可逆运转时产生滚动而引起事故，并将其金属外壳可靠接地。

4）按照接线图规定的位置定位打孔，将电气元器件固定牢靠。注意 FU1 中间一相熔断器和 KM 中间一极触点的接线端子成一直线，以保证主线路走线美观规整。

5）按电路图的编号在各元件和连接线两端做好编号标志。按图接线，接线时注意：联锁触点和按钮盒内的接线不能接错，否则将出现两相电源短路事故。

6）检查线路并在测量电路的绝缘电阻后通电试车。先进行空操作试验再带负荷试车，操作 SB2、SB3、SB1 观察电动机正、反转及停车。操作过程中电动机正、反转操作的变换不宜过快和过于频繁。

4. 实训考核及成绩评定（见表 2-15）

表 2-15　成绩评定表

项目内容及配分	要求	评分标准（100 分）	得分
元器件的检查 （10 分）	检查和测试电气元器件的方法正确	每错一项扣 1 分	
	完整地填写元器件明细表		

（续）

项目内容及配分		要求	评分标准（100分）	得分
线路敷设（30分）		按图接线，接线正确	一处不合格扣2分	
		走线整齐美观不交叉		
		导线连接牢靠，没有虚接		
		号码管安装正确、醒目		
		电动机外壳安装了接地线		
线路检查（10分）		在断电的情况下会用万用表检查线路	没有检查扣10分	
		通电前测量线路的绝缘电阻		
保护的整定（10分）		正确调整热继电器的整定值	不会整定扣5分	
		正确地选配熔体	选错熔体扣5分	
通电试车（30分）		试车一次成功	一次不成功扣20分	
安全文明操作（10分）		工具的正确使用 执行安全操作规定	每违反一次扣10分	
工时	150分钟	每超过10分钟扣5分	总分	

5. 故障的检查及排除

在通电试车成功的电路上人为地设置故障，通电运行，在表2-16中记录故障现象并分析原因、排除故障。

表2-16　故障的检查及排除

故障设置	故障现象	检查方法及排除
反向起动按钮触点接触不良		
KM1接触器联锁触点接触不良		
KM2接触器自锁触点接触不良		
KM1接触器主触点一相接触不良		
主线路一相熔丝熔断		
控制线路熔丝熔断		
热继电器常闭触点接触不良		

2.6.5　Y-△减压起动控制线路的安装接线

1. 技能训练目的

1）掌握电动机Y-△减压起动控制线路的安装步骤和安装技能。

2）掌握检查和测试电气元器件的方法。

3）掌握电气元器件在配电板正面线槽内配线的方法和工艺。

4）掌握试车和排除故障的方法。

2. 所需元器件和工具

木质控制板一块，时间继电器、热继电器、交流接触器、熔断器、电源隔离开关、按钮、接线端子排、走线槽（若干）、绕组为三角形联结的三相电动机、万用表及电工常用工具一套，导线、号码管等。

3. 训练内容

1）画出丫-△减压起动控制线路电路图，分析工作原理，并按规定标注线号。

2）列出元器件明细表，并进行检测，将元器件的型号、规格、质量检查结果及有关测量值记入表 2-17 丫-△减压起动控制线路元件明细表中。特别要注意选用的时间继电器的类型和延时接点的动作时间，用万用表测量其触点动作情况，并将时间继电器的延时时间调整到 10 s。

表 2-17 电动机丫-△减压起动控制线路元器件明细表

代号	名 称	型号	规格	数量	检 测 结 果
QS	电源开关				
FU1	主线路熔断器				
FU2	控制线路熔断器				
KM	交流接触器				测量线圈电阻值：
KT	时间继电器				时间整定值：
FR	热继电器				
SB1	停止按钮				
SB2	起动按钮				
XT	接线端子排				
	走线槽				
M	三相笼型异步电动机 （三角形接法）				测量电动机线圈电阻：

3）在配电板上参照图 2-52 画线并布置走线槽和电气元器件，画出元器件安装布置图及接线图。绘制安装接线图时，将电气元器件的符号画在规定的位置，对照原理图的线号标出各端子的编号。

图 2-52 丫-△减压起动电器布置图

4）按照接线图规定的位置定位打孔后将线槽、电气元器件固定牢靠。特别应注意时间继电器的安装位置，必须使继电器在断电后，衔铁释放时的运动方向垂直向下。

5）按电路图的编号在各元器件和连接线两端做好编号标志。按图接线时注意，主线路各接触器主触点之间的连接线要认真核对，防止出现相序错误。电动机的三角形接线是将定子绕组的 U1、V1、W1 通过接触器分别与 W2、U2、V2 连接，否则将造成三相绕组各接同一相电源或其中一相绕组接入同一相电源而无法工作等故障。

控制板内部布线采用槽内配线时要注意：

1）走线槽内的导线要尽可能避免交叉，装线不要超过线槽容量的 70%，以便装配和检修。

2）各电气元器件与走线槽之间的外露导线要尽可能做到横平竖直，变换走向要垂直。同一元器件位置一致的端子和相同型号的电气元器件中位置一致的端子上引出或引入的导线，要敷设在同一平面上，并应做到高低一致或前后一致，不得交叉。

3）各电气元器件接线端子上引出或引入的导线，除间距很小或元器件机械强度很差（如时间继电器 JS7-A 型同一只微动开关的同一侧常开与常闭触点的连接导线）时允许直接架空敷设外，其他导线必须经过走线槽进行连接。

4）各电气元器件的接线端子引出线的走向上，以元器件的水平中心线为界限，水平中心线以上的接线端子引出的导线必须进入元器件上面的走线槽；水平中心线以下的接线端子的引出导线必须进入元器件下面的走线槽。任何导线都不允许从水平方向进入走线槽。

5）当接线端子不适合连接软线或较小截面积的软线时，可以在导线头穿上针形或叉形轧头并压紧。

6）检查线路并在测量电路的绝缘电阻后通电试车。先进行空操作试验再带负荷试车。

4. 实训考核及成绩评定（见表 2-18）

表 2-18 成绩评定表

项目内容及配分	要求	评分标准（100分）	得分
元器件的检查（10分）	检查和测试电气元器件的方法正确	每错一项扣1分	
	完整地填写元器件明细表		
线路敷设（20分）	按图接线，接线正确	一处不合格扣2分	
	槽内外走线整齐美观不交叉		
	导线连接牢靠，没有虚接		
	号码管安装正确、醒目		
	电动机外壳安装了接地线		
线路检查（10分）	在断电的情况下会用万用表检查线路	没有检查扣10分	
	通电前测量线路的绝缘电阻		
保护的整定（10分）	正确调整热继电器的整定值	不会整定扣5分	
	正确地选配熔体	选错熔体扣5分	
时间的整定（10分）	动作延时 10（1±10%）s	每超过10%扣5分	
通电试车（30分）	试车一次成功	一次不成功扣20分	
安全文明操作（10分）	工具的正确使用 执行安全操作规定	每违反一次扣10分	
工时	180分钟	每超过10分钟扣5分	总分

5. 故障的检查及排除

在通电试车成功的电路上人为地设置故障，通电运行，在表 2-19 中记录故障现象并分析原因、排除故障。在设置故障运行时，要做好随时停车的准备。

表 2-19　故障的检查及排除

故 障 设 置	故 障 现 象	检查方法及排除
将电动机接成三角形的 KM2 主触点下方的 U2 及 V2 端子处的接线位置颠倒		
KM2 接触器自锁触点接触不良		
将电动机接成星形联结的接触器 KM3 某相主触点接触不良		
时间继电器延时调整为零		
引入电源的接触器 KM1 自锁触点接触不良		

2.6.6　电动机带限位保护的自动往复循环控制线路的安装接线

1. 技能训练目的

1）掌握电动机带限位保护的自动往复循环控制线路的安装步骤和安装技能。

2）掌握行程开关的安装方法。

3）学习接线、试车和排除故障的方法。

2. 所需元器件和工具

木质控制板一块，交流接触器、行程开关、熔断器、热继电器、电源隔离开关、按钮、接线端子排、三相电动机、万用表及电工常用工具一套，导线、号码管等。

3. 训练内容

1）画出电动机带限位保护的自动往复循环控制线路电路图，分析工作原理，并按规定标注线号。

2）列出元器件明细表，并进行检测，将元器件的型号、规格、质量检查结果及有关测量值记入表 2-20 元器件明细表中。特别注意检查行程开关的滚轮、传动部件和触点是否完好，操作滚轮看其动作是否灵活，用万用表测量其常开、常闭触点的切换动作。

3）在配电板上布置元器件，并画出元器件安装布置图及接线图。

4）按照接线图规定的位置定位打孔后将电气元器件固定牢靠。元器件的固定位置和双重联锁的正反转控制线路的安装要求相同。按钮、行程开关和电动机在安装板外，通过接线端子排与安装底板上的电器连接。在设备规定的位置上安装行程开关，检查并调整挡块和行程开关滚轮的相对位置，保证动作准确可靠。

表 2-20　带限位保护的自动往复循环控制线路元器件明细表

代号	名称	型号	规格	数量	检测结果
QS	电源开关				
FU1	主线路熔断器				
FU2	控制线路熔断器				
KM	交流接触器				测量线圈电阻值：
FR	热继电器				

（续）

代号	名称	型号	规格	数量	检测结果
SB1~SB3	按钮				
SQ1~SQ4	行程开关				
XT	接线端子排				
M	三相笼型异步电动机				测量电动机线圈电阻：

5）按电路图的编号在各元器件和连接线两端做好编号标志。按图接线时注意，联锁触点和按钮盒内的接线不能接错，否则将出现两相电源短路的事故。

6）检查线路并在测量电路的绝缘电阻后通电试车。试车时先进行空操作试验，用绝缘棒拨动限位开关的滑轮，检查线路能否自动往返、限位保护是否起作用，然后再带负荷试车。

4. 实训考核及成绩评定（见表2-21）

表2-21 成绩评定表

项目内容及配分	要 求	评分标准（100分）	得分
元器件的检查（10分）	检查和测试电气元器件的方法正确	每错一项扣1分	
	完整地填写元器件明细表		
线路敷设（20分）	按图接线，接线正确	一处不合格扣2分	
	走线整齐美观不交叉		
	导线连接牢靠，没有虚接		
	号码管安装正确、醒目		
	电动机外壳安装了接地线		
行程开关的安装（10分）	挡块和行程开关滚轮的相对位置对正	不对正扣5分	
	行程开关的安装位置正确	位置错误扣5分	
线路检查（10分）	在断电的情况下会用万用表检查线路	没有检查扣10分	
	通电前测量线路的绝缘电阻		
保护的整定（10分）	正确调整热继电器的整定值	不会整定扣5分	
	正确地选配熔体	选错熔体扣5分	
通电试车（30分）	试车一次成功	一次不成功扣20分	
安全文明操作（10分）	工具的正确使用 执行安全操作规定	每违反一次扣10分	
工时	240分钟	每超过10分钟扣5分	总分

5. 故障的检查及排除

在通电试车成功的电路上人为地设置故障，通电运行，在表2-22中记录故障现象并分析原因、排除故障。在设置故障运行时，做好随时停车的准备。

表2-22 故障的检查及排除

故 障 设 置	故 障 现 象	检查方法及排除
SQ1的固定螺钉松动		
KM2接触器主触点的相序和KM1相同，没有进行换相		
改变电动机的转向：按下SB2电动机反转，按下SB3电动机正转		

2.6.7 双速电动机控制线路的安装接线

1. 技能训练目的

1）掌握按时间原则自动转换的双速电动机控制线路的安装步骤和安装技能。

2）掌握接线、试车和排除故障的方法。

2. 所需元器件和工具

木质控制板一块，时间继电器、热继电器、交流接触器、熔断器、电源隔离开关、按钮、接线端子排、双速三相电动机、万用表及电工常用工具一套，导线、号码管等。

3. 训练内容

1）画出按时间原则自动转换的双速电动机控制线路电路图，分析工作原理，并按规定标注线号。

2）列出元器件明细表，并进行检测，将元器件的型号、规格、质量检查结果及有关测量值记入表 2-23 元器件明细表中。用万用表检查时间继电器找出瞬动触点和延时触点，将时间继电器的延时时间调整到 30 s。

表 2-23　元器件明细表

代号	名称	型号	规格	数量	检 测 结 果
QS	电源开关				
FU1	主线路熔断器				
FU2	控制线路熔断器				
KM	交流接触器				测量线圈电阻值：
KT	时间继电器				瞬动触点： 延时触点：
FR	热继电器				
SB1	停止按钮				
SB2	起动按钮				
XT	接线端子排				
M	双速电动机				测量电动机线圈电阻：

3）在配电板上布置元器件，并画出元器件安装布置图及接线图。绘制安装接线图时，将电气元器件的符号画在规定的位置，对照原理图的线号标出各端子的编号。按钮和电动机在安装板外，通过接线端子排与安装底板上的电器连接。

4）按照接线图规定的位置定位打孔后将电气元件固定牢靠。注意：FU1 中间一相熔断器和 KM 中间一极触点的接线端子成一直线，以保证主线路走线美观规整。

5）按电路图的编号在各元器件和连接线两端做好编号标志。按图接线，接线时注意：分清时间继电器的瞬动触点和延时触点，不能接错。

6）检查线路并在测量电路的绝缘电阻后通电试车。先进行空操作试验再带负荷试车。

4. 实训考核及成绩评定（见表2-24）

表2-24 成绩评定表

项目内容及配分	要　求	评分标准（100分）	得分
元器件的检查 （10分）	检查和测试电气元器件的方法正确	每错一项扣1分	
	完整地填写元器件明细表		
线路敷设（20分）	按图接线，接线正确	一处不合格扣2分	
	走线整齐美观不交叉		
	导线连接牢靠，没有虚接		
	号码管安装正确、醒目		
	电动机外壳安装了接地线		
线路检查（10分）	在断电的情况下会用万用表检查线路	没有检查扣10分	
	通电前测量线路的绝缘电阻		
保护的整定（10分）	正确调整热继电器的整定值	不会整定扣5分	
	正确地选配熔体	选错熔体扣5分	
时间的整定（10分）	动作延时30（1±10%）s	每超过10%扣5分	
通电试车（30分）	试车一次成功	一次不成功扣20分	
安全文明操作（10分）	工具的正确使用 执行安全操作规定	每违反一次扣10分	
工时	240分钟	每超过10分钟扣5分	总分

5. 故障的检查及排除

在通电试车成功的电路上人为地设置故障，通电运行，在表2-25中记录故障现象并分析原因、排除故障。在设置故障运行时，要做好随时停车的准备。

表2-25 故障的检查及排除

故障设置	故障现象	检查方法及排除
时间继电器瞬动触点接触不良		
KM2接触器自锁触点接触不良		
将电动机接成双星形联结的接触器KM3某相主触点接触不良		
时间继电器延时调整为零		
引入电源的接触器KM1自锁触点接触不良		

2.6.8 变频器的模拟信号操作控制实训

1. 实训目的

1）学会用MM420变频器的模拟信号输入端对电动机转速进行控制。

2）掌握MM420变频器基本参数的设置方法。

3）通过BOP观察变频器频率的变化。

2. 实训内容

控制MM420变频器，实现电动机正转和反转功能，由模拟输入端控制电动机转速的大小。DIN1 端口设为正转控制，DIN2 端口设为反转控制。

电路接线如图 2-53 所示。MM420 变频器的"1"（+10 V）、"2"（0 V）输出端为用户的给定单元提供了一个高精度的 +10 V 直流稳压电源。转速调节电位器 RP_1 串接在电路中，调节 RP_1 时，输入端口 AIN1 给定的模拟输入电压改变，变频器的输出量紧紧跟踪给定量的变化，从而平滑无级地调节电动机转速的大小。MM420 变频器为用户提供了一对模拟输入端口 AIN1、AIN2，即端口"3""4"。

图 2-53 模拟信号输入端对电动机转速的控制

按图 2-53 所示连接电路。检查电路正确无误后，合上电源开关 QF1、QF2，按下 SB2，KM 通电，给变频器送电。

恢复变频器工厂默认值。设定 P0010 = 30 和 P0970 = 1，按下 P 健，开始复位。复位过程大约为 3 min，这样就保证了变频器的参数恢复到工厂默认值。

根据电动机的铭牌设置电动机参数。设置完成后，设 P0010 = 0，变频器当前处于准备状态，可正常运行。

按表 2-26 设置模拟信号操作控制参数。

表 2-26 模拟信号操作控制参数

参 数 号	出 厂 值	设 置 值	说　　明
P0003	1	1	设用户访问级为标准级
P0004	0	7	命令和数字 I/O

（续）

参 数 号	出 厂 值	设 置 值	说 明
P0700	2	2	命令源选择由端子排输入
P0003	1	2	设用户访问级为扩展级
P0004	0	7	命令和数字 I/O
P0701	1	1	ON 接通正转，OFF 停止
P0702	1	2	ON 接通反转，OFF 停止
P0003	1	1	设用户访问级为标准级
P0004	0	10	设定值通道和斜坡函数发生器
P1000	2	2	频率设定值由模拟量输入
P1080	0	0	电动机的最低运行频率（Hz）
P1082	50	50	电动机运行的最高频率（Hz）

操作控制如下。

1）电动机正转。按下电动机正转按钮 SB4，数字输入端口 DIN1 为"ON"，电动机正转运行，转速由外接电位器 RP_1 来控制，模拟电压信号在 0~10 V 之间变化，对应变频器的频率在 0~50 Hz 之间变化（通过 BOP 观察），对应电动机的转速在 0~50 Hz 之间变化。当按下按钮 SB3 时，电动机停止运转。

2）电动机反转。按下电动机反转按钮 SB5，数字输入端口 DIN2 为"ON"，电动机反转运行，其他操作与电动机正转相同。按下按钮 SB3 时，电动机停止运转。

3）按下按钮 SB1，变频器断电。

2.7 习　题

1. 什么叫"自锁"？自锁线路怎样构成？

2. 什么叫"互锁"？互锁线路怎样构成？

3. 点动控制是否要安装过载保护？

4. 画出电动机连续运转的主线路和控制线路图。

5. 电动机连续运转的控制线路有哪些保护环节，通过哪些设备实现？

6. 画出电气联锁正反转控制的主线路和控制线路，并分析电路的工作原理。

7. 画出自动往返的控制线路，并分析电路的工作原理。若行程开关本身完好，挡块操作可以使触点切换，而自动往返控制线路通车时，两个行程开关不起限位作用，故障的原因是什么？

8. 实现多地控制时，多个起动按钮和停止按钮如何连接？

9. 画出丫-△减压起动的电路图，并分析工作过程。

10. 简述软起动器的工作原理和软起动器的控制功能。

11. 画出反接制动的主线路和控制线路，分析其工作过程。

12. 分析可逆运行的反接制动控制线路的工作过程。

13. 画出能耗制动的主线路和控制线路，并分析其工作过程。若在试车时，能耗制动已经结束，但电动机仍未停转，应如何调整电路？

14. 画出变极调速控制线路并分析其工作过程。

15. 分析图 2-54 所示的双速电动机变极调速的工作过程（提示：该电动机可以低速运行，也可以低速起动高速运行）。

图 2-54　习题 15 的图

16. 设计两台电动机的顺序控制线路。要求：M1 起动后，M2 才能起动，M2 停止后，M1 才能停止。

17. 设计一个控制线路，三台笼型异步电动机起动时，M1 先起动，经 10 s 后 M2 自行起动，运行 30 s 后 M1 停止并同时使 M3 自行起动，再运行 30 s 后电动机全部停止。

18. 设计一个小车运行的电路图，其动作程序如下：

（1）小车由原位开始前进，到终点后自动停止。

（2）在终点停留 6 min 后自动返回原位停止。

（3）要求能在前进或后退途中任意位置都能停止和再次起动。

19. 什么是 V/F 控制、矢量控制？各有何特点？

20. 简述变频器安装时接地的注意事项。

21. 变频器的常见故障有哪些？如何排除？

22. 用变频器实现电动机的正反转控制。试用低压电器设计控制线路，并完成操作。要求按下 SB2 电动机正转，按下 SB1 停止；按下 SB3 电动机反转，按下 SB1 停止；电动机稳定运行的频率为 30 Hz，斜坡上升时间和下降时间均为 10 s。

23. 使用变频器时有哪些注意事项？

24. 填空题

（1）在电气原理图中，电气元器件采用（　　）的形式绘制，如属于同一接触器的线圈和触点分开来画，但同一元器件的各个部件必须标以（　　　）。当使用多个相同类型的电器时，要在文字符号后面标注（　　　）。

（2）电气原理图中所有的电器设备的触点均在常态下绘出，所谓常态是指电气元器件没有通电或没有外力作用时的状态，此时常开触点（　　），常闭触点（　　）。

（3）电气原理图采用垂直布局时，动力电路的电源线绘成（　　），主线路应（　　）

于电源电路画出。控制回路和信号回路应垂直地画在（　　　　）之间，（　　　　）元器件应画在电路的最下面。且交流电压线圈不能（　　　　）。

（4）用电阻测量法检查线路，若测得某两点间的电阻很大，说明（　　　　　　）。

（5）电压测量法检查故障如图 2-55 所示。将万用表调到交流 500 V 档，接通电源，按下起动按钮 SB2，正常时，KM1 吸合并自锁。这时电路中 1-2、2-3、3-4 各段电压均为（　　　），4-5 之间为线圈的工作电压（　　　）V。

图 2-55　电压测量法检查故障

（6）如果要在两个地点对同一台电动机进行控制，必须在两个地点分别装一组按钮，这两组按钮连接的方法是：常开的起动按钮要（　　　），常闭的停止按钮要（　　　）。

（7）丫-△减压起动是起动时将定子绕组接成（　　　），起动结束后，将定子绕组接成（　　　）运行。这种方法只是用于正常运行时定子绕组为（　　　）联结的电动机。由于起动转矩是直接起动时的（　　　），这种方法多用于（　　　）起动。

（8）异步电动机的调速可分（　　　　　）、（　　　　　）、（　　　　　）三大类。

（9）三角形改成双星形（△/丫丫）变极调速时，电动机绕组构成三角形联结时，电动机（　　　）运行。双速电动机在变极的同时将改变（　　　　　），以保持电动机在低速和高速时的（　　　）相同。

（10）（　　　　　　　　　　　　　）的装置称作"变频器"。

（11）变频器的控制方式可分为（　　　　　）两种。（　　　　　）有 V/F 控制方式，（　　　）有矢量控制等方式。

（12）变频器的接地必须与动力设备接地点（　　　　　）。

第3章

常用机床电气控制线路及常见故障的排除

本章要点

- 常用机床的电气控制原理
- 常用机床控制线路常见的故障及排除
- 机床电气控制线路的安装及检修实训

3.1　普通车床电气控制

车床是应用最广泛的金属切削机床。普通车床可以用来切削工件的外圆、内圆、端面和螺纹等，并可以装上钻头或铰刀等进行钻孔和铰孔。

车床电气控制 1

3.1.1　车床的主要结构及运动形式

CA6140 型普通车床的主要结构如图 3-1 所示，由床身、主轴变速箱、挂轮箱、进给箱、溜板箱、溜板、刀架、尾架、光杠和丝杠等组成。车床的主运动是工件的旋转运动，由主轴通过卡盘或顶尖带动工件旋转。电动机的动力通过主轴箱传给主轴，主轴一般只需要单方向的旋转运动，只有在车螺纹时才需要用反转来退刀。CA6140 用操纵手柄通过摩擦离合器来改变主轴的旋转方向。车削加工要求主轴能在很大的范围内调速，普通车床调速范围一般大于 70。主轴的变速是靠主轴变速箱的齿轮等机械有级调速来实现的，变换主轴箱外的手柄位置，可以改变主轴的转速。进给运动是溜板带动刀具做纵向或横向的直线移动，也就是使切削能连续进行下去的运动。所谓纵向运动是指相对于操作者的左右运动，横向运动是指相对于操作者的前后运动。车螺纹时要求主轴的旋转速度和进给的移动距离之间保持一定的比例，所以主运动和进给运动要由同一台电动机拖动。主轴箱和车床的溜板箱之间通过齿轮传动来联接，刀架再由溜板箱带动，沿着床身导轨做直线走刀运动。车床的辅助运动包括刀架的快进与快退、尾架的移动以及工件的夹紧与松

车床电气控制 2

开等。为了提高工作效率，车床刀架的快速移动由一台单独的进给电动机拖动。

图 3-1 普通车床的主要结构

3.1.2 电气线路分析

图 3-2 是 CA6140 型普通车床的电路图。

1. 主线路分析

在主线路中，M1 为主轴电动机，拖动主轴的旋转并通过传动机构实现车刀的进给。主轴电动机 M1 的运转和停止由接触器 KM1 的 3 个常开主触点的接通和断开来控制，电动机 M1 只需要做正转，而主轴的正反转是由摩擦离合器改变传动链来实现的。电动机 M1 的容量小于 10 kW，所以采用直接起动。进行车削加工时，刀具的温度高，需要冷却液进行冷却。为此，车床备有一台冷却泵电动机拖动冷却泵，喷出冷却液，实现刀具的冷却。冷却泵电动机 M2 由接触器 KM2 的主触点控制。M3 为快速移动电动机，由接触器 KM3 的主触点控制。M2、M3 的容量都很小，分别加装熔断器 FU1 和 FU2 作短路保护。热继电器 FR1 和 FR2 分别作为 M1 和 M2 的过载保护，快速移动电动机 M3 是短时工作的，所以不需要过载保护。带钥匙的低压断路器 QF 是电源总开关。

2. 控制线路分析

控制线路的供电电压是 127 V，通过控制变压器 TC 将 380 V 的电压降为 127 V 得到。控制变压器的一次侧由 FU3 作短路保护，二次侧由 FU6 作短路保护。

（1）电源开关的控制

电源开关是带有开关锁 SA2 的低压断路器 QF，当要合上电源开关时，首先用开关钥匙将开关锁 SA2 右旋，再扳动断路器 QF 将其合上。若用开关钥匙将开关锁 SA2 左旋，其触点 SA2（1-11）闭合，QF 线圈通电，断路器 QF 将自动跳开。若出现误操作，又将 QF 合上，QF 将在 0.1s 内再次自动跳闸。由于机床的电源开关采用了钥匙开关，接通电源时要先用钥匙打开开关锁，再合断路器，增加了安全性。在机床控制配电盘的壁龛门上装有安全行程开关 SQ2，当打开配电盘壁龛门时，行程开关的触点 SQ2（1-11）闭合，QF 的线圈通电，QF 自动跳闸，切除机床的电源，以确保人身安全。

（2）主轴电动机 M1 的控制

SB2 是红色蘑菇形的停止按钮，SB1 是绿色的起动按钮。按一下起动按钮 SB1，KM1 线

1	2	3	4	5	6	7	8	9	10	11	12
电源保护	电源开关	主电动机	冷却泵电动机	快速移动电动机	变压器	指示灯	照明	主轴起停	快进	冷却泵	电源控制

图 3-2 CA6140 型普通车床电路图

圈通电吸合并自锁，KM1 的主触点闭合，主轴电动机 M1 起动运转。按一下 SB2，接触器 KM1 断电释放，其主触点和自锁触点都断开，电动机 M1 断电停止运行。

（3）冷却泵电动机的控制

当主轴电动机起动后，KM1 的常开触点 KM1(8-9) 闭合，这时若旋转转换开关 SA1 使其闭合，则 KM2 线圈通电，其主触点闭合，冷却泵电动机 M2 起动，提供冷却液。当主轴电动机 M1 停车时，KM1(8-9) 断开，冷却泵电动机 M2 随即停止。M1 和 M2 之间存在联锁关系。

（4）快速移动电动机 M3 的控制

快速移动电动机 M3 由接触器 KM3 进行点动控制。按下按钮 SB3，接触器 KM3 线圈通电，其主触点闭合，电动机 M3 起动，拖动刀架快速移动；松开 SB3，M3 停止。快速移动的方向通过将装在溜板箱上的十字手柄扳到所需要的方向来控制。

（5）安全措施

SQ1 是机床床头的挂轮架皮带罩处的安全开关。当装好皮带罩时，SQ1(1-2) 闭合，控制线路才有电，电动机 M1、M2、M3 才能起动。当打开机床床头的皮带罩时，SQ1(1-2) 断开，使接触器 KM1，KM2、KM3 断电释放，电动机全部停止转动，以确保人身安全。

3. 照明和信号电路的分析

照明电路采用 36 V 安全交流电压，信号回路采用 6.3 V 的交流电压，均由控制变压器二次侧提供。FU5 是照明电路的短路保护，照明灯 EL 的一端必须保护接地。FU4 为指示灯的短路保护，合上电源开关 QF，指示灯 HL 亮，表明控制线路有电。

3.1.3 电气线路安装步骤

1. CA6140 型普通车床的主要电气设备

表 3-1 列出了 CA6140 型普通车床的主要电气设备。

表 3-1　CA6140 型普通车床电气元器件明细表

符号	元器件名称	型号	规　格	件数	作　用
M1	主轴电动机	Y132M—4—B3	7.5 kW 1450 r/min	1	工件的旋转和刀具的进给
M2	冷却泵电动机	AOB—25	90 W 3000 r/min	1	供给冷却液
M3	快速移动电动机	AOS5634	0.25 kW 1360 r/min	1	刀架的快速移动
KM1	交流接触器	CJ0—10 A	127 V 10 A	1	控制主轴电动机 M1
KM2	交流接触器	CJ0—10 A	127 V 10 A	1	控制冷却泵电动机 M2
KM3	交流接触器	CJ0—10 A	127 V 10 A	1	控制快速移动电动机 M3
QF	低压断路器	DZ5—20	380 V 20 A	1	电源总开关
SB1	按钮	LA2	500 V 5 A	1	主轴起动
SB2	按钮	LA2	500 V 5 A	1	主轴停止
SB3	按钮	LA2	500 V 5 A	1	控制快速移动电动机 M3 点动
SB4	按钮	HZ2—10/3	10 A，三极	1	照明灯开关
SA1	转换开关	HZ2—10/3	10 A，三极	1	控制冷却泵电动机
SA2	钥匙式电源开关			1	开关锁

（续）

符号	元器件名称	型号	规　　格	件数	作　　用
SQ1	行程开关	LX3—11K		1	打开传送带罩时被压下
SQ2	行程开关	LX5—11K		1	电气箱打开时闭合
FR1	热继电器	JR16—20/3D	15.4 A	1	M1 过载保护
FR2	热继电器	JR2—1	0.32 A	1	M2 过载保护
TC	变压器	BK—200	380/127、36、6.3 V	1	控制与照明用变压器
FU	熔断器	RL1	40 A	1	全电路的短路保护
FU1	熔断器	RL1	1 A	1	M2 的短路保护
FU2	熔断器	RL1	4 A	1	M3 的短路保护
FU3	熔断器	RL1	1 A	1	TC 一次侧的短路保护
FU4	熔断器	RL1	1 A	1	信号回路的短路保护
FU5	熔断器	RL1	2 A	1	照明回路的短路保护
FU6	熔断器	RL1	1 A	1	控制回路的短路保护
EL	照明灯	K—1，螺口	40 W，36 V	1	机床局部照明
HL	指示灯	DX1—0	白色，配 6 V、0.15 A 灯泡	1	电源指示灯

2. CA6140 型普通车床电气线路的安装步骤

1）按电气元器件明细表配齐电气设备和电气元器件，并对其逐个校验。

2）分别将热继电器 FR1、FR2 的整定电流整定到 15.4 A 和 0.32 A。

3）根据电动机的功率选配主线路的连接导线。

4）根据具体情况按照安装规程设计电源开关和电气控制箱的安装尺寸及电线管的走向。

5）根据电路图给各元器件和连接导线做好编号标志，给接线板编号。

6）安装控制箱，接线经检查无误后，通入三相电源对其校验。

7）将连接导线穿管后，找出各线端并做标记，明敷安装电线管。引入车床的导线用软管加以保护。

8）安装按钮、行程开关、转换开关和照明灯、指示灯。

9）安装电动机并接线。

10）安装接地线。

11）测试绝缘电阻。

12）清理安装场地。

13）全面检查接线和安装质量。

14）通电试车并观察电动机的转向是否符合要求。

15）安装传动装置，试车并全面检查各电气元器件、线路、电动机及传动装置的工作情况是否正常；否则，应立即切断电源进行检查，待调整或修复后方能再次通电试车。

3. 注意事项

1）不要漏接接地线，不能用金属软管作为接地的通道。

2）在控制箱外部进行布线时，导线必须穿在导线通道内或敷设在机床底座内的导线通道里。所有导线不得有接头。

3）在导线通道内敷设导线进行接线时，必须做到查出一根导线，套一根线号。

4）在进行快速进给时，注意将运动部件置于行程的中间位置，以防止运动部件与车头或尾架相撞。

3.1.4 常见电气故障的排除

（1）主轴电动机不能起动

发生主轴电动机不能起动的故障时，首先检查故障是发生在主线路还是控制线路。若按下起动按钮，接触器 KM1 不吸合，则此故障发生在控制线路，主要应检查 FU6 是否熔断，过载保护 FR1 是否动作，接触器 KM1 的线圈接线端子是否松脱，按钮 SB1、SB2 的触点是否接触良好。若故障发生在主线路，应检查车间配电箱及主线路开关的熔断器的熔体是否熔断，导线连接处是否有松脱现象，KM1 主触点的接触是否良好。

（2）主轴电动机起动后不能自锁

当按下起动按钮后，主轴电动机能起动运转，但松开起动按钮后，主轴电动机也随之停止。造成这种故障的原因是接触器 KM1 的自锁触点的连接导线松脱或接触不良。

（3）主轴电动机不能停止

造成这种故障大多数为 KM1 的主触点发生熔焊或停止按钮击穿所致。

（4）电源总开关合不上

电源总开关合不上的原因有两个，一是电气箱子盖没有盖好，以致 SQ2（1-11）行程开关被压下；二是钥匙式电源开关 SA2 没有右旋到 SA2 断开的位置。

（5）指示灯亮但各电动机均不能起动

造成这种故障的主要原因是 FU6 的熔体断开，或挂轮架的皮带罩没有罩好，行程开关 SQ1（1-2）断开。

（6）行程开关 SQ1、SQ2 故障

CA6140 车床在使用前首先应调整 SQ1、SQ2 的位置，使其动作正确，才能起到安全保护的作用。但是由于长期使用，可能出现开关松动、移位，致使打开床头挂轮架的皮带罩时 SQ1（1-2）触点断不开或打开配电盘的壁龛门时 SQ2（1-11）不闭合，因而失去人身安全保护的作用。

（7）带钥匙开关 SA2 的断路器 QF 故障

带钥匙开关 SA2 的断路器 QF 的主要故障是开关锁 SA2 失灵，以致失去保护作用，因此在使用时应检验将开关锁 SA2 左旋时断路器 QF 能否自动跳闸，跳开后若又将 QF 合上，经过 0.1s，断路器能否自动跳开。

3.1.5 检修技能训练

1. 训练目的

1）进一步熟练掌握车床的电气控制图。

2）掌握机床检修常用的方法和步骤。

3）掌握带电检修机床的方法。

2. 训练内容

1）CA6140 车床主轴电动机控制回路的检修。

2）CA6140 车床电动机缺相不能运转的检查。

3）CA6140 车床在运行过程中自动停车的检修。

3. 准备工作

1）常用电工工具一套，万用表、兆欧表、钳形电流表。

2）若没有机床实物则提前在模拟板上安装 CA6140 的电气接线。

3）在机床或模拟板上按训练内容的要求设置好故障。每次只设置一处故障，进行一个内容的训练。

4. 内容与操作步骤

（1）KM1 接触器不吸合，主轴电动机不工作

首先根据故障现象在电气原理图上标出可能的最小故障范围，然后按下面的步骤进行检查，直至找出故障点。

检修步骤如下：

① 接通 QF 电源开关，观察电路中的各元器件有无异常，如发热、焦味、异常声响等，如有异常现象的发生，应立即切断电源，重点检查异常部位，并采取相应的措施。

② 用万用表的 AC500~750 V 档检查 1~6 和 1~PE 间的电压应为 127 V，判断 FU6 熔断器及变压器 TC 是否有故障。

③ 用万用表的 AC500~750 V 档检查 1~2、1~3、1~4、1~5 间的电压值，判断安全行程开关 SQ1、停止按钮 SB2、热继电器 FR1 的常闭触点以及接触器 KM1 的线圈是否有故障。

④ 切断电源开关 QF，用万用表电阻档的表笔接到（6-3）两点，分别按起动按钮 SB1 及 KM1 的触点架使之闭合，检查 SB1 的触点、KM1 的自锁触点是否有故障。

⑤ 用万用表电阻档测量 1~2、1~3、4~5、5~6 之间的电阻值。

技术要求及注意事项：

① 带电操作时，应做好安全防护，穿绝缘鞋，身体各部分不得碰触机床，并且需要由老师监护。

② 正确使用仪表，各点测试时表笔的位置要准确，不得与相邻点碰撞，防止发生短路事故。一定要在断电的情况下使用万用表的电阻档测电阻。

③ 发现故障部位后，必须用另一种方法复查，准确无误后，方可修理或更换有故障的元器件。更换时要采用原型号规格的元器件。

成绩评定见表 3-2。

表 3-2　成绩评定

项目内容	评分标准	得　分
在电气原理图上标出故障范围（10 分）	不能准确标出或标错扣 10 分	
按规定的步骤操作（20 分）	错一次扣 10 分	
判断故障准确（30 分）	错一次扣 10 分	
正确使用电工工具和仪表（20 分）	损坏工具和仪表扣 50 分	

（续）

项目内容		评分标准	得　分
场地整洁，工具、仪表摆放整齐（10分）		一项不符扣5分	
文明生产（10分）		违反安全生产的规定，违反一项扣10分	
工时	1小时	每超过5分钟扣10分	
合计			

（2）CA6140车床电动机缺相不能运转的检查

首先根据故障现象在电气原理图上标出可能的最小故障范围，然后按下面的步骤进行检查，直至找出故障点。

检修步骤如下：

① 机床起动后，KM1接触器吸合后M1电动机不能运转，听电动机有无"嗡嗡"声，电动机外壳有无微微振动的感觉，如有即为缺相运行，应立即停机。

② 用万用表的AC500~750 V档测QF的进出三相线之间的电压应为380(1±10%)V。

③ 拆除M1的接线起动机床。

④ 用万用表的AC500~750 V档检查KM1交流接触器的进出线三相之间的电压应为380(1±10%)V。

⑤ 若以上无误，切断电源拆开电动机三角形接线端子，用兆欧表检测电动机的三相绕组。

技术要求及注意事项：

① 电动机有"嗡嗡"声说明电动机缺相运行，若电动机不运行则可能无电源。

② QF的电源进线缺相应检查电源，若出线缺相应检修QF开关。

③ 接触器KM1进线电源缺相则电力线路有断点，若出线缺相则KM1的主触点损坏，需要更换触点。

④ 带电操作注意安全，正确选择仪表的功能、档位和测试位置，防止仪表指针与相邻点接触造成短路。

⑤ 万用表的档位要选择正确以免损坏万用表。

成绩评定见表3-3。

表3-3　成绩评定

项目内容		评分标准	得　分
在电气原理图上标出故障范围（10分）		不能准确标出或标错扣10分	
按规定的步骤操作（20分）		错一次扣10分	
测寻故障的步骤正确（30分）		错一次扣10分	
测寻故障的方法正确（10分）		错一次扣10分	
正确选用、使用电工工具和仪表（20分）		损坏工具和仪表扣50分	
文明生产（10分）		违反安全生产的规定，违反一项扣10分	
工时	1小时	每超过5分钟扣5分	
合计			

（3）CA6140 车床在运行中自动停车的检修

首先根据故障现象在电气原理图上标出可能的最小故障范围，然后按下面的步骤进行检查，直至找出故障点。

检修步骤如下：

① 检查 FR1 热继电器是否动作，观察红色复位按钮是否弹出。

② 过几分钟待热继电器的温度降低后，按红色按钮使热继电器复位。

③ 起动机床。

④ 根据 FR1 的动作情况将钳形电流表卡在电动机 M1 的三相电源的输入线上，测量其定子平衡电流。

⑤ 根据电流的大小采取相应的解决措施。

技术要求及注意事项：

① 如电动机的电流等于或大于额定电流的 120%，则电动机为过载运行，此时应减小负载。

② 如减小负载后电流仍很大，超过额定电流，应检修电动机或检查机械传动部分。

③ 如电动机的电流接近额定电流值时 FR1 动作，这是因为电动机运行时间过长，环境温度过高、机床振动造成热继电器的误动作。

④ 若电动机的电流小于额定电流，可能是热继电器的整定值偏移或过小，此时应重新校验、调整热继电器。

⑤ 钳形电流表应选用大于额定电流值 2~3 倍的档位。

成绩评定见表 3-4。

表 3-4　成绩评定

项目内容		评分标准	得分
在电气原理图上标出故障范围（10 分）		不能准确标出或标错扣 10 分	
测寻故障的步骤正确（30 分）		错一次扣 10 分	
测寻故障的方法正确（10 分）		错一次扣 10 分	
排除故障的方法正确（20 分）		方法不正确每次扣 10 分	
正确选用、使用电工工具和仪表（20 分）		损坏工具和仪表扣 50 分	
文明生产（10 分）		违反安全生产的规定，违反一项扣 10 分	
工时	1 小时	每超过 5 分钟扣 5 分	
合计			

3.2　磨床的电气控制

磨床是用砂轮对工件的表面进行磨削加工的一种精密机床。磨床的种类很多，有平面磨床、外圆磨床、内圆磨床、螺纹磨床等。其中平面磨床应用最为普遍。平面磨床是磨削平面的机床。

3.2.1 磨床的主要结构及运动形式

1. M7130 卧轴矩台平面磨床的主要结构

卧轴矩台平面磨床的外形如图 3-3 所示。在床身中装有液压传动装置，工作台通过活塞杆由液压驱动做往复运动，床身导轨由自动润滑装置进行润滑。工作台表面有 T 型槽，用以固定电磁吸盘，再用电磁吸盘来吸持加工工件。工作台往复运动的行程长度可通过调节装在工作台正面槽中的换向撞块的位置来改变。换向撞块通过碰撞工作台往复运动换向手柄来改变油路方向，以实现工作台往复运动。

图 3-3 卧轴矩台平面磨床的外形图

在床身上固定有立柱，沿立柱的导轨上装有滑座，砂轮箱能沿滑座的水平导轨做横向移动。砂轮轴由装入式砂轮电动机直接拖动。在滑座内部也装有液压传动机构。

滑座可在立柱导轨上做上下移动，并可由垂直进刀手轮操作。砂轮箱的水平轴向移动可由横向移动手轮操作，也可由液压传动驱动做连续或间断横向移动，连续移动用于调节砂轮位置或整修砂轮，间断移动用于进给。

2. 卧轴矩台平面磨床的运动形式

卧轴矩台平面磨床的主运动是砂轮的旋转运动，进给运动有垂直进给（即滑座在立柱上的上下运动）、横向进给（即砂轮箱在滑座上的水平运动）和纵向进给（即工作台沿床身的往复运动）。工作台每完成一次往复运动时，砂轮箱便做一次间断性的横向进给；当加工完整个平面后，砂轮箱做一次间断性垂直进给。

3.2.2 磨床电气线路分析

图 3-4 为 M7130 型平面磨床电气控制线路图。其电气设备安装在床身后部的壁龛盒内，控制按钮安装在床身前部的电气操纵盒上。

1	2	3	4	5	6	7	8	9	10	11
电源 砂轮电动机	冷却泵 电动机	液压泵 电动机	砂轮电动机	液压泵 电动机	变压器照明	去磁 插头	整流电源	去磁无磁	欠磁 保护	电磁吸盘

图 3-4 M7130 型平面磨床电气控制线路图

1. 主线路分析

在主线路中，M1 为砂轮电动机，拖动砂轮的旋转；M2 为冷却泵电动机，拖动冷却泵供给磨削加工时需要的冷却液；M3 为液压泵电动机，拖动液压泵，供出压力油，经液压传动机构来完成工作台往复运动并实现砂轮的横向自动进给，并承担工作台的润滑。

主线路的控制要求是：M1、M2、M3 只需进行单方向的旋转，且磨削加工无调速要求；在砂轮电动机 M1 起动后才开动冷却泵电动机 M2；3 台电动机共用 FU1 作短路保护，分别用 FR1、FR2 作过载保护。

在主线路中 M1、M2 由接触器 KM1 控制，由于冷却泵箱和床身是分开安装的，所以冷却泵电动机 M2 经插头插座 X1 和电源连接，当需要冷却液时，将插头插入插座。M3 由接触器 KM2 控制。

2. 控制线路分析

在控制线路中，SB1、SB2 为砂轮电动机 M1 和冷却泵电动机 M2 的起动和停止按钮，SB3、SB4 为液压泵电动机 M3 的起动和停止按钮。只有在转换开关 SA1 扳到退磁位置，其常开触点 SA1(3-4) 闭合，或者欠电流继电器 KA 的常开触点 KA(3-4) 闭合时，控制线路才起作用。按下 SB1，接触器 KM1 的线圈通电，其常开触点 KM1(4-5) 闭合进行自锁，其主触点闭合，砂轮电动机 M1 及冷却泵电动机 M2 起动运行。按下 SB2，KM1 线圈断电，M1、M2 停止。按下 SB3，接触器 KM2 线圈通电，其常开触点 KM2(4-8) 闭合进行自锁，其主触点闭合，液压泵电动机 M3 起动运行。按下 SB4，KM2 线圈断电，M3 停止。

3. 电磁吸盘（YH）控制线路的分析

电磁吸盘是用来吸持工件进行磨削加工的。整个电磁吸盘是钢制的箱体，在它中部凸起的芯体上绕有电磁线圈，如图 3-5 所示。

电磁吸盘的线圈通以直流电，使芯体被磁化，磁力线经钢制吸盘体、钢制盖板、工件、钢制盖板、钢制吸盘体闭合，将工件牢牢吸住。电磁吸盘的线圈不能用交流电，因为交流电会使工件产生振动并且使铁心发热。钢制盖板由非导磁材料构成的隔磁层分成许多条，其作用是使磁力线通过工件后再闭合，而不直接通过钢制盖板闭合。电磁吸盘与机械夹紧装置相比，它的优点是不损伤工件，操作快速简便，磨削中工件发热可自由伸缩、不会变形。缺点是只能对导磁性材料的工

图 3-5 电磁吸盘的工作原理

件（如钢、铁）才能吸持，对非导磁性材料的工件（如铜、铝）没有吸力。

电磁吸盘控制线路由降压整流电路、转换开关和欠电流保护电路组成。

降压整流电路由变压器 T2 和桥式全波整流装置 VC 组成。变压器 T2 将交流电压 220 V 降为 127 V，经过桥式整流装置 VC 变为 110 V 的直流电压，供给电磁吸盘的线圈。电阻 R1 和电容 C 是用来限制过电压的，防止交流电网的瞬时过电压和直流回路的通断在 T2 的二次侧产生过电压，从而对桥式整流装置 VC 产生危害。

电磁吸盘由转换开关 SA1 控制，SA1 有"励磁"、"断电"和"退磁"三个位置。

将 SA1 扳到"励磁"位置时，SA1(14-16) 和 SA1(15-17) 闭合，电磁吸盘加上 110 V

的直流电压，进行励磁。当通过 YH 线圈的电流足够大时，可将工件牢牢吸住，同时欠电流继电器 KA 吸合，其触点 KA(3-4) 闭合，这时可以操作控制线路的按钮 SB1 和 SB3，起动电动机对工件进行磨削加工。停止加工时，按下 SB2 和 SB4，电动机停转。在加工完毕后，为了从电磁吸盘上取下工件，将 SA1 扳到"退磁"位置，这时 SA1(14-18)、SA1(15-16)、SA1(4-3) 接通，电磁吸盘中通过反方向的电流，并用可变电阻 R2 限制反向去磁电流的大小，达到既能退磁又不致反向磁化的效果。退磁结束后，将 SA1 扳至"断电"位置，SA1 的所有触点都断开，电磁吸盘断电，取下工件。若工件的去磁要求较高时，则应将取下的工件在磨床的附件——交流退磁器上进一步去磁。使用时，将交流去磁器的插头插在床身的插座 X2 上，将工件放在去磁器上即可去磁。

当转换开关 SA1 扳到"励磁"位置时，SA1 的触点 SA1(3-4) 断开，KA(3-4) 接通，若电磁吸盘的线圈断电或电流太小吸不住工件，则欠电流继电器 KA 释放，其常开触点 KA(3-4) 断开，M1、M2、M3 因控制回路断电而停止。这样就避免了工件因吸不牢而被高速旋转的砂轮碰击飞出的事故。

如果不需要起动电磁吸盘，则应将 X3 上的插头拔掉，同时将转换开关 SA1 扳到退磁位置，这时 SA1(3-4) 接通，M1、M2、M3 可以正常起动。

与电磁吸盘并联的电阻 R3 为放电电阻，为电磁吸盘断电瞬间提供通路，吸收线圈断电瞬间释放的磁场能量。因为电磁吸盘是一个大电感，在电磁吸盘从工作位置转换到放松位置的瞬间，线圈产生很高的过电压，易将线圈的绝缘损坏，也将在转换开关 SA1 上产生电弧，使开关的触点损坏。

4. 照明电路分析

照明变压器 T1 将 380 V 的交流电压降为 36 V 的安全电压供给照明电路。EL 为照明灯，一端接地，另一端由开关 SA2 控制。FU3 为照明电路的短路保护。

3.2.3　磨床电气线路安装步骤

1. M7130 型平面磨床电气元器件明细表（见表 3-5）

表 3-5　M7130 型平面磨床电气元器件明细表

符号	元器件名称	型号	规格	件数	作用
M1	砂轮电动机	JO2—31—2	3 kW 2860 r/min	1	砂轮传动
M2	冷却泵电动机	PB—25A	0.12 kW	1	供给冷却液
M3	液压泵电动机	JO2—21—4	1.1 kW 1410 r/min	1	液压泵传动
KM1	交流接触器	CJ0—10A	127 V 10 A	1	控制 M1、M2
KM2	交流接触器	CJ0—10A	127 V 10 A	1	控制 M3
SB1	按钮	LA2	500 V 5 A	1	砂轮起动
SB2	按钮	LA2	500 V 5 A	1	砂轮停止
SB3	按钮	LA2	500 V 5 A	1	液压泵起动
SB4	按钮	LA2	500 V 5 A	1	液压泵停止
FR1	热继电器	JR10—10	6.71 A	1	M1 过载保护
FR2	热继电器	JR10—10	2.71 A	1	M3 过载保护

（续）

符号	元器件名称	型号	规格	件数	作用
T	变压器	BK—200	380/127、36、6.3 V	1	降压整流
YH	电磁吸盘	HDXP	110 V 1.45 A	1	吸持工件
VD	硅整流器	4×2CZ11C		1	整流
KA	欠电流继电器			1	欠电流保护
C	电容		600 V 5 μF	1	放电保护
R	电阻	GF 型	50 W 500 Ω	1	放电保护
X1	插头插座	CY0—36		1	连接 M2
X2	插头插座	CY0—36		1	交流去磁
X3	插头插座	CY0—36		1	连接电磁吸盘
FU1	熔断器	RL1	60/25 A	3	总线路短路保护
FU4	熔断器	RL1	15/2 A	1	降压整流保护
FU2	熔断器	RL1	15/2 A	2	控制线路短路保护
FU3	熔断器	RL1	15/2 A	1	照明电路短路保护
R2	电位器			1	限制去磁电流
R3	电阻			1	放电保护
SA1	转换开关	HZ		1	控制充磁去磁
SA2	照明开关			1	低压照明开关
EL	工作台照明		36 V 40 W	1	加工时照明用

2. 安装步骤

1）制作 15 mm×400 mm×600 mm 和 15 mm×300 mm×400 mm 的木制模拟板。

2）按照编号原则在电气线路图上给主线路、控制线路、照明和指示电路及电磁吸盘电路编号。

3）按电气元器件明细表配齐元器件，并对元器件进行检测。

4）给各电气元器件和元器件的接线端上做好与电气线路图上相应的文字和号码标志。

5）将接触器、熔断器、整流降压变压器 T1 和 T2、硅整流器、欠电流继电器 KA、热继电器、插头插座 X2 和 X3，电容、电阻和接线板安装在大模拟板上。

将按钮、工作台照明灯和开关、指示灯、X1 和接线板安装在小模拟板上。

大小模拟板相距 0.5 m，连接线用软管保护。

大模拟板至各电动机和电磁吸盘（可用 110 V，100 W 的白炽灯代替）的连接线用软管保护。

6）选配合适的导线，并在线头两端做好与电路图中的编号相同的号码，然后接线。在模拟板内部采用 BVR 塑铜线，电源开关至大模拟板的接线及接到电动机的接线用具有四芯橡皮套绝缘的电缆线，接到电磁吸盘及小模拟板的接线采用 BVR 塑铜线并应穿在导线通道内加以保护。

7）在大模拟板附近安装电动机并接线。

8）布线时，在大模拟板内采用走线槽的敷线方法，接到电动机或小模拟板的导线必须经过接线端子排。在按原理图接线的同时，应在导线的线头上套有与原理图一致的线号的编码套管。

9）安装结束后清理场地。按照电气图逐线进行检查。检查布线的正确性和接点的可靠性，同时进行绝缘电阻测量和接地通道是否连续的试验。

10）试车。试车时要密切注视各电动机和电气元器件有无异常现象。发现异常现象应立即断开电源开关，进行检查处理，找出原因排除故障后再通电试车。

3. 注意事项

1）安装时必须认真细致地做好线号的安置工作，不得产生差错。

2）如果通道内导线根数较多时，应按规定放好备用导线，并将导线通道牢固地支撑住。

3）通电前检查布线是否正确，应一个环节一个环节地进行，以防止由于漏检而产生通电不成功。

4）安装整流电路时，不可将整流二极管的极性接错或漏装散热器，否则二极管和控制变压器会因短路及二极管过热而被烧毁。

成绩评定见表3-6。

表 3-6　成绩评定

项目内容	评分标准		得　　分
安装接线（70 分）	1. 接线错误，试车不成功，扣 30 分/次 2. 损坏电气元器件扣 20 分，螺钉未拧紧扣 20 分		
外观（20 分）	1. 布线松散扣 10 分 2. 走线不整齐美观扣 10 分		
文明生产（10 分）	违反安全生产的规定扣 10 分		
创新（50 分）	1. 自制模拟电气元器件，加 20 分 2. 改进传统工艺并试验成功加 30 分		
工时	6 小时	每超过一小时扣 20 分	
合计			

3.2.4　常见电气故障的排除

1. 磨床中的电动机都不能起动

磨床中的电动机都不能起动的原因有：

1）欠电流继电器 KA 的触点 KA(3-4) 接触不良，接线松动脱落或有油垢，导致电动机控制线路中的接触器不能通电吸合，电动机不能起动。将转换开关 SA1 扳到"励磁"位置，检查继电器触点 KA(3-4) 是否接通，不通则修理或更换触点，可排除故障。

2）转换开关 SA1(3-4) 接触不良、接线松动脱落或有油垢，控制线路断开，各电动机无法起动。将转换开关 SA1 扳到"退磁"位置，拔掉电磁吸盘的插头，检查触点 SA1(3-4) 是否接通，不通则修理或更换转换开关。

2. 砂轮电动机的热继电器 FR1 脱扣

1）砂轮电动机的前轴瓦磨损，电动机发生堵转，产生很大的堵转电流，使得热继电器脱扣。应修理或更换轴瓦。

2）砂轮进刀量太大，电动机堵转，产生很大的堵转电流，使得热继电器动作，因此需要选择合适的进刀量。

3）更换后的热继电器的规格和原来不符或未调整，应根据砂轮电动机的额定电流选择和调整热继电器。

3. 电磁吸盘没有吸力

1）检查熔断器 FU1、FU2 或 FU4 的熔体是否熔断，若熔断应更换熔体。

2）检查插头插座 X3 接触是否良好，若接触不良应进行修理。

3）检查电磁吸盘电路。检查欠电流继电器的线圈是否断开，电磁吸盘的线圈是否断开，若断开应进行修理。

4）检查桥式整流装置。若桥式整流装置相邻的二极管都烧成短路，短路的管子和整流变压器的温度都较高，则输出电压为零，致使电磁吸盘吸力很小甚至没有吸力；若整流装置两个相邻的二极管发生断路，则输出电压也为零，电磁吸盘没有吸力。此时应更换整流二极管。

4. 电磁吸盘吸力不足

1）交流电源电压低，导致整流后的直流电压相应下降，致使电磁吸盘吸力不足。

2）桥式整流装置故障。桥式整流桥的一个二极管发生断路，使直流输出电压为正常值的一半，断路的二极管和相对臂的二极管温度比其他两臂的二极管温度低。

3）电磁吸盘的线圈局部短路，空载时整流电压较高而接电磁吸盘时电压下降很多（低于 110 V）。这是由于电磁吸盘没有密封好，冷却液流入，引起绝缘损坏。应更换电磁吸盘线圈。

5. 电磁吸盘退磁效果差，退磁后工件难以取下

1）退磁电路电压过高，此时应调整 R2，使退磁电压为 5～10 V。

2）退磁回路断开，使工件没有退磁，此时应检查转换开关 SA1 接触是否良好，电阻 R2 有无损坏。

3）退磁时间掌握不好。不同材料的工件所需退磁时间不同，应掌握好退磁时间。

3.2.5　检修技能训练

1. 技能训练目的

1）进一步熟悉 M7130 型磨床的主要电气设备及工作原理。

2）学会根据电气控制线路图分析各部分电路的工作过程。

3）掌握电气线路故障分析的方法。

4）学会排除电磁吸盘中出现的故障。

2. 技能训练准备

1）看懂 M7130 型磨床的电气原理图，了解电动机 M1、M2、M3 的起动条件和它们之间的联锁关系，熟悉 SA1 转换开关的操作位置和触点通断情况，清楚电磁吸盘"励磁"和"退磁"的工作过程和原理。

2）清楚 M7130 型磨床中电气元器件的具体部位。

3）准备所用工具和仪表：电工常用工具、万用表或试灯。对万用表或试灯在使用前应做好检查。

3. 训练内容

1）能根据具体的故障现象，按该机床电气原理图进行分析，指出可能产生故障的原因和存在的区域，并做针对性检查。

2）以正确的步骤检查和排除故障，即故障调查→电路分析→断电检查→通电检查。如对故障原因有一定把握，亦可直接进行断电和通电检查。

3）正确使用测试工具和仪表，特别是万用表，应按要求和注意事项使用。

4）排除 M7130 平面磨床主线路或控制线路中人为设置的两个电气自然故障点。

4. 训练步骤

（1）故障调查

了解故障的特点，询问故障出现时机床所产生的特殊现象。这有助于进行第二步，即依据电气原理图和所了解的故障情况，对故障产生的原因和所涉及的部位做出初步的分析和判断，并在电气原理图上标出最小故障范围。

如机床的故障现象为电动机 M3 不能起动。产生这一故障的原因会有多种，涉及多处电路。而了解清楚故障出现时机床的运行情况，有助于缩小故障的检查范围，直达故障区。如果操作者介绍说是由于工件过长，工作台行程较大，往返工作几次后出现这一情况，并且吸盘无吸力，则可进行电路分析。

（2）电路分析

根据以上故障现象和操作者所介绍的情况，依据电气原理图对故障可能产生的原因和所涉及的电路部分进行分析并做出初步判断。

对电动机 M3 不动作故障，从原理图上看，故障可能出现的范围会涉及电路的以下几部分：一是电动机及 M3 控制回路（包括 M3 本身的故障，FU1、FU2 和接触器 KM2 的故障，以及线路连接问题）；二是电磁吸盘和整流电路部分。而根据操作者的介绍，可以初步判定故障极大可能在电磁吸盘和整流电路部分。很可能是由于行程过长，造成吸盘接线接触不良或断裂。为准确地对故障原因做出判断，可根据以上分析结果对电路进行检查。

（3）检查线路

检查分两种，断电检查和通电检查。

首先做断电检查：用万用表对电磁吸盘及其引出线和插头插座进行检查，看有否断线和接触不良，有断线和接触不良应解决处理。若处理好后，试车时故障仍然存在，同时发现吸盘仍无吸力，就要进行通电检查，看整流电路有无输出。

其次做通电检查：接通电源，用万用表测 16 号线与 19 号线间电压，无输出。再测 16 号线和 17 号线间电压，有电压为直流 110 V。据此可以断定，问题存在于 16 号线、17 号线、19 号线范围内，需要断电检查。经检查，17 号线至 19 号线间不通。进一步检查发现电流继电器 KA 的线圈坏了。更换电流继电器后，故障排除，机床正常工作。

这个例子只是介绍排除故障的步骤及常用方法。电气故障是多种多样的，就是同一故障现象，发生的原因也不会相同。因此，要在看懂电气原理图的基础上与实际情况相结合灵活处理，才能迅速、准确地判断和排除故障。

5. 注意事项

1）通电检查时，最好将电磁吸盘拆除，用 110 V、100 W 的白炽灯做负载，一是便于观察整流电路的直流输出情况，二是因为整流二极管为电流元件，通电检查必须要接入负载。

2）通电检查时，必须熟悉电气原理图，弄清机床线路走向及元件部位。检查时要核对好导线线号，而且要注意安全防护和监护。

3）用万用表测电磁吸盘线圈电阻值时，因吸盘的直流电阻较小，要先调好零，选用低阻值档。

4）用万用表测直流电压时，要注意选用的量程和档位，还要注意检测点的极性。选用量程可根据说明书所注电磁吸盘的工作电压和电气原理图中的图注选择。

5）用万用表检查整流二极管，应断电进行。测试时，应拔掉熔断器 FU4 并将 SA1 置于中间位置。

6）检修整流电路时，不可将二极管的极性接错，若接错一只二极管，将会发生整流器和电源变压器的短路事故。

6. 评分标准（见表 3-7）

表 3-7　成绩评定

项目内容	评分标准		得分
故障分析（30分）	1. 标不出最小故障范围或标错，每个故障点扣15分		
	2. 故障分析思路不清楚，每个故障点扣5~10分		
排除故障（70分）	1. 不能排除故障点，每个故障点扣35分		
	2. 扩大故障范围或产生新的故障后，不能自行修复，每个故障点扣35分		
	3. 损坏电动机和工具，扣70分		
	4. 损坏二极管，每个扣35分		
	5. 排除故障方法不正确，每个故障扣10分		
文明生产	违反安全生产的规定扣10~70分		
工时	1小时	每超过5分钟扣10分	
合计			

3.3　摇臂钻床的电气控制

钻床用来钻孔、扩孔、铰孔、攻螺纹等。钻床按结构可以分为立式钻床、台式钻床、摇臂钻床、卧式钻床和专用钻床等。摇臂钻床应用广泛，操作方便灵活，常用的有 Z3040 型摇臂钻床。

3.3.1　摇臂钻床的主要结构及运动形式

摇臂钻床的主要结构如图 3-6 所示。在底座上的一端固定着内立柱，内立柱的外面套着外立柱，外立柱可以绕内立柱回转。摇臂的一端为套筒，它套在外立柱上，通过丝杠的正反转可使摇臂沿外立柱做升降运动。摇臂与外立柱之间不能做相对转动，只能和外立柱一起绕内立柱回转。摇臂升降运动必须严格按照摇臂自动松开、再进行升降、到位后摇臂自动夹紧在外立柱上的顺序进行。Z3040 摇臂钻床的摇臂松开与夹紧依靠液压推动松紧机构自动进

行。摇臂连同外立柱绕内立柱的回转运动必须
先将外立柱松开，然后用手推动摇臂进行。主
轴箱由主传动电动机、主轴和主轴传动机构、
进给和变速机构以及机床操作机构等组成。可
以通过操作手轮使主轴箱在摇臂上沿导轨水平
移动。主轴箱沿摇臂的水平运动必须先将主轴
箱松开，然后再进行移动。

　　工件不大时，将其压紧在工作台上加工；
工件较大时，可以直接装在底座上加工。进行
加工时，外立柱夹紧在内立柱上，主轴箱夹紧
在摇臂上。外立柱的松紧和主轴箱的松紧是依
靠液压推动松紧机构进行的。在钻削加工时，

图 3-6　摇臂钻床结构示意图

主轴带动钻头的旋转运动为主运动；进给运动是主轴的纵向进给；辅助运动有摇臂沿外立柱
的升降运动、主轴箱沿摇臂的水平移动、摇臂连同外立柱一起绕内立柱的回转运动。

3.3.2　Z3040 摇臂钻床电气线路分析

　　图 3-7 为 Z3040 摇臂钻床的电气控制原理图。

1. 主线路分析

　　M1 为主轴电动机，摇臂钻床的主运动和进给运动都为主轴的运动，由一台主轴电动机
M1 拖动，再通过主轴传动机构和进给传动机构实现主轴的旋转和进给。主轴变速机构和进
给变速机构都装在主轴箱内。主轴在一般的转速下进行钻削加工，而低速时主要用于扩孔、
铰孔、攻螺纹等加工。为加工螺纹，主轴要求有正反转，主轴的正、反转一般采用机械的方
法实现，主轴电动机 M1 只需做单方向的旋转。主轴电动机 M1 由接触器 KM1 控制，热继电
器 FR1 作过载保护。

　　M2 为摇臂升降电动机，摇臂的升降运动由 M2 拖动。M2 要求进行正、反转的点动控
制，由接触器 KM2、KM3 进行控制，不加过载保护。

　　M3 为液压泵电动机，内外立柱的夹紧放松、主轴箱的夹紧放松和摇臂夹紧放松可采用
手柄机械操作、电气-机械装置、电气-液压装置或电气-液压-机械装置等控制方法来实现，
若采用液压装置，则靠液压泵电动机 M3 拖动液压泵送出压力油来实现。M3 电动机由接触
器 KM4、KM5 控制其正、反转。热继电器 FR2 进行过载保护。

　　摇臂的升降运动必须按照摇臂松开→升或降→摇臂夹紧的顺序进行，因此摇臂的夹紧、
放松与摇臂的升降按自动控制进行。

　　M4 为冷却泵电动机，它拖动冷却泵送出冷却液对刀具进行冷却。由于 M4 的容量很小，
所以由 SA2 直接控制。

2. 控制线路分析

　　控制线路的电源电压由变压器 TC 将 380V 的交流电压降为 127 V 得到。

　　（1）主轴电动机的控制

　　主轴电动机 M1 为单向旋转，按下起动按钮 SB2，接触器 KM1 线圈得电，接触器 KM1
吸合并自锁，主轴电动机 M1 起动运转。主轴电动机起动后拖动齿轮泵送出压力油，此时可

1	2	3	4	5	6	7	8	9	10	11
电源 冷却泵电动机	主轴电动机	摇臂升降电动机	液压泵升降电动机	变压器照明 指示	主轴电动 机旋转	摇臂 上升	摇臂 下降	主轴箱和 立柱松开	主轴箱和 立柱夹紧	摇臂 松紧

图 3-7 Z3040 摇臂钻床电气控制原理图

操纵主轴操作手柄。主轴操作手柄用来改变两个操纵阀的相互位置，使压力油进行不同的分配。主轴操作手柄有五个操作位置：上、下、里、外和中间，分别为"空档"、"变速"、"反转"、"正转"和"停车"。

主轴电动机 M1 起动运转后，将手柄扳至所需转向位置，于是一股压力油将制动摩擦离合器松开，为主轴旋转创造条件，另一股压力油压紧正转（或反转）摩擦离合器，接通主轴电动机到主轴的传动链，驱动主轴实现正转或反转。在主轴正转或反转的过程中，可转动变速旋钮，改变主轴的转速或主轴进给量，然后将操作手柄扳回"中间"，即主轴"停车"位置，这时主轴电动机仍拖动齿轮泵旋转，但此时整个液压系统为低压油，不能松开制动摩擦离合器，而在制动弹簧的作用下将制动摩擦离合器压紧，使制动轴上的齿轮不能转动，实现主轴停车。在主轴停车时，主轴电动机仍在旋转，只是不能将动力传到主轴。再将主轴操作手柄扳至"变速"位置，使齿轮泵送出的压力油进入主轴转速预选阀，然后进入相应的变速液压缸，另一油路系统推动拨叉缓慢移动，逐渐压紧主轴正转摩擦离合器，接通主轴电动机到主轴的传动链，带动主轴缓慢旋转，以利于齿轮的啮合。当变速完成时，松开操作手柄，此时手柄在弹簧作用下由"变速"位置自动复位到主轴"停车"位置，然后再操纵主轴正转或反转，转轴将在新的转速或进给量下工作。

按下停止按钮 SB1，KM1 释放，主轴电动机停转。过载时，热继电器 FR1 的常闭触点断开，接触器 KM1 释放，主轴电动机停转。

若将操作手柄扳至"空档"位置，则压力油使主轴传动中的滑移齿轮处于中间脱开位置。这时可用手轻便地转动主轴。

（2）摇臂升降的控制

摇臂升降的控制包括摇臂的自动松开、上升或下降后再自动夹紧，因此摇臂的升降控制必须与夹紧机构的液压系统紧密配合。夹紧机构液压系统的夹紧放松控制是由液压泵电动机拖动液压泵送出压力油推动活塞、菱形块实现的。其中主轴箱和立柱的夹紧放松由一个油路控制，而摇臂的夹紧放松由另一个油路控制，这两个油路均由电磁阀 YV 操纵。电磁阀 YV 线圈通电，电磁阀 YV 吸合，压力油进入摇臂松紧控制的油腔；电磁阀 YV 线圈断电，YV 不吸合，压力油进入主轴箱和立柱松紧油腔。

在摇臂升降控制的操作前，摇臂处于夹紧状态，油进入夹紧油腔，行程开关 SQ3 被压下，其常闭触点 SQ3（2-18）断开。

若进行摇臂上升的控制，则按下上升复合按钮 SB3，其常闭触点 SB3（9-12）断开，切断摇臂下降的 KM3 线圈回路；其常开触点 SB3（2-6）闭合，时间继电器 KT 线圈通电并吸合，其瞬动常开触点 KT（14-15）瞬时动作，接通了接触器 KM4 的线圈回路，接触器 KM4 吸合，使液压泵电动机 M3 正转，液压泵送出正向压力油。同时 KT 延时断开的常开触点 KT（2-18）闭合，接通电磁阀 YV 的线圈。电磁阀的吸合使压力油进入摇臂松开油腔，推动松开机构，使摇臂松开，并压下行程开关 SQ2，其常闭触点 SQ2（7-14）断开，接触器 KM4 因线圈断电而释放，液压泵电动机 M3 停止转动，同时 SQ2 的常开触点 SQ2（7-9）闭合，接触器 KM2 线圈通电，使接触器 KM2 吸合，摇臂升降电动机 M2 正转，拖动摇臂上升。在压力油进入摇臂松开油腔后，行程开关 SQ3 被释放，其常闭触点 SQ3（2-18）闭合，此时由于 KT 线圈通电，其延时闭合的常闭触点 KT（18-19）断开，所以接触器 KM5 线圈回路处于断电状态。

当摇臂上升到所需的位置时，松开按钮 SB3，接触器 KM2 和时间继电器 KT 均释放，摇臂升降电动机 M2 停转,摇臂停止上升。时间继电器 KT 释放后,延时 1~3 s,其延时闭合的常闭触点 KT(18-19) 闭合,接通接触器 KM5 的线圈回路,接触器 KM5 吸合,液压泵电动机 M3 反转,反向供给压力油。这时 SQ3 的常闭触点 SQ3(2-18) 是闭合的,电磁阀仍通电吸合,结果使压力油进入摇臂夹紧的油腔,推动夹紧机构,使摇臂夹紧。夹紧后压下 SQ3,其常闭触点 SQ3(2-18) 断开,接触器 KM5 和电磁阀 YV 线圈断电而释放,液压泵电动机 M3 停转,摇臂的上升过程结束。

行程开关 SQ2 保证只有摇臂完全松开后摇臂才能升降。如果摇臂没有完全松开,则 SQ2 不动作,其常开触点 SQ2(7-9) 不能闭合,接触器 KM2 和 KM3 就不能通电吸合,摇臂升降电动机 M2 不会动作。

断电延时型时间继电器 KT 保证接触器 KM2 断电后 1~3 s,待摇臂升降电动机停止时再将摇臂夹紧。

摇臂升降的限位保护,由组合限位开关 SQ1 来实现,SQ1 有两对常闭触点。当摇臂上升到极限位置时,与上升按钮串联的常闭触点 SQ1-1(6-7) 断开,接触器 KM2 释放,摇臂升降电动机 M2 停转。SQ1 的两对触点平时应调整在同时接通的位置,SQ1 一旦动作,一对触点断开,而另一对触点仍保持闭合。这样当上升限位 SQ1-1 断开后,与 SB4 串联的触点 SQ1-2 仍然闭合,压下 SB4 按钮,可以使摇臂下降。

摇臂下降的过程与摇臂上升的过程类似。

摇臂自动夹紧程度由 SQ3 控制。摇臂夹紧后,由行程开关 SQ3 常闭触点 SQ3(2-18) 断开液压泵电动机 M3 的控制回路,使 M3 停止。如果液压系统出现故障使摇臂不能夹紧,或行程开关 SQ3 调整不当,会使 SQ3 的常闭触点不断开,而使液压泵电动机长期过载,易将电动机烧毁,为此 M3 的主线路采用热继电器 FR2 作过载保护。

(3) 主轴箱与立柱松开夹紧的控制

主轴箱的松开与夹紧的控制是由夹紧机构液压系统的一个油路控制的。主轴箱与立柱的松开夹紧控制是同时进行的。

按下松开复合按钮 SB5,其常开触点 SB5(2-15) 闭合,接触器 KM4 吸合,液压泵电动机 M3 正转,拖动液压泵送出压力油。这时与摇臂升降不同,由于常闭触点 SB5(18-21) 断开,电磁阀 YV 线圈处于断电状态,并不吸合,压力油经二位六通阀进入主轴箱松开油腔和立柱松开油腔,推动活塞和菱形块,使主轴箱与立柱松开,同时行程开关 SQ4 松开,其常闭触点闭合,松开指示灯 HL1 亮。而 YV 线圈断开,电磁阀 YV 不动作,压力油不会进入摇臂松开油腔,摇臂仍然处于夹紧状态。这时可以手动操作主轴箱沿摇臂的水平导轨移动,也可以推动摇臂使外立柱绕内立柱转动。

按下夹紧复合按钮 SB6,其常开触点 SB6(2-18) 闭合,接触器 KM5 吸合,液压泵电动机 M3 反转,这时由于 SB6 的常闭触点 SB6(21-22) 断开,电磁阀 YV 并不吸合,压力油进入主轴箱夹紧油腔和立柱夹紧油腔,使主轴箱和立柱都夹紧。同时行程开关 SQ4 被压下,其常闭触点断开,常开触点闭合,松开指示灯 HL1 熄灭而夹紧指示灯 HL2 亮。

(4) 冷却泵电动机 M4 的控制

由于冷却泵电动机容量小 (0.125 kW),所以直接由 SA1 开关控制,进行单向旋转。

3. 照明和信号指示电路分析

照明电源是变压器 TC 提供的 36 V 交流电压。照明灯 EL 由装在灯头上的开关 SA1 控制，灯的一端保护接地。熔断器 FU3 作为照明电路的短路保护。

HL3 为主轴旋转工作指示灯，HL2 为主轴箱、立柱夹紧指示灯，HL1 为主轴箱、立柱松开指示灯。

3.3.3 摇臂钻床电气线路安装步骤

1. Z3040 摇臂钻床电气元器件明细表（见表 3-8）

表 3-8 Z3040 摇臂钻床电气元器件明细表

符号	元件名称	型号	规格	件数	作用
M1	主轴电动机	JO2—42—4	5.5 kW 1440 r/min	1	主轴转动
M2	摇臂升降电动机	JO2—22—4	1.5 kW 1410 r/min	1	摇臂升降
M3	液压泵电动机	JO2—21—6	0.8 kW 930 r/min	1	立柱夹紧松开
M4	冷却泵电动机	JCB—22—2	0.125 kW 2790 r/min	1	供给冷却液
KM1	交流接触器	CJ0—20	127 V 20 A	1	控制主轴电动机
KM2	交流接触器	CJ0—10	127 V 10 A	1	摇臂上升
KM3	交流接触器	CJ0—10	127 V 10 A	1	摇臂下降
KM4	交流接触器	CJ0—10	127 V 10 A	1	主轴箱和立柱松开
KM5	交流接触器	CJ0—10	127 V 10 A	1	主轴箱和立柱夹紧
KT	时间继电器	JJSK2—4	127 V 50 Hz	1	提供 1~3 s 的延时断电延时型
FU1	熔断器	RL1	60/25A	3	电源总短路保护
FU2	熔断器	RL1	15/10A	3	M3、M2 短路保护
FU3	熔断器	RL1	15/2A	2	照明电路短路保护
FR1	热继电器	JR2—1	11.1A	1	主轴电动机 M1 过载保护
FR2	热继电器	JR2—1	1.6A	1	液压电动机过载保护
YV	电磁阀	MFJ1—3	127 V 50 Hz	1	控制立柱夹紧机构
QS	转换开关	HZ2—25/3	25 A	1	电源总开关
SA1	照明开关	KZ 型灯架	带开关	1	控制 EL
SA2	冷却泵电动机开关	HZ2—10/3	10 A	1	控制冷却泵电动机 M1
SQ1	限位开关	HZ4—22		1	摇臂升降限位开关
SQ2	行程开关	LX5—11Q/1		1	摇臂松开后压下
SQ3	行程开关	LX5—11Q/1		1	摇臂夹紧后压下
SQ4	行程开关	LX5—11Q/1		1	立柱主轴箱夹紧后压下
SB1	按钮	LA2	5 A	1	主轴停止按钮
SB2	按钮	LA2	5 A	1	主轴起动按钮
SB3	按钮	LA2	5 A	1	摇臂上升按钮
SB4	按钮	LA2	5 A	1	摇臂下降按钮
SB5	按钮	LA2	5 A	1	主轴箱和立柱松开按钮
SB6	按钮	LA2	5 A	1	主轴箱和立柱夹紧按钮
TC	控制变压器	BK—150	380/127、36 V	1	控制、照明电路的低压电源
EL	照明灯泡		36 V 40 W	1	机床局部照明

3.3.4 检修技能训练

1. 训练目的

1）进一步掌握 Z3040 型摇臂钻床的工作原理和电力拖动的特点。

2）熟练掌握机床控制线路安装的方法和调试过程中故障排除的方法。

2. 训练内容

1）在模拟板上安装 Z3040 的控制线路，并按操作过程进行模拟操作。

2）在调试的过程中，能根据故障的现象，按电气原理图分析故障的原因。

3）在试车成功的模拟板上设置摇臂上升后不能夹紧的故障。

3. 训练步骤及要求

1）按电气元器件明细表配齐电气设备和元器件，并逐个校验。根据实训条件，部分元器件可以代用。

2）按编号原则在原理图上给各电气元器件接线端编号。

3）给各电气元器件按原理图的符号做好标记，并给各电气元器件接线端做编号标记。

4）根据电动机的容量、线路的走向和电气元器件的尺寸，正确选配导线规格、导线通道类型和导线数量，选配接线板的节数、控制板的尺寸及管夹。

5）根据原理图的编号给各连接线端做好标记。

6）在控制板上安装电气元器件并布线。布线时应选择合理的走向。

7）安装控制板外的所有控制元器件，进行控制板外布线。

8）检查电路的接线是否正确及检测线路的绝缘。

9）接通电源，按机床的控制过程进行模拟操作。

10）在调试的过程中，根据故障的现象，按电气原理图分析故障的原因。

11）试车成功后，在模拟板上设置摇臂上升后不能夹紧的故障。

4. 注意事项

1）在安装机床电气设备时，应当注意三相交流电源的相序。如果三相电源的相序接错，电动机的旋转方向就会与规定的方向不符，在开动机床时容易发生事故。Z3040 型摇臂钻床三相电源的相序可以用立柱和主轴箱的夹紧机构来检查。可先按下松开按钮 SB5，若立柱和主轴箱都松开，表示电源的相序正确，否则将电源线路中任意两根导线对调位置。电源的相序正确后，再调整 M2 的接线。

2）不要漏接接地线。

5. 评分标准（见表 3-9）

表 3-9　成绩评定

项目内容	评分标准	得分
元器件检查（10 分）	漏检或误检，每个扣 2 分	
元器件安装（20 分）	1. 排列不整齐、不合理，每个扣 2 分 2. 安装不牢固，松动，每个扣 5 分 3. 损坏电气元器件，每个扣 20 分	

（续）

项目内容	评分标准	得分
布线（20分）	1. 不按电气原理图接线，扣 10 分 2. 布线不符合要求，每根扣 2 分 3. 接点不符合要求，每个接点扣 1 分 4. 损伤导线的绝缘或线芯，每根扣 4 分 5. 漏接接地线，扣 10 分 6. 漏套号码管，每个扣 1 分	
通电试车（50分）	1. 时间继电器和热继电器的整定值不对，每个扣 5 分 2. 不会模拟操作，不熟悉动作过程，扣 50 分 3. 模拟操作时，按压行程开关的顺序错误，每次扣 10 分 4. 试车不成功，并且不能根据故障现象分析原因或思路不清楚，扣 20~40 分；二次试车不成功，将终止操作并扣 50 分	
文明生产	违反安全生产的规定扣 10~70 分	
工时	48 小时	每超过 5 分钟扣 10 分
合计		

3.4　铣床的电气控制

3.4.1　万能铣床的主要结构及运动形式

铣床可以用来加工平面、斜面和沟槽等，装上分度头后还可以铣切直齿齿轮和螺旋面，装上圆工作台后还可以铣切凸轮和弧形槽。铣床的种类很多，有卧铣、立铣、龙门铣、仿形铣及各种专用铣床。

X62W 卧式万能铣床应用广泛，具有主轴转速高、调速范围宽、操作方便和加工范围广等特点，结构如图 3-8 所示。

图 3-8　X62W 卧式万能铣床外形图

X62W 卧式万能铣床主要由底座、床身、悬梁、刀杆支架、工作台、回旋盘、溜板箱和升降台等部分组成。床身内装有主轴的传动机构和变速操纵机构。主轴带动铣刀的旋转运动称为主运动，进给运动是工件相对于铣刀的移动。主轴电动机用笼型异步电动机拖动，通过齿轮进行调速，为完成顺铣和逆铣，主轴电动机应能正反转。为了减少负载波动对铣刀转速的影响，使铣削平稳一些，铣床的主轴上装有飞轮，使得主轴传动系统的惯性较大，因此，为了缩短停车时间，主轴采用电气制动停车。为保证变速时齿轮顺利地啮合，要求变速时主轴电动机进行冲动控制，即变速时电动机通过点动控制稍微转动一下。升降台可上下移动，在升降台上面的水平导轨上装有溜板箱，溜板箱可沿主轴轴线的平行方向移动（横向移动，即前后移动）。溜板上部装有可转动的回转台，工作台装在可转动回转台的导轨上，可垂直于主轴轴线方向移动（纵向移动，即左右移动）。这样固定在工作台上的工件就可进行上下、左右、前后 6 个方向的移动。各个运动部件在 6 个方向上的运动由同一台进给电动机通过正反转进行拖动，在同一时间内，只允许一个方向上的运动。

3.4.2　X62W 万能铣床电气线路分析

图 3-9 是 X62W 万能铣床的电气线路。

1. 主线路

主线路中 M1 是主轴电动机，M2 为进给电动机，M3 为冷却泵电动机。主轴电动机 M1 通过换相开关 SA4 与接触器 KM1、KM2 进行正反转控制、反接制动和瞬时冲动控制，并通过机械机构进行变速；工作台进给电动机 M2 要求能进行正反转、快慢速控制和限位控制，并通过机械机构上下、左右、前后运动；冷却泵电动机 M3 只要求正转控制。

2. 控制线路分析

（1）主轴电动机 M1 的控制

SB2、SB3 是分别装在机床两边的起动按钮，可进行两地操作。SB4、SB5 是制动停止按钮。SA4 是电源换相开关，改变 M1 的转向。KM1 是主轴电动机起动接触器，KM2 是反接制动接触器，SQ7 是与主轴变速手柄联动的冲动行程开关。

1）主轴电动机起动时，要先将 SA4 扳到主轴电动机所需要的旋转方向，然后再按起动按钮 SB2 或 SB3 起动 M1，在主轴起动的控制线路中串有热继电器 FR1 和 FR3 的常闭触点。当电动机 M1 和 M3 中任何一台过载时，热继电器的常闭触点断开，两台电动机都停止。

2）主轴电动机起动后速度继电器 KS 的常开触点 KS(6-7) 闭合，为电动机停转制动做准备。停止时按下停止复合按钮 SB4 或 SB5，首先其常闭触点 SB4(5-10) 或 SB5(10-11) 断开，KM1 线圈断电释放，主轴电动机 M1 断电，但因惯性继续旋转。将停止按钮 SB4 或 SB5 按到底，其常开触点 SB4(5-6) 或 SB5(5-6) 闭合，接通 KM2 回路，改变 M1 的电源相序进行反接制动。当 M1 转速趋于零时，KS 自动断开，切断 M2 的电源。

3）主轴电动机变速时的冲动控制，是利用变速手柄与冲动行程开关 SQ7 通过机械上的联动机构进行控制的。变速操作可在开车时进行，也可在停车时进行。若开车进行变速时，首先将主轴变速手柄微微压下，使它从第一道槽内拔出，然后将变速手柄拉向第二道槽，当快要落入第二道槽内时，将变速盘转到所需的转速，然后将变速手柄从第二道槽迅速推回原位。

就在手柄拉向第二道槽时，有一个与手柄相连的凸轮通过弹簧杆瞬时压了一下行程开关 SQ7，使冲动行程开关 SQ7 的常闭触点 SQ7(4-5) 先断开，切断 KM1 线圈的电路，M1 断电，SQ7 的常开触点 SQ7 (4-7) 后闭合，接触器 KM2 线圈得电动作，M1 被反接制动。当

图3-9 X62W 万能铣床电气线路

手柄拉到第二道槽内时，SQ7 不受凸轮控制而复位，电动机停转。接着把手柄从第二道槽推回原来位置的过程中，凸轮又压下 SQ7，使 SQ7（4-7）常开触点接通，SQ7（4-5）常闭触点断开，KM2 线圈得电，M1 反向转动一下，以利于变速后的齿轮啮合。当变速手柄以较快的速度推到原来的位置时，SQ7 复位，KM2 线圈断电，M1 停转，操作过程结束。这样，在整个变速操作过程中，主轴电动机就短时转动一下，使变速后的齿轮易于啮合。当手柄完全推到原来的位置时，齿轮啮合好了，变速完成。由此可见，可进行主轴不停车直接变速。若主轴原来处于停车状态，则在主轴变速操作过程中，SQ7 第一次动作时，M1 反转一下，SQ7 第二次动作时，M1 又反转一下，因此也可以实现主轴停车时的变速控制。当然，若要主轴在新的速度下运行，则需要重新起动主轴电动机。需要注意的是，无论是在主轴不停车直接变速，还是主轴原来处于停车状态时变速，都应以较快的速度把手柄推回原始位置，以免通电时间过长，M1 转速过高而打坏齿轮。

（2）工作台移动控制

转换开关 SA1 是控制圆工作台运动的，在不需要圆工作台运动时，将转换开关 SA1 扳至"断开"位置，转换开关 SA1 在正向位置的两个触点 SA1（18-19）、SA1（15-22）闭合，反向位置的触点 SA1（20-22）断开。再将工作台自动与手动控制方式选择开关 SA2 扳到手动位置，转换开关 SA2（19-26）断开，SA2（22-23）闭合，然后起动 M1。这时接触器 KM1 吸合，其触点 KM1（11-14）闭合，这样就可以进行工作台的进给控制。

工作台有上下、左右、前后 6 个方向的运动。

1）工作台的左右（纵向）运动的控制。工作台的左右运动是由进给电动机 M2 传动的。首先将圆工作台转换开关 SA1 扳到"断开"位置。操纵工作台纵向运动的手柄有两个，一个装在工作台底座的顶面正中央，另一个装在工作台底座的左下方，它们之间有机械连接，只要操纵其中任意一个就可以了。手柄有 3 个位置，既"左"、"右"和"中间"。当手柄扳到"右"或"左"时，手柄联动机构压下行程开关 SQ1 或 SQ2，使接触器 KM4 或 KM3 动作，控制进给电动机 M2 的正反转。工作台的左右行程可通过调整安装在工作台两端的挡铁来控制。当工作台纵向运动到极限位置时，挡铁撞动纵向操纵手柄，使它回到零位，工作台停止运动，从而实现了纵向终端保护。

在主轴电动机起动后，将操作手柄扳向右边，其联动机构压下行程开关 SQ1，使 SQ1（24-18）断开，SQ1（19-20）闭合，接触器 KM4 线圈得电，电动机 M2 正转，拖动工作台向右。

在主轴电动机起动后，将操作手柄扳向左边，其联动机构压下行程开关 SQ2，使 SQ2（24-23）断开，SQ2（19-27）闭合，接触器 KM3 线圈得电，电动机 M2 反转，拖动工作台向左。

2）工作台的上下运动和前后运动的控制。首先将圆工作台转换开关 SA1 扳到"断开"位置。控制工作台的上下运动和前后运动的手柄是十字手柄，有两个完全相同的手柄分别装在工作台左侧的前、后方。它们之间有机械联锁，只需操纵其中任意一个即可。手柄有 5 个位置，既上、下、左、右和中间，5 个位置是联锁的。手柄的联动机构与行程开关 SQ3、SQ4 相连，扳动十字手柄时，通过传动机构将同时压下相应的行程开关 SQ3 或 SQ4。

SQ3 控制工作台向上及向后运动，SQ4 控制工作台向下及向前运动，如表 3-10 所示。工作台的上下限位终端保护是利用床身导轨旁的挡铁撞动十字手柄使其回到中间位置，升降台便停止运动。横向运动的终端保护是利用装在工作台上的挡铁撞动十字手柄来实现的。进给运动由电动机 M2 拖动。

表 3-10　十字手柄控制情况

手柄位置	工作台运动方向	离合器接通的丝杆	压下的行程开关	接触器的动作	电动机的运转
上	向上进给或快速向上	垂直丝杠	SQ3	KM4	M2 正转
下	向下进给或快速向下	垂直丝杠	SQ4	KM3	M2 反转
前	向前进给或快速向前	横向丝杠	SQ4	KM3	M2 反转
后	向后进给或快速向后	横向丝杠	SQ3	KM4	M2 正转
中	升降或横向进给停止	横向丝杠	—	—	—

工作台进给控制线路的电源只有在主轴电动机起动，即 KM1（11-14）闭合以后才能接通。

在主轴起动以后，将手柄扳至向上位置，其联动机构一方面接通垂直传动丝杠离合器，为垂直传动丝杠的转动做好准备，另一方面它使行程开关 SQ3 动作，SQ3（17-18）断开，SQ3（19-20）闭合，接触器 KM4 线圈通电，M2 正转，工作台向上运动。

将手柄扳至向后位置，联动机构拨动垂直传动丝杠的离合器使它脱开，停止转动，而将横向传动丝杠的离合器接通进行传动，可使工作台向后运动。

将手柄扳至向下位置，其联动机构一方面接通垂直传动丝杠离合器，为垂直传动丝杠的转动做好准备，另一方面它使行程开关 SQ4 动作，SQ4（16-17）断开，SQ4（19-27）闭合，接触器 KM3 线圈通电，M2 反转，工作台向下运动。

将手柄扳至向前位置，联动机构拨动垂直传动丝杠的离合器使它脱开，而将横向传动丝杠的离合器接通进行传动，由横向传动丝杠使工作台向前运动。

3）工作台快速移动控制。在铣床不进行铣削加工时，工作台可以快速移动。工作台的快速移动也是由进给电动机 M2 来拖动的，在 6 个方向上都可以实现快速移动的控制。

主轴起动以后，将工作台的进给手柄扳到所需的运动方向，工作台将按操纵手柄指定的方向慢速进给。这时按下快速移动按钮 SB6（在床身侧面）或 SB7（在工作台前面），使接触器 KM6 线圈得电，接通牵引电磁铁 YA，电磁铁通过杠杆使摩擦离合器合上，减少中间传动装置，使工作台按原运动方向做快速移动。当松开快速移动按钮时，电磁铁 YA 断电，摩擦离合器断开，快速移动停止。工作台仍按原进给速度继续运动。

4）进给电动机变速时的冲动控制。变速时，为使齿轮易于啮合，进给变速与主轴变速一样，设有变速冲动环节。变速前也应先起动主轴电动机 M1，使接触器 KM1 吸合，其常开触点 KM1（11-14）闭合。当需要进行进给变速时，应将转速盘的蘑菇形手轮向外拉出并转动转速盘，将它转到所需的速度，然后在把蘑菇形手轮用力向外拉到极限位置并随即推向原位。就在操纵手轮的同时，其连杆机构两次瞬时压下行程开关 SQ6，使 SQ6 的常闭触点 SQ6（15-16）断开，常开触点 SQ6（16-20）闭合，使接触器 KM4 得电吸合，其通电回路为：KM1（11-14）→FR2（14-15）→SA1（15-22）→SA2（22-23）→SQ2（23-24）→SQ1（24-18）→SQ3（18-17）→SQ4（17-16）→SQ6（16-20）→KM3（20-21）→KM4 线圈，电动机 M2 正转，因为 KM4 是短时接通的，进给电动机 M2 就转动一下，当蘑菇形手轮推到原位时，变速齿轮已啮合完毕。

从进给变速冲动环节的通电回路中可以看出，要经过 SQ1~SQ4 四个行程开关的常闭触点，因此，只有在进给运动的操作手柄在中间位置时，才能实现进给变速冲动的控制，以保证操作安全。同时应注意进给电动机的通电时间不能太长，以防止转速过高，在变速时打坏齿轮。

（3）圆工作台的运动控制

圆工作台的旋转运动也是由进给电动机 M2 经过传动机构来拖动的。圆工作台工作时，先将转换开关 SA1 扳到"接通"的位置，转换开关 SA1 在正向位置的两个触点 SA1(18-19)、SA1(15-22) 断开，反向位置的触点 SA1(20-22) 接通，然后将工作台的进给操作手柄扳至中间位置，此时行程开关 SQ1~SQ4 处于不受压状态。按下主轴起动按钮 SB2 或 SB3，主轴电动机起动，同时回路"KM1(11-14)→FR2(14-15)→SQ6(15-16)→SQ4(16-17)→SQ3(17-18)→SQ1(18-24)→SQ2(24-23)→SA2(23-22)→SA1(22-20)→KM3(20-21)→KM4 线圈"接通，进给电动机因为 KM4 线圈获电而起动，并通过机械传动使圆工作台按照需要的方向转动。可以看出，圆工作台只能沿着一个方向做旋转运动，并且圆工作台运动控制的通路需要经过 SQ1~SQ4 四个行程开关的常闭触点，如果扳动工作台任意一个进给手柄，圆工作台都会停止工作，这就保证了工作台的进给运动与圆工作台的旋转运动不能同时进行。若按下主轴停止按钮，主轴停转，圆工作台也同时停止工作。

（4）照明电路

控制变压器 TC 将 380 V 的交流电压降到 36 V 的安全电压，供照明用。照明电路由转换开关 SA5 控制，灯泡一端接地。FU5 作为照明电路的短路保护。

3. X62W 铣床电气元件明细表（见表 3-11）

表 3-11　X62W 铣床电气元器件明细表

符号	元器件名称	型号	规格	件数	作用
M1	主轴电动机	JO2—51—4	7.5 kW 1450 r/min	1	主轴转动
M2	进给电动机	JO2—22—4	1.5 kW 1410 r/min	1	工作台进给
M3	冷却泵电动机	JCB—22	0.125 kW 2790 r/min	1	供给冷却液
KM1	交流接触器	CJ0—20	127 V 20 A	1	主轴电动机 M1 起动
KM2	交流接触器	CJ0—20	127 V 20 A	1	主轴电动机 M1 制动
KM3	交流接触器	CJ0—10	127 V 10 A	1	控制进给电动机 M2
KM4	交流接触器	CJ0—10	127 V 10 A	1	控制进给电动机 M2
KM5	交流接触器	CJ0—10	127 V 10 A	1	控制 M3
KM6	交流接触器	CJ0—10	127 V 10 A	1	控制 YA
FU1	熔断器	RL1	60/35 A	3	电源总短路保护
FU2	熔断器	RL1	15/10 A	3	M3、M2 短路保护
FU3	熔断器	RL1	15/6 A	2	变压器短路保护
FU4	熔断器	RL1	15/6 A	2	控制线路短路保护
FU5	熔断器	RL1	15/2 A	2	照明电路短路保护
QS	组合开关	HZ1—60/3	60 A，三极	1	电源总开关
SA1	组合开关	HZ1—10/2	10 A，三极	1	圆工作台转换

（续）

符号	元器件名称	型号	规格	件数	作用
SA2	组合开关	HZ1—10/2	10 A，二极	1	工作台手动与自动转换
SA3	组合开关	HZ10—10/2	10 A，二极	1	冷却泵开关
SA4	组合开关	HZ3—133/3	20 A，三极	1	M1电源换相
SA5	组合开关	HZ10—10/2	10 A，二极	1	照明灯开关
SB1	按钮	LA2	500 V 5 A	1	紧急停车按钮
SB2	按钮	LA2	500 V 5 A	1	主轴起动
SB3	按钮	LA2	500 V 5 A	1	主轴起动
SB4	按钮	LA2	500 V 5 A	1	主轴制动
SB5	按钮	LA2	500 V 5 A	1	主轴制动
SB6	按钮	LA2	500 V 5 A	1	工作台快速移动
SB7	按钮	LA2	500 V 5 A	1	工作台快速移动
SQ1	行程开关	KX1—11K	开启式	1	向右进给
SQ2	行程开关	KX1—11K	开启式	1	向左进给
SQ3	行程开关	LX2—131	自动复位	1	向前向下进给
SQ4	行程开关	LX2—131	自动复位	1	向后向上进给
SQ5	行程开关	LX3—11K	开启式	1	自动、快慢速进给选择
SQ6	行程开关	LX3—11K	开启式	1	进给变速冲动
SQ7	行程开关	LX3—11K	开启式	1	主轴变速冲动
R	制动电阻器	ZB2	1.45 W 15.4 A	1	限制制动电流
FR1	热继电器	JR0—40/3	额定电流16 A，整定电流14.85 A	1	电动机M1过载保护
FR2	热继电器	JR10—10/3	热元件编号10，整定电流3.42 A	1	电动机M2过载保护
FR2	热继电器	JR10—10/3	热元件编号1，整定电流0.415 A	1	电动机M3过载保护
TC	控制变压器	BK—200	380/127、36 V	1	控制照明电路的低压电源
EL	照明灯泡	K—2，螺口	36 V 40 W	1	机床局部照明
KS	速度继电器	JY1	380 V 2 A	1	反接制动控制
YA	牵引电磁铁	MQ1—5141	线圈电压380 V	1	拉力150 N，工作台快速进给

3.4.3　万能铣床电气线路常见故障的排除

1. 主轴电动机不能起动

1）控制线路熔断器FU3或FU4熔体熔断。

2）主轴换相开关SA4在停止位置。

3）按钮SB1、SB2、SB3或SB4的触点接触不良。

4）主轴变速冲动行程开关SQ7的常闭触点接触不良。

5）热继电器FR1、FR3已经动作，没有复位。

2. 主轴停车时没有制动

1）主轴无制动时要首先检查按下停止按钮后反接制动接触器是否吸合，如KM2不吸合，则应检查控制线路。检查时先操作主轴变速冲动手柄，若有冲动，说明故障的原因是速度继电器或按钮支路发生故障。

2）若 KM2 吸合，则首先检查 KM2、R 的制动回路是否有缺两相的故障存在，如果制动回路缺两相则完全没有制动现象；其次检查速度继电器的常开触点是否过早断开，如果速度继电器的常开触点过早断开，则制动效果不明显。

3. 主轴停车后产生短时反向旋转

这是由速度继电器的弹簧调得过松，使触点分断过迟引起的，只要重新调整反力弹簧就可以消除故障。

4. 按下停止按钮后主轴不停

1）若按下停止按钮后，接触器 KM1 不释放，则说明接触器 KM1 主触点熔焊。

2）若按下停止按钮后，KM1 能释放，KM2 吸合后有"嗡嗡"声，或转速过低，则说明制动接触器 KM2 主触点只有两相接通，电动机不会产生反向转矩，同时在缺相运行。

3）若按下停止按钮后电动机能反接制动，但放开停止按钮后，电动机又再次起动，则是起动按钮在起动电动机 M1 后绝缘被击穿。

5. 主轴不能变速冲动

故障原因是主轴变速行程开关 SQ7 位置移动、撞坏或断线。

6. 工作台不能向上进给

检查时可依次进行快速进给、进给变速冲动或圆工作台向前进给、向左进给及向后进给的控制，若上述操作正常则可缩小故障的范围，然后再逐个检查故障范围内的各个元器件和接点，检查接触器 KM3 是否动作，行程开关 SQ4 是否接通，KM4 的常闭联锁触点是否良好，热继电器是否动作，直到检查出故障点。若上述检查都正常，再检查操作手柄的位置是否正确，如果手柄位置正确，则应考虑是否由于机械磨损或位移使操作失灵。

7. 工作台左右（纵向）不能进给

应首先检查横向或垂直进给是否正常，如果正常，进给电动机 M2、主线路、接触器 KM3 和 KM4、行程开关 SQ1 和 SQ2 及与纵向进给相关的公共支路都正常，此时应检查 SQ6（15-16）、SQ4（16-17）、SQ3（17-18），只要其中有一对触点接触不良或损坏，工作台就不能向左或向右进给。SQ6 是变速冲动开关，常因变速时手柄操作过猛而损坏。

8. 工作台各个方向都不能进给

用万用表检查各个回路的电压是否正常，若控制回路的电压正常，可扳动手柄到任一运动方向，观察其相关的接触器是否吸合，若吸合则控制回路正常。再着重检查主线路，检查是否有接触器主触点接触不良、电动机接线脱落和绕组断路的故障。

9. 工作台不能快速进给

工作台不能快速进给常见的原因是牵引电磁铁回路不通，如线头脱落、线圈损坏或机械卡死。如果按下 SB6 或 SB7 后，牵引电磁铁吸合正常，则故障是由于杠杆卡死或离合器摩擦片间隙调整不当。

3.4.4 检修技能训练

1. 实训目的

1）学习用通电试验的方法发现故障。

2) 学习故障分析的方法，并通过故障分析缩小故障范围。

3) 排除 X62W 万能铣床主线路或控制线路中人为设置的两个电气自然故障点。

2. 实训内容

1) 充分了解机床的各种工作状态，以及操作手柄的作用，并观察机床的操作。

2) 熟悉机床的电气元器件的安装位置、布线情况，以及操作手柄在不同位置时，行程开关的工作状态。

3) 人为设置故障点，指导学生从故障的现象着手进行分析，并采用正确的检查步骤和检查方法查出故障。

4) 设置两个故障点，由学生检查、排除，并记录检查的过程。

要求学生应首先根据故障现象在原理图上标出最小故障范围，然后采用正确的步骤和方法在规定的时间内排除故障。排除故障时，必须修复故障点，不得采用更换电气元器件或改动线路的方法。检修时严禁扩大故障范围或产生新的故障点。

3. 注意事项

1) 操作前必须熟练掌握电气原理图的各个环节。

2) 带电检修时，必须有指导教师在现场监护。

3) 若没有机床实物，则可事先在模拟板或试验台上按原理图安装控制线路，并按控制要求检查试车。

4. 评分标准（见表 3-12）

表 3-12　成绩评定

项目内容		评分标准	扣分	得分
故障分析（30 分）		1. 在原理图上标不出故障回路或标错，每个故障点扣 15 分 2. 不能标出最小故障范围，每个故障点扣 5 分 3. 故障分析思路不清楚，每个故障点扣 5 分		
排除故障（70 分）		1. 不能排除故障点，每个扣 35 分 2. 扩大故障范围或产生新故障，每个扣 15 分 3. 损坏电动机，扣 70 分 4. 方法不正确，每个故障点扣 10 分 5. 违反文明安全生产，扣 10 分		
时间	45 分钟	每超过 1 分钟扣 5 分		
总分				

3.5　镗床的电气控制

3.5.1　镗床的主要结构及运动形式

镗床是一种精密加工机床，主要用于加工精确度高的孔，以及各孔间距离要求较为精确的零件，这些孔的轴线之间有严格的同轴度、垂直度、平行度与距离公差要求。镗床常用来加工主轴箱、机床的变速箱等箱体零件。按用途不同，镗床可以分为卧式镗床、立式镗床、坐标镗床、金刚镗床和专门化镗床等。

卧式镗床的主要结构如图 3-10 所示，主要由床身、前立柱、镗头架、后立柱、尾座、下溜板、上溜板、工作台、镗轴和平旋盘等组成。

镗床的主运动是镗轴和平旋盘的旋转运动。进给运动是镗轴的轴向进给、平旋盘刀具溜板的径向进给、镗头架的垂直进给、工作台的纵向进给和横向进给。辅助运动有工作台的旋转运动、后立柱的轴向移动及尾座的垂直移动。卧式镗床的主运动和各种常速进给运动都由一台电动机拖动。主轴拖动要求能够正反转且为恒功率调速，一般采用单速或多速三相笼型电动机拖动。为了使主轴停车迅速准确，主轴电动机应设有电气制动环节。为便于变速时齿轮顺利地啮合，控制线路中设有变速低速冲动环节。卧式镗床的各部分快速进给运动由快速进给电动机来拖动。

图 3-10　卧式镗床的主要结构

3.5.2　镗床电气线路分析

图 3-11 为 T68 型卧式镗床的电气控制原理图。T68 镗床有两台电动机，其中，M1 是主轴电动机，它通过变速箱等传动机构拖动机床的主运动和进给运动，同时还拖动润滑液压泵；M2 是快速移动电动机，实现主轴箱与工作台的快速移动。

主轴电动机是一台双速电动机，它可进行点动或连续正反转的控制，停车制动采用由速度继电器 KS 控制的反接制动。为了限制制动电流和减小机械冲击，M1 在制动、点动及主运动和进给的变速冲动控制时串入电阻器。

快速进给电动机应能进行正反转的控制，由于工作时间短，所以不采用热继电器进行过载保护。

1. 开车前的准备

1）合上电源开关把电源引入，电源指示灯 HL 亮，再把照明开关 SA 合上，局部照明工作灯 EL 亮。

2）预先选择好所需的主轴转速和进给量。SQ1 是主轴变速行程开关，平时此行程开关是压下的，其常开触点闭合，常闭触点断开，主轴变速时复位。行程开关 SQ2 是在主轴变速手柄推不上时压下的。SQ3 是进给变速行程开关，平时此行程开关是压下的，其常开触点闭合，常闭触点断开，进给变速时复位。SQ4 是在进给变速手柄推不上时压下的。

3）调整好主轴箱和工作台的位置。调整后行程开关 SQ5 和 SQ6 的常闭触点均处于闭合状态。

1		2		3	4	5	6	7	8	9	10	11	12	13	14	15
电源开关及主轴电动机		快进电动机		变压器	照明	通电指示	主轴控制								快速移动	
主轴运转	主轴制动	正转	反转				正转	反转	制动	延时	正转	反转	高速	低速	正转	反转

图3-11　T68型卧式镗床的电气控制原理图

2. 主轴电动机的控制

（1）主轴电动机的正反转和点动控制

需要正转时，按下按钮SB2，中间继电器KA1的线圈通电吸合并自锁，KA1的常开触点KA1（11-12）使接触器KM3吸合，通电回路是：FU3（1-2）→FR（2-3）→SQ5（3-4）或SQ6（3-4）→SB1（4-5）→SQ1（5-10）→SQ3（10-11）→KA1（11-12）→KM3线圈。KM3吸合后，其常开触点KM3（5-18）闭合，使接触器KM1线圈通电吸合，通电回路是：FU3（1-2）→FR（2-3）→SQ5（3-4）或SQ6（3-4）→SB1（4-5）→KM3（5-18）→KA1（18-15）→KM2（15-16）→KM1线圈。KM1线圈通电吸合后，其常开触点KM1（4-14）闭合，KM4随之吸合，其主触点将电动机的定子绕组接成三角形，电动机在全压下（KM3的主触点将R短接）直接正向起动，低速运行。

同样，当电动机需要反转时，按下按钮SB3，中间继电器KA2通电吸合，使接触器KM3吸合，接着接触器KM2、KM4相继通电吸合，电动机反向起动，低速运行。

电动机正反转的点动控制由正反转的点动控制按钮SB4、SB5和正反转接触器KM1、KM2构成，此时电动机定子绕组串入降压电阻R，三相定子绕组接成三角形低速点动。

（2）主轴电动机的高低速转换控制

低速时主轴电动机的定子绕组接成三角形，高速时M1的定子绕组接成丫丫形，转速提高一倍。

若电动机处于停车状态，需要电动机高速起动旋转时，将主轴速度选择手柄SQ7置于高速档位，此时行程开关SQ7被压下，其常开触点SQ7（12-13）闭合，这样在按下起动按钮KM3线圈通电的同时，时间继电器KT的线圈也通电吸合。经过1~3s的延时后，其延时断开的常闭触点KT（14-23）断开，KM4线圈断电，KM4的主触点断开，电动机断电；同时KT延时闭合的常开触点KT（14-21）闭合，接触器KM5通电吸合，KM5主触点闭合，将电动机M1的定子绕组接成丫丫形并重新接通三相电源，从而使电动机由低速运转变为高速运转，实现电动机按低速档起动再自动换接成高速档旋转的自动控制。

若电动机原来处于低速运转，则只需要将主轴速度选择手柄SQ7置于高速档位，电动机经过1~3s的延时后将自动换接成高速档运行。

（3）主轴电动机停车制动的控制

主电动机在运行中，按下停止按钮SB1可实现M1的停车和制动。由SB1、速度继电器KS的常开触点及接触器KM1、KM2和KM3构成主电动机的正反转反接制动的控制线路。电动机M1在高速正转运行时，速度继电器的正向常开触点KS（14-19）闭合，为反接制动做好了准备。此时按下停止按钮SB1，其触点SB1（4-5）先断开，使KA1、KM3、KT、KM1的线圈同时断电，随之KM5的线圈也断电释放。KM1断电，其主触点断开，电动机断电，同时KM1（19-20）闭合，为制动作准备。KT线圈断电，其触点KT（14-21）断开，KT（14-23）闭合，使电动机在低速运转的状态下进行制动。KM3断电，其主触点断开，限流电阻R串入主电动机的定子电路。当停止按钮的常开触点SB1（4-14）闭合后，电动机的转速仍然很高，速度继电器的触点KS（14-19）仍处于闭合状态，因此KM2线圈通电吸合，其主触点闭合，将电动机的电源相序反接，其常开触点KM2（4-14）闭合自锁，同时接通KM4的线圈，KM4的主触点闭合，使电动机在低速下串入制动电阻进行反接制动。当电动机的转速下降到速度继电器的复位转速（约100r/min）时，速度继电器的常开触点KS（14-19）断开，接触器 KM2 断电，随之 KM4 也断电，电动机停转，反接制动过程结束。

在停车操作时，必须将停止按钮按到底，使 SB1 的常开触点闭合，否则将不会反接制动停车，而是自由停车。

如果在 M1 反转时进行制动，则速度继电器 KS 的反向旋转动作的常开触点 KS(14-15) 闭合，使 KM1、KM4 吸合进行反接制动。

(4) 主轴电动机主轴变速与进给变速的控制

主轴的各种转速是用变速操作盘来调节变速传动系统而取得的。T68 卧式镗床的主轴变速和进给变速既可在主轴停车时进行，也可在电动机运行中进行。变速时为便于齿轮的啮合，主轴电动机在连续低速的状态下运行。

主轴变速时，只要将主轴变速操作盘的操作手柄拉出，与变速手柄有联系的行程开关 SQ1 不受压而复位，使 SQ1(5-10) 断开，SQ1(4-14) 闭合，在主轴变速操作盘的操作手柄拉出而没有推上时，SQ2 受压，其常开触点 SQ2(17-15) 闭合。由于 SQ1(5-10) 断开，使 KM3、KT 线圈断电而释放，KM1（或 KM2）也随之断电释放，电动机 M1 断电，但在惯性的作用下旋转。由于 SQ1(4-14) 闭合，而速度继电器的正转常开触点 KS(14-19) 或反转常开触点 KS(14-15) 早已闭合，所以使 KM2（或 KM1）、KM4 的线圈通电吸合，电动机 M1 在低速状态下串入电阻 R 进行反接制动。当转速下降到速度继电器复位时的转速（约 100 r/min）时，速度继电器的常开触点断开，制动过程结束，此时便可以转动变速操作盘进行变速。变速后，将手柄推回原位，使 SQ1 受压、SQ2 不受压，SQ1、SQ2 的触点恢复到原来的状态，SQ1(5-10) 闭合，SQ1(4-14)、SQ2(17-15) 断开，使 KM3、KM1（或 KM2）、KM4 的线圈相继通电吸合。电动机按原来的转向起动，而主轴则在新的转速下运行。

变速时，若因齿轮卡住推不上，此时行程开关 SQ2 在主轴变速手柄推不上时仍处于被压下的状态，SQ2 的常开触点 SQ2(17-15) 闭合，速度继电器的常闭触点 KS(14-17) 也已经闭合，通过回路 "SQ1(4-14)→KS(14-17)→SQ2(17-15)→KM2(15-16)→KM1 线圈" 使接触器 KM1 通电，同时通过回路 "SQ1(4-14)→KT(14-23)→KM5(23-24)→KM4 线圈" 使 KM4 通电。电动机在低速状态下串电阻正向起动起来，当转速升高到 130 r/min 时，速度继电器又动作，KS(14-17) 又断开，KM1、KM4 线圈断电释放，M1 电动机断电，同时 KS(14-19) 闭合，电动机被反接制动；当转速降到 100r/min 时，速度继电器又复位，KS(14-19) 断开，KS(14-17) 再次闭合，KM1、KM4 再次吸合，电动机 M1 在低速状态下串电阻起动起来。这样电动机 M1 在转速 100～130 r/min 的范围内重复动作，直到齿轮啮合后，主轴变速手柄推上，SQ2 不受压、SQ1 受压为止，触点 SQ1(4-14) 断开，SQ2(17-15) 断开，变速冲动过程结束。

如果变速前主轴电动机处于停止状态，则变速后主轴电动机也处于停止状态；若变速前主轴电动机处于低速运转状态，则由于中间继电器 KA1 仍保持通电状态，变速后主轴电动机仍然处于三角形联结的低速运转状态。如果电动机变速前处于高速正转状态，那么变速后，主轴电动机仍先接成 D 形，经过延时后才进入丫丫形的高速正转状态。

进给变速的控制和主轴变速控制的过程相同，只是拉开进给变速手柄时，与其联动的行程开关是 SQ3、SQ4，当手柄拉出时 SQ3 不受压，SQ4 受压，手柄推上复位时，SQ3 受压，SQ4 不受压。

（5）快速进给电动机的控制

机床各部件的快速移动，由快速移动操作手柄控制，快速移动电动机 M2 拖动。运动部件及其运动方向的选择由设在工作台前方的手柄操纵。快速操作手柄有"正向"、"反向"和"停止"三个位置。当快速移动手柄向里推时，压合行程开关 SQ9，接触器 KM6 线圈通电吸合，快速进给电动机 M2 正转，通过齿轮、齿条等机械机构实现快速正向移动。松开操作手柄，SQ9 复位，KM6 线圈断电释放，电动机 M2 停转；反之，将快速移动操作手柄向外拉，压下行程开关 SQ8，接触器 KM7 通电吸合，电动机反向起动，实现快速反向移动。

（6）联锁保护装置

T68 镗床的运动部件较多，为防止机床或刀具损坏，保证主轴进给和工作台进给不能同时进行，将行程开关 SQ5、SQ6 并联在 M1 和 M2 的控制线路中。SQ5 是与工作台和镗头架自动进给手柄联动的行程开关，当手柄操纵工作台和镗头架进给时，SQ5 受压，其常闭触点断开。SQ6 是与主轴和平旋盘刀架自动进给手柄联动的行程开关，当手柄操纵主轴和平旋盘刀架自动进给时，SQ6 受压，其常闭触点断开。而 M1、M2 必须在 SQ5、SQ6 中至少有一个闭合的状态下才能工作，如果两个手柄都处在进给位置，则 SQ5、SQ6 都断开，将控制线路切断，M1 和 M2 都不能工作，两种进给都不能进行，从而达到联锁保护的目的。

T68 镗床的电气元件明细表如表 3-13 所示。

表 3-13　T68 镗床的电气元件明细表

符号	元器件名称	型号	规格	件数	作用
M1	主轴电动机	JDO2—51—4/2	5.5/7.5 kW 1440/2880 r/min	1	主轴转动
M2	快速进给电动机	JO2—32—4	3 kW 1430 r/min	1	工作台进给
KM1	交流接触器	CJ0—40	127 V 40 A	1	主轴电动机 M1 正转
KM2	交流接触器	CJ0—40	127 V 40 A	1	主轴电动机 M1 反转
KM3	交流接触器	CJ0—20	127 V 20 A	1	短接制动电阻 R
KM4	交流接触器	CJ0—40	127 V 40 A	1	把定子绕组接成△，低速
KM5	交流接触器	CJ0—40	127 V 40 A	1	把定子绕组接成丫丫形，高速
KM6	交流接触器	CJ0—20	127 V 20 A	1	快速进给电动机 M2 正转
KM7	交流接触器	CJ0—20	127 V 20 A	1	快速进给电动机 M2 反转
KT	时间继电器	JS7—2A	线圈电压 127 V 整定延时时间 3 s	1	主轴变速延时
FU1	熔断器	RL1—60	配熔体 40 A	3	电源总短路保护
FU2	熔断器	RL1—60	配熔体 15 A	3	M2 短路保护
FU3	熔断器	RL1—15	2A	1	控制线路短路保护
FU4	熔断器	RL1—15	2A	1	照明电路短路保护
FR	热继电器	JR0—40/3D	整定电流 16 A	1	电动机 M1 过载保护
QS	组合开关	HZ2—60/3	60 A，三极	1	电源总开关
SA	组合开关	HZ2—10/3	10A，三极	1	照明灯开关
SB1	按钮	LA2	复合按钮 5 A 500 V	1	停车按钮

(续)

符号	元器件名称	型号	规格	件数	作用
SB2	按钮	LA2	500 V 5 A	1	主轴正向起动
SB3	按钮	LA2	500 V 5 A	1	主轴反向起动
SB4	按钮	LA2	500 V 5 A	1	主轴正向点动
SB5	按钮	LA2	500 V 5 A	1	主轴反向点动
SQ1	行程开关	LX1—11K	开启式	1	主轴变速行程开关, 主轴变速时复位
SQ2	行程开关	LX1—11K	开启式	1	在主轴变速手柄推不上时压下
SQ3	行程开关	LX1—11K	开启式	1	进给变速行程开关, 进给变速时复位
SQ4	行程开关	LX1—11K	开启式	1	进给变速手柄推不上时压下
SQ5	行程开关	LX1—11H	保护式	1	工作台和镗头架进给时受压
SQ6	行程开关	LX3—11K	开启式	1	主轴和平旋盘刀架自动进给时受压
SQ7	行程开关	LX5—11	自动复位	1	主轴速度选择高速时被压下
SQ8	行程开关	LX3—11	自动复位	1	快速反向移动时压下
SQ9	行程开关	LX3—11	自动复位	1	快速正向移动时压下
R	制动电阻器	ZB2—0.9	0.9Ω	1	限制制动电流
TC	控制变压器	BK—300	380/127、24、6 V	1	控制、照明、指示电路的低压电源
EL	照明灯泡	K—1, 螺口	24 V 40 W	1	机床局部照明
HL	指示灯	DX1—0	白色, 配 6 V 0.15 A 灯泡	1	电源指示灯
KS	速度继电器	JY1	380 V 2A	1	反接制动控制

3.5.3　T68 镗床的电气故障与检修

1) 转轴的转速与转速指示牌不符。这种故障一般有两种现象: 一种是主轴的实际转速比标牌指示数增加 1 倍或减少一半; 另一种是电动机的转速没有高速档或者没有低速档。前者大多是由安装调整不当引起的, 因为 T68 镗床有 18 种转速, 是采用双速电动机和机械滑移齿轮来实现的。变速后, 1, 2, 4, 6, 8…档是电动机以低速运转驱动, 而 3, 5, 7, 9, …档是电动机以高速运转驱动的。由电气原理图可知, 主轴电动机的高低速转换靠微动开关 SQ7 的通断来实现, SQ7 安装在主轴调速手柄的旁边, 主轴调速机构转动时推动一个撞钉, 撞钉推动簧片使微动开关 SQ7 通或断, 如果安装调整不当, 使 SQ7 动作恰恰相反, 则会发生主轴的实际转速比标牌指示数增加 1 倍或减少一半的情况。

后者主要的原因是行程开关 SQ7 的安装位置移动, 造成 SQ7 始终处于接通或断开的状态或者是由于时间继电器 KT 不动作或触点接触不良。如果 KT 或 SQ7 的触点接触不良或接线脱落, 则主轴电动机 M1 只有低速; 若 SQ7 始终处于接通状态, 则 M1 只有高速。

2) 主轴变速手柄拉出后, 主轴电动机不能产生冲动。若变速手柄拉出后, 主轴电动机仍然以原来的转速和转向旋转，没有变速低速冲动，这是由于主轴的变速冲动由与变速手柄有联动关系的行程开关 SQ1 与 SQ2 控制，而 SQ1、SQ2 采用的是 LX1 型行程开关，行程开关 SQ1 的常开触点 SQ1(5-10) 由于质量等原因绝缘被击穿而无法断开。若变速手柄拉出后，M1 能反接制动，但到转速为零时，不能进行低速冲动，这往往是由于 SQ1、SQ2 安装不牢固，位置偏移，触点接触不良，使触点 SQ1(4-14)、SQ2(17-15) 不能闭合，或速度继电器 KS 的常闭触点 KS(14-17) 不能闭合。

3）主轴电动机不能制动。主要的原因是速度继电器损坏，其正转常开触点 KS(14-19) 和反转常开触点 KS(14-15) 不能闭合，或者是由于 KM2 或 KM3 的常闭触点接触不良。

4）主轴（进给）变速时手柄拉开不能制动。主要原因是主轴变速行程开关 SQ1（进给变速行程开关 SQ3）的位置移动，以致于主轴变速手柄拉开时 SQ1（进给变速行程开关 SQ3）不能复位。

5）在机床安装接线后进行调试时产生双速电动机的电源进线错误。常见的错误之一是：将三相电源在高速运行和低速运行时都接成同相序，造成电动机在高速运行时的转向和低速运行时的转向相反。常见的错误之二是：电动机在△接法时把三相电源从 U3、V3、W3 引入，而在丫丫接线时把三相电源从 U1、V1、W1 引入，导致电动机不能起动，发出"嗡嗡"声并将熔体熔断。

3.5.4 检修技能训练

1. 实训目的

1）学习用通电试验的方法发现故障。

2）学习故障分析的方法，并通过故障分析缩小故障范围。

3）掌握双速电动机的接线方法并了解调速原理。

4）排除 T68 镗床主线路或控制线路中人为设置的两个电气自然故障点。

2. 实训内容

1）充分了解机床的各种工作状态，以及操作手柄的作用，并观察机床的操作。

2）熟悉机床的电气元器件的安装位置、布线情况以及操作手柄在不同位置时，行程开关的工作状态。

3）人为设置故障点，指导学生从故障的现象着手进行分析，并采用正确的检查步骤和检查方法查出故障。

4）设置两个故障点，由学生检查、排除，并记录检查的过程。

要求学生应首先根据故障现象在原理图上标出最小故障范围，然后采用正确的步骤和方法在规定的时间内排除故障。排除故障时，必须修复故障点，不得采用更换电气元器件或改动线路的方法。检修时严禁扩大故障范围或产生新的故障点。

3. 注意事项

1）操作前必须熟悉电气原理图的各个环节。

2）带电检修时，必须有指导教师在现场监护。

3）若没有机床实物，则可事先在模拟板或试验台上按原理图安装控制线路，并按控制要求检查试车。试车时首先要校验机床三相电源的进线相序是否正确，否则将可能产生主轴不能停车的故障。在模拟板上安装的行程开关只有 SQ8、SQ9 在手动操作后能自动复位，其他的行程开关都不能自动复位。

4. 评分标准（见表 3-14）

表 3-14　成绩评定

项目内容		评分标准	扣分	得分
故障分析（30 分）		1. 在原理图上标不出故障回路或标错，每个故障点扣 15 分 2. 不能标出最小故障范围，每个故障点扣 5 分 3. 故障分析思路不清楚，每个故障点扣 5 分		
排除故障（70 分）		1. 不能排除故障点，每个扣 35 分 2. 扩大故障范围或产生新故障，每个扣 15 分 3. 损坏电动机，扣 70 分 4. 方法不正确，每个故障点扣 10 分 5. 违反文明安全生产，扣 10 分		
时间	45 分钟	每超过 1 分钟扣 5 分		
总分				

3.6　组合机床的电气控制

3.6.1　概述

随着生产的发展和生产规模的扩大，产品往往需要大批量生产，为此设计和生产了各种专用机床和自动线。组合机床就是适用于大批量产品生产的专用机床。

组合机床是为某些特定的工件进行特定工序加工而设计的专用设备。它可以完成工件加工的全部工艺过程，如钻孔、扩孔、铰孔、攻丝、车削、铣削、磨削及精加工等工序。组合机床一般采用多轴、多刀、多工序、多面同时加工，它是一种工序集中的高效率、自动化机床。它由大量通用部件及少量专用部件组成。当加工对象改变时，可较方便地通过组合通用部件和专用部件重新改装，以适应新零件的加工要求，所以组合机床便于产品更新。

组合机床的电气控制系统和组合机床的总体设计有相同的特点，也是由许多通用的控制机构和典型的基本控制环节组成的。由于组合机床的控制系统大多采用机械、液压、电气或气动相结合的控制方式，因此，除典型环节外还有液压进给系统控制线路和某些特殊的控制环节。其中，电气控制往往起着连接中枢的作用。

通用部件按其在组合机床中所起作用可分为以下几种。

动力部件：是完成组合机床刀具切削运动及进给运动的部件。其中，能同时完成刀具切削运动及进给运动的动力部件，通常称为动力头；而只能完成进给运动的动力部件，则称为动力滑台。

输送部件：如回转分度工作台、回转鼓轮、自动线工作回转台及零件输送装置。其中回转分度工作台是多工位组合机床和自动线中不可缺少的通用部件。

控制部件：如液压元件、控制板、按钮台及电气挡铁。

支撑部件：如滑座、机身、立柱和中间底座。

其他部件：如机械扳手、气动扳手、排屑装置和润滑装置。

值得注意的是，组合机床通用部件不是一成不变的，它将随着生产力的向前发展而不断更新，因此相应的电气控制线路也将随之更新换代。

组合机床上最主要的通用部件是动力头和动力滑台。动力滑台按结构分为机械滑台和液压动力滑台。动力滑台可配置成卧式或立式的组合机床。动力滑台配置不同的控制线路，可完成多种自动循环。动力滑台的基本工作循环形式有以下几种。

（1）一次工作进给

快进→工作进给→（延时停留）→快退。可用于钻、扩、镗孔和加工盲孔、刮端面等。

（2）二次工作进给

快进→一次工作进给→二次工进→（延时停留）→快退。可用于镗孔完成后又要车削或刮端面等。

（3）跳跃进给

快进→工进→快进→工进→（延时停留）→快退。例如，镗削两层壁上的同心孔，可跳跃进给自动工作循环。

（4）双向工作进给

快进→工进→反向工进→快退。用于正向工进粗加工，反向工进精加工。

（5）分级进给

快进→工进→快退→快进→工进→快退→……→快进→工进→快退。主要用于钻深孔。

3.6.2 机械动力滑台控制线路

机械动力滑台由滑台、滑座和双电动机（快进和工进电动机）、传动装置三部分组成，滑台的工作循环由机械传动和电气控制完成。下面以机械动力滑台的正反向工作进给控制为例，说明其工作原理。控制线路和工作循环如图 3-12 所示。

图 3-12 中，M1 为工作进给电动机，M2 为快速进给电动机。滑台的快进由电动机 M2 经齿轮使丝杠快速旋转实现。主轴的旋转由一台专门的电动机拖动，由接触器 KM4（电路未画出）控制。SQ1 为原位行程开关，SQ2 为快进转工进的行程开关，SQ3 为终点行程开关，SQ4 为限位保护开关。KM1、KM2 接触器控制电动机 M1、M2 的正反转。YA 是制动电磁铁。

由图 3-12 所示的控制线路图可看出：

1）主轴电动机与电动机 M1、M2 有顺序起停关系，只有主轴电动机起动后，即 KM4 触点闭合时，电动机 M1、M2 才能起动。

2）在滑台快进或快退过程中，电动机 M1、M2 都运转。这时，滑台通过机械结构保证由快进电动机 M2 驱动。

3）快进电动机 M2 的制动器为断电型（机械式）制动器，即在 YA 断电时制动。

4）滑台正向运动快进转工进由压下 SQ2 实现，反向工进转快退由松开 SQ2 实现，这里应用了长挡铁。

5）正反进给联锁。

6）电动机 M1、M2 均有热继电器，只要其中之一过载，控制线路就断开。

在控制线路中，SB1 为起动向前按钮，SB2 为停止向前并后退的按钮，其工作原理如下。

图 3-12　机械动力滑台控制线路

（1）滑台原位停止

此时，SQ1 被压下，其常闭触点断开。

（2）滑台快进

按下 SB1 按钮，KM1 线圈得电自锁，并依次使 KM3 线圈和 YA 线圈得电，M2 电动机制动器松开，M1、M2 电动机同时正向运转，机械滑台向前快速进给。此时，SQ1 复位，其常闭触点闭合。

（3）滑台工进

当滑台长挡铁压下行程开关 SQ2 时，其常闭触点断开，KM3 线圈断电，并使 YA 也断电，M2 电动机被迅速制动。此时，滑台由 M1 电动机拖动正向工进。

（4）滑台反向工进

当挡铁压下行程开关 SQ3 时，其常开触点闭合，常闭触点断开，KM1 线圈断电，KM2 线圈得电自锁，M1 电动机反向运转，滑台反向工进。SQ3 复位，其常开触点断开，常闭触点闭合。

（5）滑台快退

当长挡铁松开 SQ2 时，SQ2 复位，其常闭触点闭合，KM3 线圈再得电，并使 YA 得电，M2 电动机反向运转，滑台快退。滑台退到原位时，SQ1 被压下，其常闭触点断开，KM2 断电，并使 KM3、YA 断电，M1、M2 电机动停止。

SQ4 为向前超程开关。当 SQ4 被压时，其常开触点闭合，常闭触点断开，使 KM1 线圈断电，KM2 线圈得电，滑台工进退回，当挡铁松开 SQ2 后，滑台转而快速退回。

3.6.3 液压动力滑台控制线路

液压动力滑台与机械动力滑台的区别在于，液压动力滑台进给运动的动力是液压油，而机械动力滑台的动力来自于电动机。

液压动力滑台由滑台、滑座和液压缸三部分组成。液压缸拖动滑台在滑座上移动。

液压动力滑台也具有前面所述机械滑台的典型自动工作循环，它通过电气控制线路控制液压系统实现。如图 3-13 所示，滑台的工进速度由节流阀调节，可实现无级调速。电气控制线路一般采用行程、时间原则及压力控制方式。

电磁铁\滑台	YA1	YA2	YA3	主令转换
快进	+	−	+	SB1
工进	+	−	−	SQ3
快退	−	+	−	SQ4
停止	−	+	−	SQ1

图 3-13 一次性工作进给的液压动力滑台电气控制线路

a）液压动力滑台的液压系统图 b）一次性工作进给示意图 c）液压滑台电气控制线路

（1）液压动力滑台的液压系统简介

液压动力滑台的液压系统如图 3-13a 所示。

图 3-14　液压动力滑台液压系统元件符号

a）单活塞杆式液压缸　b）单向变量液压泵　c）油箱　d）过滤器　e）双电控三位四通电磁阀

f）单电控二位二通电磁阀常开型　g）单电控二位二通电磁阀常闭型　h）可调节流阀　i）电动机

1）单活塞杆式液压缸。其图形符号如图 3-14a 所示。单活塞杆式液压缸的特点是往复运动的速度不同，活塞向右运动的速度小于活塞向左运动的速度，用于实现慢速进给和快速退回；输出的推力不相等，当无杆腔（图形符号的左侧油腔）进油时，工作进给运动克服较大的外负载，有杆腔（图形符号的右侧油腔）进油时，只需克服摩擦力的作用，驱动工作部件快速退回。

2）单向变量液压泵。其图形符号如图 3-14b 所示。液压泵的主要作用是将电动机旋转的机械能转换为液压能，是液压系统的动力元件，为系统提供液压油。液压泵在结构上必须有可以周期性变化大小的密封容积，当工作容积增大时，完成吸油过程；当工作容积减小时，完成排油过程。液压泵还必须具有相应的配流机构，如单向阀，将吸油过程和排油过程分开。按在单位时间内油液的体积是否可调节，液压泵可以分为定量泵和变量泵。单向变量液压泵是指单向旋转、单向流动、变排量。

3）油箱。其图形符号如图 3-14c 所示。油箱的主要作用是储存系统所需的油液，散发油液中的热量和空气，沉淀油液中的污物。

4）过滤器。其图形符号如图 3-14d 所示。过滤器的作用是去除油中的杂质，维护油液的清洁，防止油液污染。

5）双电控三位四通电磁换向阀（简称电磁阀）。其图形符号如图 3-14e 所示。换向阀借助于阀芯与阀体之间的相对运动，使与阀体相连的各油路实现接通、切断或改变液流的方向。图中的 3 个方格代表 3 个工作位置，即"三位"。与一个方格的相交点数为油口通路数，简称"通"。如图 3-14e 所示有 4 个相交点，即"四通"，箭头"↑"表示两油口相通，堵塞符号"⊥"表示该油口不通流，P 表示通泵或压力油口，T 表示通油箱的回油口，A 和 B 表示连接两个工作油路的油口。通过控制左电磁铁 YA1 和右电磁铁 YA2 的通断来控制液流方向：YA1 通电，阀芯向右，P 与 A 通，B 与 T 通；YA2 通电，阀芯向左，P 与 B 通，A 与 T 通；YA1 和 YA2 都不通电，电磁阀为中位，P、A、T 口不通。三位阀的中位为常态位。在液压系统图中，换向阀与油路在常态位连接。

6）单电控二位二通电磁阀。其图形符号如图 3-14f、3-14g 所示。二位阀靠近弹簧的位为常态位。二位二通阀有常开型和常闭型两种，图 3-14f 所示为常开型，即在电磁铁 YA3 通电时，阀芯推向右端，油路接通；当 YA3 断电时，在弹簧的作用下阀芯推向左端，电磁阀复位，油路不通。图 3-14g 所示为常闭型。

7）可调节流阀，即调速阀。其图形符号如图3-14h所示。调速阀用于对流量的控制和调节，有压力补偿环节，流量不随其前后的压差变化而变化。调速阀装在进油路或回油路可以改善速度负载特性，使速度稳定性高。

（2）液压动力滑台电气控制线路（如图3-13c所示）

1）滑台原位停止。滑台由液压缸YG拖动前后进给，电磁铁YA1、YA2、YA3均为断电状态，滑台原位停止，并压下行程开关SQ1，其常开触点闭合，常闭触点断开。

2）滑台快进。把转换开关SA1扳到"1"位置，按下SB1按钮，继电器KA1得电并自锁，继而使YA1、YA3电磁铁得电，使电磁阀1HF及2HF阀芯推向右端，于是变量泵中的液压油经1HF流入滑台液压缸左腔，滑台液压缸右腔流出的油经2HF、1HF直接流入油箱，不经过调速阀L，使滑台快进。此时，SQ1复位，其常开触点断开，常闭触点闭合。

3）滑台工进。当挡铁压动行程开关SQ3时，其常开触点闭合，KA2得电并自锁，KA2的常闭触点断开，YA3断电，电磁阀2HF复位，油路不通，滑台液压缸右腔流出的油只能经调速阀L流入油箱，滑台转为工进。由于有KA2的自锁，滑台不会因挡铁离开SQ3而使KA2电路断开。此后，SQ3的常开触点断开。

4）滑台快退。当滑台工进到终点时，挡铁压动SQ4行程开关，其常开触点闭合，KA3得电并自锁，KA3的常闭触点打开，常开触点闭合分别使得YA1断电、YA2得电，使电磁阀1HF阀芯推向左，变量泵中的油经1HF流入滑台液压缸右腔，液压缸左腔流出的油经1HF直接流入油箱，滑台快退。当滑台退到原位时，压动SQ1，其常闭触点断开，YA2断电，1HF复位，油路断，滑台停止。

5）滑台的点动调整。将转换开关SA扳到"2"位置，按下按钮SB1，KA1得电，继而YA1、YA3得电，滑台可向前快进。由于KA1电路不能自锁，因而当SB1松开后，滑台停止。

当滑台不在原位，即SQ1常开触点断开时，若需要快退，可按下SB2按钮，使KA3得电，YA2得电，滑台快退；退到原位时，压下SQ1，SQ1的常闭触点断开，KA3断电，滑台停止。

在上述电路中，若需要使滑台工进到终点，延时停留，使工作循环为：快进→工进→延时停留→快退，则稍加修改，加一延时线路即可。修改后的控制线路如图3-15所示。

图3-15 具有延时停留功能的线路

图 3-15 与图 3-13 比较，实际上只是多加了一个时间继电器 KT。将 KA3 的两个常闭触点用 KT 的两个瞬时常闭触点代替，增设一个 KT 延时触点，起延时作用。

图 3-15 中，当工进到终点时，压动行程开关 SQ4，其常开触点闭合，使 KT 得电，此时 KT 的两个常闭瞬时触点立即断开，使 YA1 和 YA3 断电，滑台停止工进。KT 延时触点延时后闭合，KA3 得电，继而使 KA2 得电，滑台才开始后退，从而达到工进到位后延时停留再快退的目的。

（3）二次工作进给控制线路

根据加工工艺的要求，有时需要设计两种进给速度，先以较快的进给速度加工（一次工进），而后以较慢的速度加工（二次工进）。二次工作进给控制线路如图 3-16 所示。

图 3-16　二次工作进给控制线图

该电路实现快进→一次工进→二次工进→快退的工作循环，工作原理与上述线路相似。

1）滑台原位停止。压下 SQ1，其常开触点闭合，常闭触点断开。

2）滑台快进。按下 SB1，KA1 得电自锁，YA1、YA3 得电，电磁阀 1HF、2HF 推向右，于是变量泵中的液压油经过 1HF、2HF 直接流入油箱，滑台快进。

3）滑台一次工进。滑台挡铁压下 SQ3，KA2 得电自锁，YA3 断电，2HF 复位，2HF 油路不通，液压油经调速阀 1L 流入油箱，滑台实现一次工进。

4）滑台二次工进。滑台挡铁压下 SQ4，KA3 得电自锁，YA4 得电，3HF 阀芯推向左，3HF 油路不通，液压油经调速阀 1L、2L 流入油箱，滑台实现二次工进，二次工进的速度由两个调速阀调整，比一次工进速度慢。

5）滑台快退。滑台挡铁压下 SQ5，KA4 得电，YA2、YA3 得电，YA1、YA4 断电，滑台快退。退到原位时，压下 SQ1，YA2 断电，滑台停止。

3.7 习　　题

1. 填空题

（1）车床的主运动是（　　　　　）运动，它是由主轴通过卡盘或顶尖带动（　　　　　）。主轴一般只要（　　　　　）的旋转运动，只有在车螺纹时才需要用反转来退刀。CA6140 车床用操纵手柄通过（　　　　　）来改变主轴的旋转方向。（　　　　　）是溜板带动刀具做纵向或横向的直线移动，也就是使切削能连续进行下去的运动。

（2）CA6140 车床控制线路的供电电压是（　　　　　）V，照明电路采用（　　　　　）V 安全交流电压，信号回路采用（　　　　　）V 的交流电压，均由（　　　　　）提供。

（3）卧轴矩台平面磨床的主运动是（　　　　　），进给运动有垂直进给，即（　　　　　）；横向进给，即（　　　　　）；纵向进给，即（　　　　　）。工作台每完成一次往复运动，砂轮箱便做一次间断性的（　　　　　）；当加工完整个平面后，砂轮箱做一次间断性（　　　　　）。

（4）电磁吸盘的文字符号是（　　　　　）。

（5）插头插座的文字符号是（　　　　　）。

（6）电磁吸盘由转换开关 SA1 控制，SA1 有（　　　　　）三个位置。

（7）Z3040 摇臂钻床在钻削加工时，（　　　　　）为主运动；进给运动是（　　　　　）；（　　　　　）运动有摇臂沿外立柱的升降运动、主轴箱沿摇臂的水平移动及摇臂连同外立柱一起绕内立柱的回转运动。

（8）电磁阀的文字符号是（　　　　　）。

（9）X62W 卧式万能铣床为了减少负载波动对铣刀转速的影响，使铣削平稳一些，铣床的主轴上装有（　　　　　），使得主轴传动系统的惯性较大；为了缩短停车时间，主轴采用（　　　　　）停车。

（10）X62W 卧式万能铣床为保证变速时齿轮顺利地啮合，要求变速时主轴电动机进行（　　　　　），即变速时电动机通过点动控制稍微转动一下。

（11）X62W 卧式万能铣床固定在工作台上的工件可做（　　　　　）六个方向的运动，各个运动部件在六个方向上的运动由（　　　　　）拖动，在同一时间内，只允许（　　　　　）方向上的运动。

（12）牵引电磁铁的文字符号是（　　　　　）。

（13）T68 镗床的主轴电动机是一台（　　　），它可进行（　　　）的控制，停车制动采用（　　　）。

2. 判断题（正确的打"√"，错误的打"×"）

（1）CA6140 车床车螺纹时要求主轴的旋转速度和进给的移动距离之间保持一定的比例，所以主运动和进给运动要由同一台电动机拖动。（　　）

（2）M7130 型平面磨床主线路的控制要求是：M1、M2、M3 只需进行单方向的旋转，且磨削加工无调速要求。（　　）

（3）电磁吸盘的线圈通以交流电，使芯体被磁化，磁力线经钢制吸盘体、钢制盖板、工件、钢制盖板、钢制吸盘体闭合，将工件牢牢吸住。（　　）

（4）摇臂钻床的主运动和进给运动都为主轴的运动，由一台主轴电动机 M1 拖动，再通过主轴传动机构和进给传动机构实现主轴的旋转和进给。主轴电动机 M1 只需做单方向的旋转（　　）。

（5）摇臂的升降运动必须按照摇臂松开→升或降→摇臂夹紧的顺序进行，因此摇臂的夹紧、放松与摇臂的升降按自动控制进行。（　　）

（6）X62W 卧式万能铣床主轴带动铣刀的旋转运动称为主运动，进给运动是工件相对于铣刀的移动。主轴电动机用笼型异步电动机拖动，通过齿轮进行调速，为完成顺铣和逆铣，主轴电动机应能正反转。（　　）

（7）X62W 卧式万能铣床圆工作台只能沿着一个方向做旋转运动，并且圆工作台运动控制的通路需要经过 SQ1～SQ4 四个行程开关的常闭触点，如果扳动工作台任意一个进给手柄，圆工作台都会停止工作，这就保证了工作台的进给运动与圆工作台的旋转运动不能同时进行。（　　）

（8）X62W 卧式万能铣床主轴不能变速冲动故障原因是主轴变速行程开关 SQ7 位置移动、撞坏或断线。（　　）

（9）钻床是一种精密加工机床，主要用于加工精确度高的孔，以及各孔间距离要求较为精确的零件，这些孔的轴线之间有严格的同轴度、垂直度、平行度与精确的距离。（　　）

（10）T68 镗床低速时主轴电动机的定子绕组连接成丫丫形，高速时 M1 的定子绕组接成三角形，转速提高一倍。（　　）

3. 简述 CA6140 车床电动机缺相不能运转的检修步骤。

4. 简述 CA6140 车床在运行中自动停车的检修步骤。

5. 电磁吸盘的控制回路由哪几部分组成？R2、R3 的作用是什么？

6. 电磁吸盘没有吸力的原因有哪些？吸力不足的原因有哪些？

7. 电磁吸盘退磁效果差，退磁后工件难以取下的原因是什么？

8. 分析 Z3040 摇臂钻床电气线路的摇臂升降控制过程。

9. X62W 万能铣床电气控制的特点是什么？

10. 简述 X62W 万能铣床停车制动的控制过程。主轴停车时没有制动的原因是什么？主轴停车后产生短时反向旋转的原因是什么？按下停止按钮后主轴不停的原因是什么？

11. 什么是冲动控制？其作用是什么？简述主轴电动机变速时的冲动控制原理。主轴不能变速冲动的原因是什么？

12. X62W 万能铣床的工作台有几个方向的进给？简述工作台各个方向的进给控制原理。各个方向进给之间如何实现联锁保护？

13. X62W 万能铣床电路中有哪些联锁和保护？

14. 简述 T68 镗床主轴电动机的高低速转换控制原理。如何保证主轴电动机进行高低速转换后转向不变？

15. 简述 T68 镗床的主轴电动机停车制动控制原理，分析主轴电动机不能制动的原因。

16. 简述主轴电动机主轴变速与进给变速的冲动控制原理，分析主轴变速手柄拉出后主轴电动机不能产生冲动的原因。

17. 画出二位二通、三位四通电磁换向阀的图形符号，并予以说明。

18. 画出组合机床的一次工作进给液压动力滑台液压系统图，并说明各元件的作用及一次工作进给的工作过程。

19. 画出组合机床的二次工作进给液压动力滑台液压系统图，并说明其工作原理。

20. 组合机床动力滑台的基本工作循环形式有哪几种？

第4章

起重机的电气控制

本章要点

- 了解起重机的有关结构、运动形式和拖动要求等基础知识
- 分析起重机的电路，理解起重机的电气控制方案
- 明确起重机的保护方法和实施过程

4.1 桥式起重机概述

起重机是一种用来起重与搬运重物的机械设备，广泛应用于工矿企业、车站港口、仓库、建筑工地等场所。起重机包括桥式、门式、梁氏和旋转式等多种类型，其中以桥式起重机的应用最广。桥式起重机又分为通用桥式起重机、冶金专用起重机、龙门起重机与缆索起重机等。

通用桥式起重机是机械制造工业中使用最广泛的起重机械，又称"天车"或"行车"，是一种横架于固定跨间上空，用来吊运各种物件的设备。其外形如图4-1所示。

图4-1 桥式起重机

1—操纵室 2—辅助滑线架 3—交流磁力控制盘 4—电阻箱 5—起重小车
6—大车拖动电动机 7—端梁 8—主滑线 9—主梁

桥式起重机按起吊装置不同，可分为吊钩桥式起重机、电磁盘桥式起重机和抓斗桥式起重机。其中尤以吊钩桥式起重机应用最广。本章介绍吊钩桥式起重机的电气设备，另外两种仅起吊装置不同，而结构、电气控制均与吊钩桥式起重机相同。

4.1.1 桥式起重机的主要结构和运动形式

桥式起重机主要由桥架、大车移动机构、小车、提升机构、操纵室等组成。

（1）桥架

桥架是桥式起重机的基本构件，它由主梁、端梁、走台等部分组成。主梁横跨在车间中间。主梁两端连有端梁，两主梁外侧装有走台。在一侧的走台上装有大车移动机构，使桥架可沿车间长度方向的导轨移动。在另一侧走台上装有小车的电气设备，即辅助滑线。在主梁上方铺有导轨，供小车移动。

（2）大车移动机构

大车移动机构由大车驱动电动机、传动轴、联轴器、减速器、车轮及制动器等部件构成。拖动方式有集中拖动与分别拖动两种。集中拖动是由一台电动机经减速机构驱动两个主动轮，分别拖动则由两台电动机分别驱动两个主动轮。后者自重轻，安装调试方便，实践证明使用效果良好。目前，我国生产的桥式起重机大多采用分别拖动。

（3）小车

小车安放在桥架导轨上，可顺车间宽度方向移动。小车主要由小车架、小车移动机构和提升机构等组成。小车移动机构由小车电动机、制动器、联轴器、减速器及车轮等组成。小车电动机经减速器驱动小车主动轮，拖动小车沿导轨移动。由于小车主动轮相距较近，故由一台电动机驱动。

（4）提升机构

提升机构由提升电动机、减速器、卷筒、制动器、吊钩等组成。提升电动机经联轴器、制动轮与减速器连接，减速器的输出轴与缠绕钢丝绳的卷筒相连接，钢丝绳的另一端装有吊钩，当卷筒转动时，吊钩就随钢丝绳在卷筒上的缠绕或释放上升或下降。对于起重量在15t及以上的起重机，备有两套提升机构，即主钩与副钩。

（5）操纵室

操纵室是操纵起重机的吊舱，又称驾驶室。操纵室内有大小车移动机构控制装置、提升机构控制装置以及起重机的保护装置等。操纵室一般固定在主梁的一端，也有少数装在小车下方随小车移动。操纵室上方开有通向走台的舱口，供检修机械及电气设备时人员上下使用。

由上可知，桥式起重机的运动形式有以下三种。

1）起重机由大车电动机驱动沿车间两边的轨道做纵向前后运动。

2）小车及提升机构由小车电动机驱动沿桥架上的轨道做横向左右运动。

3）在升降重物时由起重电动机驱动做垂直上下运动。

这样就可实现重物在垂直、横向、纵向3个方向的运动，从而把重物移至车间的不同位置，完成车间内的起重运输任务。

4.1.2 桥式起重机的主要技术参数

桥式起重机的主要技术参数有起重量、跨度、提升高度、运行速度、提升速度、通电持续率、工作类型等。

（1）起重量

起重量又称额定起重量，是指起重机实际允许起吊的最大负荷量，以吨（t）为单位。国产桥式起重机的起重量有 5t、10t（单钩）、15/3t、20/5t、30/5t、50/10t、75/20t、100/20t、125/20t、150/30t、200/30t、250/30t（双钩）等，其中"/"前面为主钩起重量，后面为副钩起重量。如 20/5t 起重机是指主钩的额定起重量为 20t，副钩的额定起重量为 5t。

桥式起重机按照起重量（对双钩来说，指主钩起重量）可分为 3 个等级，5~10t 为小型，10~50t 为中型，50t 以上为重型起重机。

（2）跨度

起重机主梁两端车轮中心线间的距离，即大车轨道中心线间的距离，称为跨度，以米（m）为单位。国产桥式起重机的跨度有 10.5m、13.5m、16.5m、19.5m、22.5m、25.5m、28.5m、31.5m，每 3m 为一个等级。

（3）提升高度

起重机吊具或抓取装置的上限位置与下限位置之间的距离称为起重机的提升高度，以米（m）为单位。常用的提升高度有 12/16m、12/14m、12/18m、16/18m、19/21m、20/22m、21/23m、22/26m、24/26m 等，其中"/"前面为主钩提升高度，后面为副钩提升高度。

（4）运行速度

运行速度指运行机构在拖动电动机额定转速下运行的速度，以米/分（m/min）为单位。小车的运行速度一般为 40~60m/min，大车的运行速度一般为 100~135m/min。

（5）提升速度

提升机构在提升电动机额定转速下运行的速度称为提升速度，一般不超过 30m/min，由货物性质、重量、提升要求来决定。

（6）通电持续率

桥式起重机的通电持续率为工作时间与周期时间之比，一般一个周期为 10min，标准的通电持续率有 15%、25%、40%、60% 四种。通电持续率反映了起重机的工作繁重程度，用 FC 表示。

（7）工作类型

起重机按其载荷率和工作繁忙程度可分为轻级、中级、重级和特重级四种工作类型。

1）轻级：工作速度低，使用次数少，满载机会少，通电持续率为 15%，用于不紧张及没有繁重工作的场所，如在水电站、发电厂中安装检修用的起重机。

2）中级：经常在不同载荷下工作，速度中等，工作不太繁重，通电持续率为 25%，如一般机械加工车间和装配车间用的起重机。

3）重级：工作繁重，经常在重载荷下工作，通电持续率为 40%，如冶金和铸造车间内使用的起重机。

4）特重级：经常起吊额定负荷，工作特别繁忙，通电持续率为 60%，如冶金专用的桥式起重机。

起重量、运行速度和工作类型是桥式起重机最重要的 3 个参数。

4.1.3　桥式起重机对电力拖动的要求

桥式起重机的工作条件比较差，由于安装在车间（仓库、码头、货场）的上部，有的还是露天安装，所以往往处于高温、高湿度、易受风雨侵蚀或多粉尘的环境中；同时，还经常处于频繁的起动、制动、反转状态，要承受较大的过载和机械冲击。因此，对桥式起重机的电力拖动和电气控制有以下特殊的要求。

1. 对起重电动机的要求

（1）起重电动机为重复短时工作制

所谓"重复短时工作制"，即 FC 介于 25%～40%。重复短时工作制的特点是电动机较频繁地通、断电，经常处于起动、制动和反转状态，而且负载不规律，时轻时重，因此受到的过载和机械冲击较大；同时，由于工作时间较短，其温升要比长期工作制的电动机低（在同样的功率下），允许过载运行。因此，要求电动机有较强的过载能力。

（2）有较大的起动转矩

起重电动机往往是带负载起动，因此要求有较好的起动性能，即起动转矩大，起动电流小。

（3）能进行电气调速

由于起重机对重物停放的准确性要求较高，在起吊和下降重物时要进行调速，但是起重机的调速大多数是在运行过程中进行，而且变换次数较多，所以不宜采用机械调速，而应采用电气调速。因此，起重电动机多采用绕线转子异步电动机，且采用转子电路串电阻的方法起动和调速。

（4）能适应较恶劣的工作环境和机械冲击

电动机应采用封闭式，要求有坚固的机械结构，采用较高的耐热绝缘等级。

根据以上要求，专门设计了起重用的交流异步电动机，型号为 YZR（绕线型）和 YZ（笼型）系列。这类电动机具有过载能力强、起动性能好、机械强度大和机械特性较软的特点，能够适应起重机的工作要求。起重电动机在铭牌上标出的功率均为 FC = 25% 时的输出功率。

2. 电力拖动系统的构成及电气控制要求

桥式起重机的电力拖动系统由 3～5 台电动机组成。

1）小车驱动电动机一台。

2）大车驱动电动机一至两台。大车如果采用集中驱动，则只有一台大车电动机；如果采用分别驱动，则由两台相同的电动机分别驱动左、右两边的主动轮。

3）起重电动机一至两台。单钩的小型起重机只有一台起重电动机；对于 15t 以上的中型和重型起重机，则有两台（主钩和副钩）起重电动机。

桥式起重机电力拖动及控制的主要要求是：

1）主钩能够快速升降，以减少辅助工时。轻载时的提升速度应大于额定负载时的提升速度。

2）有一定的调速范围。普通的起重机调速范围（高低速之比）一般为 3∶1，要求较高的则要达到（5～10）∶1。

3）有适当的低速区。在刚开始提升重物或重物下降至接近预定位置时，都应低速运行，因此要求在 30% 额定速度内分成若干低速档以供选择。同时要求由高速向低速过渡时应逐级减速以保持稳定运行。

4）提升的第一档为预备档，用以消除传动系统中的齿轮间隙，并将钢丝绳张紧，以避免过大的机械冲击。预备级的起动转矩一般限制在额定转矩的 50% 以下。

5）起重电动机负载的特点是位能性反抗力矩（即负载转矩的方向并不随电动机的转向而改变），因此要求在下放重物时起重电动机可工作在电动机状态、反接制动或再生发电制动状态，以满足对不同下降速度的要求（详见后面对起重机控制线路的分析）。

6）为确保安全，要求采用电气和机械双重制动，既可减轻机械抱闸的负担，又可防止因突然断电而使重物自由下落造成事故。

7）要求有完备的电气保护与联锁环节。例如：要有短时过载的保护措施，由于热继电器的热惯性较大，因此起重机电路多采用过流继电器作为过载保护；要有零压保护、行程终端限位保护等。

以上要求都集中反映在对提升机构的拖动及其控制上。桥式起重机对大车、小车驱动电动机一般没有特殊的要求，只是要求有一定的调速范围，采用制动停车，并有适当的保护。

桥式起重机的控制设备已经系列化和标准化，已有定型产品。下面将介绍桥式起重机的控制设备和控制线路。

4.2　凸轮控制器及其控制线路

4.2.1　凸轮控制器的结构

凸轮控制器是一种大型手动控制电器，是起重机上重要的电气操作设备之一，用以直接操作与控制电动机的正反转、调速、起动与停止。

用凸轮控制器控制电动机，控制线路简单，维修方便，广泛用于中小型起重机平移机构和小型起重机提升机构的控制中。

凸轮控制器从外部看，由机械结构、电气结构、防护结构等部分组成。其中，手轮、转轴、凸轮、杠杆、弹簧、定位棘轮为机械结构；触点、接线柱和接线板等为电气结构；上下盖板、外罩及灭弧罩等为防护结构。

当转轴在手轮扳动下转动时，固定在轴上的凸轮同轴一起转动，当凸轮的凸起部位顶住滚子时，便将动触点与静触点分开；当转轴带动凸轮转动到凸轮凹处与滚子相对时，动触点在弹簧作用下与静触点紧密接触。以上过程就实现了触点接通与断开的目的。

在方轴上可以叠装不同形状的凸轮块，以使一系列动触点按预先安排的顺序接通与断开。将这些触点接到电动机电路中，便可实现控制电动机的目的。

4.2.2　凸轮控制器的型号与主要技术参数

常用的国产凸轮控制器有 KT10、KT12、KT14、KT16 等系列，以及 KTJ1-50/1、KTJ1-50/5、KTJ1-80/1 等型号。凸轮控制器的型号意义为：

KTJ　1—□/□

　　　　　　线路特征代码
　　　　　容量等级
　　　　设计序号
　　　交流凸轮控制

凸轮控制器按重复短时工作制设计，其 FC=25%。KT14 系列凸轮控制器的主要技术参数见表 4-1，其中 KT14-25J/1、KT14-60J/1 型可用于同时控制两台绕线转子三相异步电动机，并带有控制定子电路的触点；KT14-25J/3 型可用于控制一台笼型三相异步电动机的正反转；KT14-60J/4 型可用于同时控制两台绕线转子三相异步电动机，定子电路由接触器控制。

表 4-1　KT14 系列凸轮控制器的主要技术参数

型号	额定电压 /V	额定电流 /A	工作位置		FC=25%时所控制的电动机最大功率/kW	额定操作频率 /(次/h)	最大工作周期 /min
			左旋	右旋			
KT14-25J/1	380	25	5	5	11.5	600	10
KT14-25J/2			5	5	2×6.3		
KT14-25J/3			1	1	8		
KT14-60J/1		60	5	5	32		
KT14-60J/2			5	5	2×16		
KT14-60J/4			5	5	2×25		

4.2.3 凸轮控制器的控制线路

图 4-2 为采用凸轮控制器控制的 10t 桥式起重机小车控制线路。

凸轮控制器控制线路的特点是原理图以其圆柱表面的展开图来表示。由图 4-2 可见，凸轮控制器有编号为 1~12 的 12 对触点，以细的竖实线表示；而凸轮控制器的操作手轮右旋（控制电动机正转）和左旋（控制电动机反转）各有 5 个档位，加上一个中间位置（称为"零位"）共有 11 个档位，用细的横虚线表示；每对触点在各档位是否接通，则以在横竖线交点处的黑圆点表示。有黑点的表示接通，无黑点的表示断开。

图中 M2 为小车驱动电动机，采用绕线转子三相异步电动机，在转子电路中串入三相不对称电阻 R2，用作起动及调速控制。YB2 为制动电磁铁，其三相电磁线圈与 M2（定子绕组）并联。QS 为电源引入开关，KM 为控制线路电源的接触器。KA0 和 KA2 为过流继电器，其线圈（KA0 为单线圈，KA2 为双线圈）串联在 M2 的三相定子电路中，而其常闭触点则串联在 KM 的线圈支路中。

1. 电动机定子电路

在每次操作之前，应先将凸轮控制器 QM2 置于零位，由图 4-2 可见 QM2 的触点 10、11、12 在零位接通。合上电源开关 QS，按下起动按钮 SB，接触器 KM 的线圈通过 QM2 的触点 12 通电，KM 的 3 对主触点闭合，接通电动机 M2 的电源，然后可以用 QM2 操纵 M2 的运行。QM2 的触点 10、11 与 KM 的常开触点一起构成正转和反转时的自锁电路。

凸轮控制器 QM2 的触点 1~4 控制 M2 的正反转，由图可见触点 2、4 在 QM2 右旋的 5 档均接通，M2 正转；而左旋 5 档则是触点 1、3 接通，电源的相序改变，M2 为反转；在零位时 4 对触点均断开。4 对触点均装有灭弧装置，以便在触点通断时更好地熄灭电弧。

2. 电动机转子电路

凸轮控制器 QM2 的触点 5~9 用来控制 M2 转子外接电阻 R2。由图 4-2 可见这 5 对触点在中间零位均断开，而左、右旋各 5 档的通断情况是完全对称的。在（左、右旋）第一档触点 5~9 均断开，三相不对称电阻 R2 全部串入 M2 的转子电路，此时 M2 的机械特性最软

图 4-2　凸轮控制器的控制线路图

（见图 4-3 中的曲线 1）；置于第 2、3、4 档时触点 5、6、7 依次接通，将 R2 逐级不对称地切除，对应的机械特性曲线为图 4-3 中的曲线 2、3、4，可见电动机的转速逐渐升高；当置第 5 档时触点 5~9 全部接通，R2 全部被切除，M2 运行在自然特性曲线 5 上。

　　由以上分析可知，用凸轮控制器控制小车及大车的移行时，凸轮控制器用触点 1~9 来控制电动机的正反转起动及在起动过程中逐段切断转子电阻，以调节电动机的起动转矩和转速。从第 1 档到第 5 档电阻逐渐减小直至全部切除，转速逐渐升高。该电路如果用于控制起重机吊钩的升降，则升、降的控制操作不同。

　　（1）提升重物

　　此时起重电动机为正转（凸轮控制器右旋），对应图 4-3 中第 I 象限内的 5 条曲线。第 1 档（曲线 1）的起动转矩很小，是作为预备级，用于消除传动齿轮的间隙并张紧钢丝绳；在 2 至 5 档提升速度逐渐提高（图 4-3 中第 I 象限内的垂直虚线）。

（2）轻载下放重物

此时起重电动机为反转（凸轮控制器左旋），对应图4-3中第Ⅲ象限内的5条曲线。因为下放的重物较轻，其重力矩 T_w 不足以克服摩擦转矩 T_f，所以电动机工作在反转状态，电动机的电磁转矩 T 与 T_w 方向一致迫使重物下降（$T_w+T>T_f$），在不同的档位可获得不同的下降速度（见图中第Ⅲ象限内的垂直虚线 b）。

（3）重载下放重物

此时起重电动机仍然反转，但由于负载较重，其重力矩 T_w 与电动机电磁转矩 T 方向一致而使电动机加速。当电动机的转速大于同步转速 n_0 时，电动机进入再生发电制动工作状态，其机械特性曲线为图4-3中第Ⅲ象限内的第5条曲线在第Ⅳ象限的延伸。T 与 T_w 方向相反而成为制动转矩。由图可见在第Ⅳ象限的曲线1、2、3比较陡直，因此在操作时应将凸轮控制器的手轮从零位迅速扳至第5档，中间不允许停留。在往回操作时也一样，应从第5档快速扳回零位，以免引起重物高速下降而造成事故（见图中第Ⅳ象限中的垂直虚线 c）。

图4-3 凸轮控制器控制提升电动机机械特性

由此可见，在下放重物时，不论是重载还是轻载，该电路都难以控制低速下降。因此在下降操作中需要较准确的定位时，可采用点动操作的方式，即将控制器的手轮在下降（反转）第一档与零位之间来回扳动以点动控制起重电动机，再配合制动器便能实现较准确的定位。

3. 保护电路

图4-2所示电路有欠电压、零电压、零位、过电流、行程终端限位保护和安全保护共6种保护功能。

（1）欠电压保护

接触器KM本身具有欠电压保护的功能。当电源电压不足时（低于额定电压的85%），KM因电磁吸力不足而复位，其主触点和自锁触点都断开，从而切断电源。

（2）零电压保护与零位保护

采用按钮SB起动，SB常开触点与KM的自锁常开触点相并联的电路，都具有零电压（失电压）保护功能，在操作中一旦断电，必须再次按下SB才能重新接通电源。在此基础上，由图 4-2 可见，采用凸轮控制器控制的电路在每次重新起动时，还必须将凸轮控制器旋回中间的零位，使触点 12 接通，才能够按下 SB 接通电源，这就避免了在控制器还置于左右旋的某一档位、电动机转子电路串入的电阻较小的情况下起动电动机时，造成较大的起动转矩和电流冲击，甚至造成事故。这一保护作用称为"零位保护"。触点 12 只有在零位才接通，而其他 10 个档位均断开，称为零位保护触点。

（3）过电流保护

如上所述，起重机的控制线路往往采用过电流继电器作为过电流（包括短路、过载）保护。过电流继电器 KA0、KA2 的常闭触点串联在 KM 线圈支路中，一旦出现过电流便切断 KM，从而切断电源。此外，KM 的线圈支路采用熔断器 FU 作为短路保护。

（4）行程终端限位保护

行程开关 SQ1、SQ2 分别提供 M2 正、反转（如果 M2 驱动小车，则分别为小车的右行和左行）的行程终端限位保护，其常闭触点分别串联在 KM 的自锁支路中。

（5）安全保护

在 KM 的线圈支路中，还串入了舱口安全开关 SQ6 和事故紧急开关 SA1。在平时，应关好驾驶舱门使 SQ6 被压下（保证桥架上无人），才能操纵起重机运行；一旦发生事故或出现紧急情况，可断开 SA1 紧急停车。

4.3　主令控制器的控制线路

主令控制器的控制线路是利用主令控制器发出动作指令，使磁力控制屏中各相应接触器动作来换接线路，控制起升机构电动机按与之相应的运行状态来完成各种起重吊运工作。由于主令控制器与磁力控制屏组成的控制线路较复杂，使用元器件多，成本高，故一般在下列情况下才采用：

- 拖动电动机容量大，凸轮控制器容量不够。
- 操作频率高，每小时通断次数接近或超过 600 次。
- 起重机工作繁重，操作频繁，要求减轻司机劳动强度、电气设备具有较高寿命。
- 起重机要求有较好的调速、点动等运行性能。

图 4-4 为提升机构 PQR10B 主令控制线路图。该电路采用 LK1-12/90 型主令控制器操作。该控制器有 12 对触点，在提升与下降时各有 6 个工作位置，通过将控制器操作手柄置于不同工作位置，使 12 对触点相应闭合或断开，进而控制电动机定子线路与转子线路接触器，实现电动机工作状态的改变，使物品获得上升与下降的不同速度。由于主令控制器为手动操作，所以电动机工作状态的变换由操作者掌握。

图 4-4 中的正反向接触器 KM1、KM2 用于换接电动机定子电源相序，实现电动机正、反转。制动接触器 KM3 控制电动机三相电磁铁 YB。在电动机转子电路中设有 7 段对称连接的转子电阻，其中前两段 R1、R2 为反接制动电阻，分别由反接制动接触器 KM4、KM5 控制；后 4 段 R3~R6 起动加速电阻，由加速接触器 KM6~KM9 控制；最后一段 R7 为固定接入的软化特性用的电阻。当主令控制器手柄处于不同控制档位时，获得相应的机械特性，如图 4-5 所示。

将主令控制器 SA 手柄置于"0"位，合上开关 QS1、QS2，此时零电压继电器 KHV 线圈通电并自锁，实现零电压保护，并为起动做准备。

图 4-4 提升机构 PQR10B 主令控制线路图

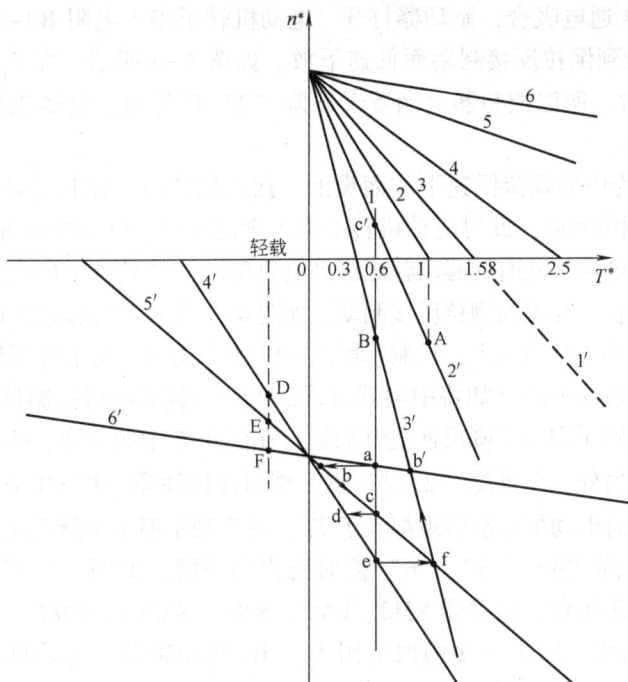

图 4-5 PQR10B 型主令控制器控制电动机机械特性

4.3.1 提升重物的控制

控制器提升控制共有 6 个档位。在各提升档位上，触点 SA3、SA4、SA6 与 SA7 都闭合，于是将上升行程开关 SQ 接入，实现上升限位保护；接触器 KM3、KM1、KM4 始终通电吸合，于是电磁抱闸松开，短接 R1 电阻，电动机按提升相序接通电源，产生提升方向的电磁转矩。在上升"1"档时起动转矩小，作为消除齿轮间隙的预备起动级。

当主令控制器手柄依次扳到上升"2"档至上升"6"档时，控制器触点 SA8~SA12 依次闭合，接触器 KM5~KM9 依次通电吸合，将各段转子电阻逐级短接，于是获得图 4-5 中第 Ⅰ 象限内的第 1~6 条机械特性曲线。可根据各类负载进行起升操作。

4.3.2 下降重物的控制

主令控制器在下降控制时也有 6 个档位，但在前 3 个档位上，正转接触器 KM1 通电吸合，电动机仍以提升相序接线，产生向上的电磁转矩。只有在下降到后 3 个档位时，反转接触器 KM2 才通电吸合，电动机产生向下的电磁转矩。所以，前 3 个档位为倒拉反接制动下降，而后 3 个档位为强力下降。

下降"1"档为预备档，此时控制器触点 SA4 断开，KM3 断电释放，制动器未松开；触点 SA6、SA7、SA8 闭合，接触器 KM4、KM5、KM1 通电吸合，电动机转子短接两段电阻 R1、R2，定子按提升相序接通电源。但此时由于制动器未打开，故电动机并不起动旋转。该档位是为在提升机构由上升变换到下降时，消除机械传动间隙对机构的冲击而设的。此档不能停顿，必须迅速通过，以防由于电动机在制动状态下时间过长而烧毁电动机。

下降"2"档是为重载低速下放而设的。此时控制器触点 SA6、SA4、SA7 闭合，接触器 KM1、KM3、KM4 通电吸合，制动器打开，电动机转子串入电阻 R2~R7，定子按起升相序接线，在重载时受到倒拉反接制动而低速下放。如图 4-5 所示，在 $T_L^* = 1$ 时，电动机起动转矩标幺值为 0.67，所以控制器手柄置于下降"2"档位时，电动机将稳定运行在 A 点上，低速下放置重物。

下降"3"档是为中型载荷低速下放而设的。在该档位时，控制器触点 SA6、SA4 闭合，接触器 KM1、KM3 通电吸合，此时电动机转子串入全部电阻，制动器松开，电动机定子按提升相序接线。但由于电动机此时的起动转矩标幺值为 0.33，当 $T_L^* = 0.6$ 时，在中型载荷作用下电动机按下降方向运转，并受到倒拉反接制动，如图 4-5 所示，电动机稳定工作在 B 点。

在以上制动下降的 3 个档位上，控制器触点 SA3 始终闭合。将上升行程开关 SQ 接入，其目的在于对吊物重量估计不准（如将中型载荷误认为重型载荷而将控制器手柄置于下降"2"档）时，避免发生重物不但不下降反而上升而运行在图 4-5 中的 c' 点，按 n_c' 速度上升，从而起到上升限位作用。另外，在下降"2"与"3"档时还应注意，$T_L^* < 0.33$ 时不应将控制器手柄在此停留，因为此时电动机起动转矩都大于 T_L^*，将出现不但不下降反而上升的现象。

控制器手柄在下降"4""5""6"档时为强力下降。此时，控制器触点 SA2、SA5、SA4、SA7 与 SA8 始终闭合，接触器 KM2、KM3、KM4、KM5 通电吸合，制动器打开，电动机定子按下降相序接线，转子短接两段电阻 R_1、R_2 起动旋转，电动机工作在反转电动状态。此时重力负载转矩小于摩擦转矩，不能下降，必须强使它下放。当控制器手柄扳至下降"5"档时，触点 SA9 闭合，接触器 KM6 通电吸合，短接电阻 R3，电动机转速升高；当控制器手柄扳至下降"6"档时，触点 SA10、SA11、SA12 都闭合，接触器 KM7、KM8、KM9 通电吸合，电动机转子只串入一段常串电阻 R7 运行，获得图 4-5 中低于同步转速的下放速度。

4.4　运行机构的电气控制

大车与小车运行机构在工作中要求有一定的调速范围，能获得不同的运行速度。它装有制动器与限位行程开关，设有能吸收车体运动动能的缓冲器，其电气控制有凸轮控制型控制线路与 PQY 系列主令控制线路。

小车运行机构采用 KT14-25J/1 型凸轮控制器，大车运行机构采用 KT14-25J/2 型凸轮控制器。下面仅以 PQY 系列主令控制器电路为例进行分析。

4.4.1　PQY 系列主令控制线路分类

PQY 系列运行机构控制线路按控制电动机台数和线路特征分为以下 4 种。
- PQY1 型：控制 1 台电动机。
- PQY2 型：控制 2 台电动机。
- PQY3 型：控制 3 台电动机，允许 1 台电动机单独运转。
- PQY4 型：控制 4 台电动机，分成两组，允许每组电动机单独运转。

4.4.2　PQY2 型主令控制线路

PQY2 型主令控制线路用来控制具有两台拖动电动机的运行机构。图 4-6 为 PQY2 型主令控制线路图，该电路具有如下特点。

1）

2）

3）

图 4-6 PQY2 型主令控制线路图

1）可逆对称电路。

2）主令控制器档数为 3-0-3，6 个回路。

3）电动机转子串接起动与调速电阻级数（不包括软化级）按电动机功率分为两种。

① 100 kW 及以下时为四级。第一、二级由主令控制器手动控制，后两级由继电器接触器控制自动切除，其延时继电器延时整定值为 3 s、1.5 s 或 2 s、1 s。

② 电动机功率为 125 kW 及以上时为五级，第一、二级是手动切除，其余各级为自动切除，其延时整定值为 3 s、1.5 s、0.75 s 或 2 s、1 s、0.5 s。其对应机械特性如图 4-7 所示，图中 $T^* = 1.25$、0.5 时，$R^* = 0.8$、2。

4）制动器驱动元件没有专门的接触器控制，而是由电动机正、反转接触器 KM1、KM2 主触点控制，它与电动机同时通电与断电。

在图 4-6 中，主令控制器反转第一档为反接制动停车。如要快速停车，可将手柄由正转第一档推向反转第一档。这时，在转子回路中串入全部电阻，因此电流不会超过容许值。由图 4-7 可见，当电动机转速由 a 点过渡到反接制动特性 b 点，转速接近零，即接近 c 点时，迅速将手柄扳回"0"位。图 4-6 中的 SQ1、SQ2 为正反向限位开关。

图 4-7 POY2 型主令控制线路中
电动机的机械特性

4.5 桥式起重机电气设备的维护与修理

4.5.1 起重机的供电特点

交流起重机由公共的交流电网供电。由于起重机工作时经常移动，所以其与电源之间不能采用固定连接方式。对于小型起重机，供电方式采用软电缆供电，随着大车或小车的移动，供电电缆随之伸展和叠卷。对于一般桥式起重机，常用滑线和电刷供电：三相交流电源接到沿车间长度方向架设的 3 根主滑触线上，再通过电刷引到起重机的电气设备上，首先进入驾驶室中保护盘上的总电源开关，然后再向起重机各电气设备供电。对于小车及车上的提升机构等电气设备，则经桥梁另一侧的辅助滑触线来供电。

4.5.2 线路的构成

10t 交流桥式起重机控制线路图如图 4-8 所示。10t 交流桥式起重机只有一个吊钩，但大车采用分别驱动，所以共有 4 台绕线转子异步电动机拖动。起重电动机 M1、小车驱动电动机 M2、大车驱动电动机 M3 和 M4 分别由 3 只凸轮控制器控制：QM1 控制 M1、QM2 控制 M2、QM3 同步控制 M3 与 M4；R1~R4 分别为 4 台绕线转子异步电动机转子电路串入的调速电阻器；YB1~YB4 则分别为 4 台绕线转子异步电动机的制动电磁铁。三相电源由 QS1 引

图 4-8 10t 交流桥式起重机控制线路图

入，并由 KM 控制。过电流继电器 KA0~KA4 提供过电流保护，其中 KA1~KA4 为双线圈，分别保护 M1、M2、M3、M4；KA0 为单线圈，提供总电源的过电流保护。该线路的工作原理与前面的控制器线路相同，下面重点介绍其保护线路。

4.5.3 保护线路

保护线路主要是 KM 的线圈支路，该线路具有欠电压、零电压、零位、过电流、行程终端限位保护和安全保护共 6 种保护功能。所不同的是图 4-8 中的电路需要保护 4 台电动机，因此在 KM 的线圈支路中串联的触点多一些。KA0~KA4 为 5 只过电流继电器的常闭触点；SA1 仍是事故紧急开关；SQ6 是舱口安全开关；SQ7 和 SQ8 是横梁栏杆门的安全开关。平时驾驶舱门和横梁栏杆门都应关好，将 SQ6、SQ7、SQ8 压合。若有人进入桥架进行检修，这些门开关就被打开，即使按下 SB 也不能使 KM 线圈支路通电。与起动按钮 SB 相串联的是 3 只凸轮控制器的零位保护触点：QM1、QM2 的触点 12 和 QM3 触点 17。因为 3 只凸轮控制器分别控制吊钩、小车和大车做垂直、横向和纵向上共 6 个方向的运动，除吊钩下降不需要提供限位保护之外，其余 5 个方向都需要提供行程终端限位保护。相应的行程开关和凸轮控制器的常闭触点均串入 KM 的自锁触点支路之中，各电器（触点）的保护作用见表 4-2。

表 4-2 行程终端限位保护电器及触点一览表

运行方向		驱动电动机	凸轮控制器及保护触点		限位保护行程开关
吊钩	向上	M1	QM1	11	SQ5
小车	右行	M2	QM2	10	SQ1
	左行			11	SQ2
大车	前行	M3、M4	QM3	15	SQ3
	后行			16	SQ4

4.5.4 交流桥式起重机电气设备的维护和修理

1. 电源

交流桥式起重机一般由主钩、副钩、大车和小车 4 部分组成。大车的轨道安装在车间两侧的柱子上，大车可以沿车间纵向移动；小车在大车的轨道上做横向移动，主钩和副钩都装在小车上。交流起重机的电源为 380V，用滑触线和电刷供电。

电源由 3 根主滑触线通过电刷引到起重机驾驶室内的保护控制屏上。3 根主滑触线沿平行大车轨道方向敷设在厂房的一侧。提升机构、小车上的电动机、电磁抱闸的电源是由架设在大车轨道上的辅助滑触线供给的。转子电阻也是通过辅助滑触线与电动机连接的。滑触线通常用圆钢、角钢、V 形钢或工字钢制成。

2. 电气设备及保护装置

（1）电气设备

1）大车两侧的主动机分别由两台规格相同的电动机 M3 和 M4 拖动，用一台凸轮控制器 QM3 控制。两台电动机定子绕组接在同一电源上；YB3、YB4 为制动电磁铁；SQ3 和 SQ4 作为前后两个方向的终端保护。

2）小车由一台电动机 M2 拖动，用一台凸轮控制器 QM2 控制；YB2 为制动电磁铁；行程开关 SQ1 和 SQ2 为小车左右两个方向的终端保护。

3）主钩提升用一台电动机 M1 拖动，由凸轮控制器 QM1 控制，YB1 为制动电磁铁，SQ5 为提升限位开关。

（2）保护装置

1）整个电动机电路和各控制线路均用熔断器作短路保护。

2）每台电动机均由各自的过电流继电器作保护。

3）为保障维修人员的安全，在驾驶舱口门盖及横梁栏杆门上分别装有 SQ6、SQ7、SQ8 安全行程开关。只要舱门打开，起重机的全部电动机就都不能起动运行，保证了人身安全。

4）起重机有零位联锁，所有控制器的手柄必须全部置于零，按起动按钮时起重机才能运行。

5）驾驶室的保护控制屏上装有一支串联在主接触器 KM1 线圈电路中的单刀单掷紧急开关 SA1。

3. 维护保养内容

电气设备的维护和保养一般采取下述形式：每天巡视，在电工的帮助和指导下，由司机在工作时间内进行。每旬巡视在司机参与下由电工进行。每月检查由维修电工进行。每次检查都按同一顺序进行。维护工作必须在起重机停止运行并断开总电源的条件下进行。

（1）电动机部分

检查电动机前后轴承及机身有无过热现象；定期清扫电动机的电刷部分；转子与电刷间有无卡阻及发热后卡阻现象；电刷的铜接线间在振动时有无相碰；各电源线的接线螺栓有无松动现象；电动机运行时有无不正常的声音。

（2）电磁制动器

电动机运行时电动机有无卡阻现象；电磁线圈是否过热（超过 105℃）及有无异味；抱闸刹车片有无太松或太紧的现象；弹簧撑板螺栓及各调整螺栓是否松动；电磁线圈的接线螺栓是否松动。

（3）控制器

1）用砂纸磨去各静、动触点上的电弧痕迹。

2）调整各弹簧螺栓，使各个触点之间有良好的接触。

3）用清洁的干布擦净开关内部的积尘与铜屑。

4）在导线连接处、固定触点处涂上适量的凡士林。

5）检查各导线的接头是否松动，固定螺栓是否拧紧。

6）在操作手柄活动处加适量的润滑油。

（4）限位开关

试验各限位开关是否起保护作用；检查开关进线孔是否堵塞（防止金属屑飞入）；在操作机构内加少量润滑油；必要时打开罩盖消除内部积尘。

（5）滑触线

用压缩空气吹去滑触线及绝缘子上的灰尘；检查各绝缘子上有无裂纹和破碎现象；各接头处的螺栓是否松动，导线是否磨损；集电器在移动时有无碰撞现象；集电器在移动时是否跳动。

（6）保护盘及磁力控制屏

检查刀开关的刀片是否发热，是否紧密，接触器线圈是否发热；用砂纸打光接触器触点上的电弧痕迹；检查各接线螺栓及接线头有无松动；用干布擦去屏面的灰尘；调整和平整辅助触点的接触面。

（7）电阻器

检视电阻器各电阻片有无过热现象；检查各电阻片接线头的螺栓是否松动；擦净四周绝缘子，并检查有无裂纹；用压缩空气吹去电阻片上的灰尘；检查各电阻片是否断裂和相碰。

4. 电气设备小修修理工艺

小修除应完成保养项目外，还必须细致地完成下述工作，且在检修过程中应逐条对照做好检修记录。

（1）电动机修理工艺

1）测量电动机转子、定子的绕组的对地绝缘电阻（定子大于 0.5MΩ，转子大于 0.25MΩ）。

2）测量电动机定子绕组的相间绝缘电阻。

3）检查集电环有无凹凸不平痕迹及过热现象。

4）检查电刷是否磨损，与集电环接触是否吻合。

5）电刷接线是否相碰，电刷压力是否适当。

6）前后轴承有无漏油及过热现象。

7）用塞尺测量电动机的电磁气隙，上下左右不超过 10%。

8）用扳手拧紧电动机各部分的螺栓及地脚螺栓。

9）用汽油拭净电动机内的油污。

（2）电磁制动器的修理工艺

1）测量线圈的对地绝缘电阻应大于 0.5MΩ。

2）检查制动电磁铁上下活动时与线圈内部芯子是否发生摩擦。

3）检查制动电磁铁上下部铆钉是否裂开。

4）检查缓冲器是否松动。

5）检查制动器刹车片衬料是否磨损太多，超过 50% 时应更换。

6）检查并更换制动器各开口销子与螺栓等。

7）检查制动器闸轮表面是否光滑，并用汽油清洗表面，除去污物。

8）制动系统各连杆动作是否准确灵活，并在各部分加润滑油。

9）检查各制动器闸瓦张开时与闸轮两侧空隙是否相等。

10）重新校准制动器各部位的螺栓和弹簧。

（3）凸轮控制器和主令控制器的修理

1）测量各导电触点部分对地绝缘电阻应大于 0.5MΩ。

2）更换磨损严重的动触点和静触点。

3）刮净消弧罩内的电弧铜屑及黑灰。

4）调整各静动触点的接触面，使其在一条直线上，各触点的压力相等。

5）手柄转动灵活，不得过松和卡住。

6）检查棘轮机构和拉簧部分。

7）检查各凸轮片是否磨损严重，并调换。

8）用砂纸擦去动、静触点的电弧痕迹。

9）调整或更换主令控制器动触点的压簧。

10）给各传动部分加一些润滑油。

（4）保护屏和控制屏的修理工艺

1）检查并更换弧坑很深的触点。

2）刮净灭弧罩内的电弧痕迹和黑灰。

3）测量电磁线圈与铁心的绝缘电阻。

4）用汽油擦净接触器底板上的污垢。

5）测量接触器三触点及触点的对地绝缘电阻。

6）检查进线熔断器及熔体。

7）用砂纸擦净刀口的电弧痕迹，并在刀口各处涂上工业凡士林。

8）在电磁铁口上稍涂一些工业凡士林。

9）往各传动部分稍加润滑油。

10）检查并拧紧大小螺栓。

（5）行程开关和安全开关修理工艺

测量接线板（接线柱）的对地绝缘电阻；检查开关内的动、静触点，并且用砂纸打光；调整开关平衡锤及传动臂的角度；给各传动机构上加适量润滑油。

（6）滑触线修理工艺

测量各滑触线的对地绝缘电阻；拭净并检查绝缘子的表面情况；用钢丝刷及粗砂纸磨去滑触线的弧坑及不平处；检查或更换集电器架上的集电极与导线间的连接线；检查或更换集电极压板上的开口销子；检查并拧紧各绝缘穿心螺栓及导线接头螺栓。

（7）电阻器的修理工艺

1）拧紧电阻器四周的压紧螺栓，并检查四周的绝缘子。

2）测定电阻的对地绝缘电阻。

3）用长柄刷除去电阻片上的金属氧化物及铁锈。

4）向间距较大的铸铁电阻片中填入薄石棉布。

5）拧紧各接线螺栓及四周的地脚螺栓。

5. 保养及检修实习

1）参观桥式起重机。

2）在司机的配合下按保养内容对交流桥式起重机进行保养检查。

3）在教师的指导下按小修项目内容对交流桥式起重机进行检修。

6. 注意事项

1）实习前要备好保养和修理工具，如旋凿、扳手、钢丝钳、钢丝刷、长毛刷、砂纸、细齿锉刀和兆欧表等。

2）保养和检修要按项目内容认真进行。

3）要做好小修记录。

4）保养和检修必须在起重机停止工作且总电源切断时进行，不准带电操作。

5）操作时要注意安全。

4.6 桥式起重机的通电试车及故障检测技能训练

4.6.1 桥式起重机的通电试车

1. 实训目的

1）了解桥式起重机电气控制线路的读图方法。

2）掌握控制线路的分析方法、机械特性与电气控制配合关系及保护环节。

3）培养典型设备的安装及调试能力、对线路进行故障判断及排除的能力。

2. 所需材料及工具

控制线路图样1份、常用电工工具、万用表。

3. 实训内容、步骤及要求

（1）检查控制回路

回路必须符合控制线路图的要求。

1）检查控制按钮是否控制正常。

2）检查凸轮控制器的零位接点是否起作用。

3）检查紧急开关、过电流继电器的接点是否起作用。

4）检查主接触器的自保是否起作用，限位开关、驾驶室舱门安全开关是否起作用。

5）检查主钩的主令开关控制是否正确。

（2）主回路加电试车

首先断开机械负荷进行调试，确认正常后，再接上机械负载试车。

1）大车主回路的调试。拖动大车的两台电动机转向必须一致，转速变化一样。

2）提升机构主回路调试。必须检查上升限位是否起作用。

3）检查小车主回路动作是否正常。

4）进行空载试车。在上述调试正常后，在不起吊任何重物的情况下将大车、小车、起重机构分别运行一个循环，以检查机械部分的运行情况。

5）加负载试车。需要进行满载、超载试运行。

4. 注意事项

桥式起重机试车过程中要注意吊钩及钢丝绳的情况，看其有无损伤及断股，如有扭坏应及时更换。

5. 考核标准（见表4-3）

表4-3　成绩评定

项目内容		评分标准	得分
准备工具材料（20分）		工具材料缺一件扣5分	
读图，按图样检查控制回路（20分）		没有检查扣10分	
按步骤要求调试控制回路（20分）		错一处扣5分	
主线路通电试车（30分）		每错一处扣5分	
检查吊钩及钢丝绳（10分）		没有检查扣10分	
工时	45分钟	每超过10分钟扣10分	
合计			

4.6.2 桥式起重机大车起动冲击大、速度调节不正常的故障检修

1. 实训目的

1）掌握绕线式电动机在起动过程中逐级切除转子电阻以调整起动转矩和转速的方法。

2）学会对桥式起重机大车或小车的控制线路进行故障判断及排除。

2. 准备材料及工具

控制线路图、万用表、直流电桥。

3. 实训内容与操作步骤

桥式起重机大车起动冲击大、速度调节不正常的故障通常是由于电动机转子回路中有短路或不能正常逐级切除转子回路调速电阻，应重点检查电动机的转子回路。

1）检查电动机滑环和电阻器的连接线。切断电源从电动机集电环接线端拆下连接电阻器的 3 根导线。用万用表 $R \times 1$ 电阻档测量 3 根导线间的电阻值。若电阻值为 0，应拆掉电阻器找出短路点。

2）检查电刷与集电环。从拆掉电阻器接头端处对电动机转子用 $R \times 1$ 电阻档测量两电刷间电阻。如测得的电阻值为 0，用一绝缘纸片垫于电刷与集电环之间再次测量。如仍有短路现象，说明电刷及电刷杆上导电尘埃堆积造成短路，此时应清扫尘埃或更换电刷杆。如提起电刷后短路现象消失，应拆去转子绕组引出到集电环导电杆上的 3 根导线，分别测量集电环间及转子三相绕组间是否短路。若集电环间短路，通常是由尘埃或绝缘击穿造成的，可清扫集电环或更换。

3）检查电动机的转子绕组。确定集电环无短路后，用直流电桥测试转子三相绕组间有无短路。若转子绕组短路，则应拆修电动机转子。

4. 技术要求及注意事项

检查要按步骤进行。若集电环有烧痕则应研磨，严重时应更换；若电刷杆击穿则应更换。

5. 考核标准（见表 4-4）

表 4-4 成绩评定

项目内容		评分标准	得分
准备工具材料（20 分）		工具材料缺一件扣 10 分	
按正确的方法检测及迅速判断故障（60 分）		检查方法不正确、不能准确迅速地判断故障，每错一处扣 10 分	
仪表的正确使用（20）		不正确扣 10 分	
工时	90 分钟	每超过 10 分钟扣 10 分	
合计			

4.6.3 桥式起重机常见故障的检查

1. 实训目的

了解桥式起重机的常见故障并学会检查的方法。

2. 所需材料及工具

桥式起重机的控制线路图1份、万用表一块、相应规格的熔体、低压兆欧表、细砂纸和细锉、相应规格的易损坏备件。

3. 故障的现象及原因

1）合上电源开关并按动起动按钮，主接触器不吸合。可能的原因是：线路无电压，熔断器的熔体熔断，紧急开关或行程开关未合上，主接触器线圈断路，凸轮控制器手柄未放在零位。

2）当主接触器得电吸合后，过电流继电器动作。其原因一般认为是线路上有接地或过电流继电器整定值小。

3）当控制器合上后，电动机不转。故障原因一般有凸轮控制器触头与铜片未接触、集电器发生故障或转子回路断路。

4）控制器合上后，电动机不能达到额定功率且转速低。故障原因一般有线路电压低、电磁抱闸制动器未完全松开及转子回路中串接的起动电阻未完全切除。

5）控制器在动作时，其触头与铜片冒火甚至烧坏。原因有控制器触头与铜片接触不良或控制器严重过载。

6）电磁抱闸制动器线圈过热或有响声。原因一般有电磁抱闸过载、线圈电压与线路电压不符、电磁铁的可动部件与静止部分有间隔、电磁铁铁心机械卡阻或歪斜。

7）检查电源部分。电源电压是否正常及有无断相情况存在。

4. 考核标准（见表4-5）

表4-5 成绩评定

项 目 内 容		评 分 标 准	得 分
准备工具材料（20分）		工具材料缺一件扣10分	
按正确的方法检测及迅速判断故障（60分）		检查方法不正确、不能准确迅速地判断故障，每错一处扣10分	
仪表的正确使用（20）		不正确扣10分	
工时	40分钟	每超过10分钟扣10分	
合计			

4.7 习　　题

1. 填空题

（1）20/5 t起重机是指（　　　　）。

（2）桥式起重机通电持续率为（　　　　）之比，一般一个周期为（　　　　），标准的通电持续率规定一般为（　　　　）四种。通电持续率反映了起重机的工作繁重程度，用（　　　　）表示。

（3）（　　　　）是桥式起重机最重要的3个参数。

（4）起重机按其载荷率和工作繁忙程度可分为（　　　　）四种工作类型。

（5）普通的起重机调速范围一般为（　　　　），要求较高的则要达到（　　　　）:1。

（6）KTJ1—50/1 是（　　　　　　）。

（7）凸轮控制器按重复短时工作制设计，其 FC＝（　　　　　　）。

2. 判断题（正确的打"√"，错误的打"×"）

（1）工作速度低，使用次数少，满载机会少，通电持续率为 15%，用于不紧张及没有繁重工作的场所，为轻级起重机。（　　　）

（2）起重电动机为长期工作制，有较大的起动转矩，能进行电气调速，能适应较恶劣的工作环境和机械冲击。（　　　）

（3）提升的第一档为预备档，用以消除传动系统中的齿轮间隙，并将钢丝绳张紧，以避免过大的机械冲击。预备档的起动转矩一般限制在额定转矩的 50% 以下。（　　　）

（4）应用凸轮控制器控制电动机的控制线路简单且维修方便，广泛用于中小型起重机的平移机构和小型起重机提升机构的控制。（　　　）

（5）下降"1"为预备档，该档位是为适应提升机构由上升变换到下降工作，消除机械传动间隙对机构的冲击而设的。所以此档不能停顿，必须迅速通过该档，以防由于电动机在制动状态下时间过长而烧毁电动机。（　　　）

（6）PQYl 型运行机构控制线路控制 2 台电动机。（　　　）

3. 简述桥式起重机的运动形式。

4. 桥式起重机的结构主要由哪几部分组成？

5. 桥式起重机的主要技术参数有哪些？

6. 桥式起重机电力拖动系统由哪几台电动机组成？

7. 简述桥式起重机电力拖动及其控制的主要要求。

8. 桥式起重机为什么要采用电气和机械双重制动？

9. 桥式起重机有几种控制器？

10. 凸轮控制器控制线路的工作原理图是如何表示触点状态的？

11. 凸轮控制器的控制线路有哪些保护措施？

12. 凸轮控制器控制线路的零位保护与零压保护之间有什么区别？

13. 分析主令控制器提升重物的控制过程。

14. 分析 PQR10B 型主令控制器控制下降"3"档的工作过程。

15. 在下放重物时，因重物较重而出现超速下降，此时应如何操作？

16. 为什么过电流继电器 KA0 的线圈单独串联在三相电源其中一相的电路中？

17. 试分析下述故障：

（1）如果凸轮控制器的触点 10、11、12 在零位不能接通，分别会出现什么问题？

（2）如果起重机能向上、向下、向左、向右、向后运动，但在操作向前运动时，接触器 KM 就释放了，是什么原因？

18. 简述桥式起重机通电试车的步骤。

19. 桥式起重机常见的故障有哪些？原因是什么？

第5章

三相异步电动机的运行与维护

本章要点

- 三相异步电动机的基本知识
- 三相异步电动机绕组的基本知识
- 三相异步电动机的安装、运行和维护
- 三相异步电动机运行前的检查
- 三相异步电动机运行中的常见故障和处理及技能训练
- 电动机技能训练

5.1 三相异步电动机的基本知识

5.1.1 三相异步电动机的分类及基本结构

三相异步电动机种类繁多，若按转子结构可分为笼型和绕线转子异步电动机两大类；若按机壳的防护形式分类，笼型可分为防护式、封闭式、开启式，其外形如图5-1所示。按冷却方式异步电动机可分为自冷式、自扇冷式、管道通风式、液体冷却式。异步电动机分类方法虽不同，但各类三相异步电动机的基本结构却是相同的。

图5-1 三相异步电动机的外形图

a）防护式 b）封闭式 c）开启式

三相笼型异步电动机的结构如图5-2所示，主要由定子、转子和气隙3大部分组成。

图 5-2　三相笼型异步电动机的结构

1. 定子部分

定子部分是异步电动机静止不动的部分，主要包括定子铁心、定子绕组和机座。

（1）定子铁心

定子铁心是电动机主磁路的一部分，为减少铁耗常采用 0.5 mm 厚的两面涂有绝缘漆的硅钢片冲片叠压而成，如图 5-3 所示。铁心内圆上有均匀分布的槽，用以嵌放三相定子绕组。

（2）定子绕组

定子绕组是电动机的电路部分，常用高强度漆包铜线按一定规律绕制成线圈，分布均匀地嵌入定子内圆槽内，用以建立旋转磁场，实现能量转换。

图 5-3　定子机座和铁心冲片

a）定子机座　b）铁心冲片

三相绕组（U、V、W）6 个出线端引至机座上的接线盒内与 6 个接线柱相连，根据设计要求可接成星形或三角形，接线盒内的接线如图 5-4 所示。在接线盒内，3 个绕组的 6 个线头排成上下两排，并规定下排的 3 个接线柱自左至右排列的编号为 U1、V1、W1，上排自左至右的编号为 W2、U2、V2。不论是制造和维修时都按这个序号排列。

（3）机座

机座用于固定和支撑定子铁心和端盖，因此机座应有较好的机械强度和刚度，常用铸铁或铸钢制成，大型电动机常用钢板焊接而成。小型封闭式异步电动机表面有散热筋片，以增加散热面积。

2. 转子部分

转子部分是电动机的旋转部分，主要由转子铁心、转子绕组、转轴等组成。

转子铁心是电机主磁路的一部分，采用 0.5 mm 厚硅钢片冲片叠压而成。转子铁心外圆上有均匀分布的槽，用以嵌放转子绕组，如图 5-5 所示。一般小型异步电动机转子铁心直接压装在转轴上。

图 5-4　接线盒内的接线

a）三角形联结　b）星形联结

转子绕组是转子的电路部分，用以产生转子电动势和转矩。转子绕组有笼型和绕线式两种。根据转子绕组的结构型式，异步电动机分为笼型转子和绕线转子两种。

（1）笼型转子

笼型转子绕组是在转子铁心的每个槽内插入等长的裸铜导条，两端分别用铜制短路环焊接成一个整体，形成一个闭合的多相对称回路。若去掉铁心，很像一个装老鼠的笼子，故称为笼型转子，如图5-6a所示。大型电动机采用铜条绕组，而中小型异步电动机笼型转子槽内常采用铸铝，将导条、端环一次浇注成型，如图5-6b所示。

图5-5　转子铁心冲片

图5-6　笼型转子
a）铜条绕组　b）铸铝绕组

（2）绕线转子

绕线转子异步电动机的定子绕组与笼型定子绕组相同，而其转子绕组与定子绕组类似，采用绝缘漆包铜线绕制成三相绕组嵌入转子铁心槽内，将它接成星形联结，3个端头分别固定在转轴上的3个相互绝缘的集电环上，再经压在集电环上的3组电刷与外电路相连。一般绕线转子电动机会在转子回路中串入电阻，以改变电动机的起动和调速性能。3个电阻的另一端也接成星形，如图5-7所示。

图5-7　绕线转子
a）绕线转子　b）绕线转子串接电阻接线图

3. 气隙部分

异步电动机定子、转子之间的气隙很小，中小型异步电动机一般为 0.2~1.5 mm。气隙大小对电动机性能影响很大，气隙越大，磁阻也越大，产生同样大的磁通，所需的励磁电流 I_0 也越大，电动机的功率因数也就越低。但气隙过小，将给装配造成困难，运行时也会使定子、转子发生摩擦，而使电动机运行不可靠。

5.1.2　三相异步电动机的型号与主要技术参数

在电动机的铭牌上标注了电动机的型号和主要的技术数据。电动机在铭牌上规定的技术参数和工作条件下的运行为额定运行。铭牌数据是正确选用和维修电动机的参考。电动机铭牌内容示例见表 5-1。

表 5-1　三相异步电动机的铭牌内容

三相异步电动机			
型号 Y2—200L—4	功率 30 kW	电流 57.63 A	电压 380 V
频率 50 Hz	接法 △	转速 1470 r/min	LW79dB/A
防护等级 IP54	工作制 S1	F 级绝缘	重量 270 kg
×× 电 机 厂			

下面分别介绍铭牌中的数据。

1. 型号

异步电动机的型号主要包括产品代号、设计序号、规格代号和特殊环境代号。产品代号表示电机的类型，如 Y 表示异步电动机，YR 表示绕线式异步电动机等，产品代号使用字母的意义见表 5-2。设计序号用阿拉伯数字表示。规格代号对于中小型异步电动机包括中心高（mm）、机座长度代号、铁心长度代号及磁极数；对于大型异步电动机则包括功率（kW）、磁极数/铁心外径。特殊环境代号使用的字母意义见表 5-3。

表 5-2　产品代号使用字母的意义

字母	含义	字母	含义
J、Y	交流异步	S	双笼转子
G	管道通风	B	防爆
D	多速	K	高速
R	绕线转子	Z	起重、冶金
Q	高起动转矩	H	高转差率

表 5-3　特殊环境代号使用字母的意义

字母	含义	字母	含义
G	高原用	T	热带用
H	航海用	TH	湿热带用
W	户外用	TA	干热带用
F	化工防腐用		

电动机型号含义举例如下：

```
        Y   2—200L—4
异步电动机┘  │  │    │  └─ 磁极数
第二次改型设计┘  │    └── 机座长度代号（S—短机座，M—中机座，L—长机座）
             │   └──── 中心高 200mm

        Y   630—10/1180
异步电动机┘  │   │   └── 定子铁心外径 1180mm
          │   └───── 磁极数 10 极
          └───────── 功率 630kW
```

2. 三相异步电动机的额定值

1）额定功率 P_N：指电动机在额定状态下运行时，电动机转子轴上输出的机械功率（kW 或 W）。对于三相异步电动机，$P_N = \sqrt{3} U_N I_N \eta_N \cos\varphi_N$。其中，$U_N$ 为电动机的额定电压（V）；I_N 为电动机的额定电流（A）；η_N 为电动机的额定效率；$\cos\varphi_N$ 为电动机的额定功率因数。对于 380V 的电动机，$I_N \approx 2P_N$，因此可以根据电动机的额定功率估算出额定电流，即一千瓦两个电流。

2）额定电压 U_N：指电动机在额定工作状态时，加在定子绕组上的线电压（V）。

3）额定电流 I_N：指电动机在额定工作状态时，流入定子绕组的线电流（A）。

4）额定转速 n_N：指电动机在额定工作状态时的电动机转速（r/min）。

5）额定频率 f_N：指电动机定子侧电压的频率（Hz）。我国电网 $f_N = 50$ Hz。

3. 接线

接线是指在额定电压下运行时，电动机定子三相绕组的联结方式，有三角形联结和星形联结两种。定子绕组采用哪种接线方式取决于定子绕组的耐压等级，若定子绕组能承受 220 V 的电压，电源电压为 220 V，则采用三角形联结；若电源电压为 380 V，则采用星形联结。

4. 工作制

工作制可分为额定连续工作制（S1）、短时工作制（S2）、断续工作制（S3）3 种。

5. 防护等级

"IP" 和其后面的数字表示电动机外壳的防护等级。IP 表示国际防护等级，其后的第一个数字代表防尘等级，共分 0~6 七个等级；其后的第二个数字代表防水等级，共分 0~8 九个等级。数字越大，表示防护能力越强。

5.1.3 交流绕组的基本知识

1. 交流绕组的几个基本概念

（1）线圈（元件）

线圈是由绝缘导线按一定形状、尺寸在绕线模上绕制而成，可由一匝或多匝组成（见图 5-8），再嵌入定子铁心槽内，按一定规律连接成绕组，故线圈是交流绕组的基本单元，又称元件。线圈放在铁心槽内的直线部分，称为有效边，槽外部分为端接部分。为节省材料，在嵌线工艺允许的情况下，端部应尽可能短。

（2）极矩 τ

两个相邻磁极的中心线之间沿定子铁心内表面所跨过的距离称为极矩 τ，极距一般用每个极面下所占的槽数来表示，即 $\tau = \dfrac{Z}{2p}$。其中，Z 为定子的槽数；p 为磁极对数。

图 5-8 线圈示意图

a）单匝线圈 b）多匝线圈 c）多匝线圈简化图

（3）线圈节距 y

一个线圈的两个有效边所跨过的定子圆周上的距离称为节距，一般用槽数表示。节距 y

应等于或接近于极距 τ。

当 $y=\tau$ 时，称为整距绕组；当 $y<\tau$ 时（$y=5/6\tau$ 或 $4/5\tau$），称为短距绕组。一般采用短距绕组。

（4）机械角度与电角度

电机定子圆周所对应的几何角度为 360°，该几何角度称为机械角度。而从电磁观点来看，转子导体每经过一对磁极，所产生的感应电动势也就变化一个周期，即 360° 电角度。故一对磁极的电角度便为 360°。若电动机有 p 对磁极，转子导体转一周（机械角度为 360°）所产生的感应电动势也就变化 p 个周期，则电角度为 $p\times360°$，所以

$$电角度 = p \times 机械角度$$

（5）槽距角 α

相邻两槽之间的电角度称为槽距角，用 α 表示。由于定子槽在定子圆周内的分布是均匀的，所以 $\alpha=\dfrac{p\times360°}{Z}$。式中，$Z$ 为定子槽数；p 为磁极对数。

（6）每极每相槽数 q

每一个极面下每相所占的槽数为每极每相槽数，即 $q=\dfrac{Z}{2pm}$，其中，m 为绕组相数。

（7）相带

每个磁极下的每相绕组（即 q 个槽）所占的电角度为相带。因为每个磁极占的电角度为 180°，被三相绕组均分，所以相带为 180°/3 = 60°，即在一个磁极下一相绕组占 60° 电角度，称为 60° 相带。

（8）极相组（线圈组）

将一个相带内的 q 个线圈串联起来就构成一个极相组，又称为线圈组。

2. 交流电动机绕组的分布原则和分类

三相电动机应具有三相对称绕组，并且在空间上应均匀分布，互差 120° 电角度，相邻磁极下导体的感应电动势方向相反。所以，交流电动机的绕组排列应遵守以下原则：

1）每相绕组所占槽数要相等，且均匀分布。把定子总槽数 Z 分为 $2p$ 等份，每一等份表示一个极距 $Z/2p$；再将每一个极距内的槽数按相数分成 3 组（三相电动机），每一组所占槽数即为每极每相槽数。

2）根据节距的概念，节距 y 应等于或接近于极距，所以沿一对磁极对应的定子内圆相带的排列顺序为 U1、W2、V1、U2、W1、V2，这样各相绕组线圈所在的相带 U1、V1、W1（或 U2、V2、W2）的中心线恰好为 120° 电角度。图 5-9 所示为 2 极 24 槽、4 极 24 槽绕组分布端面图。图中所标的 60° 为电角度，即 60° 相带。

3）规定 U1、V1、W1 为绕组的首端，U2、V2、W2 为绕组的尾端，且当电流由首端流入、尾端流出时为正，当电流由尾端流入、首端流出时为负。这样从正弦交流电波形图的角度看，除电流为零值外的任何瞬时，都是一相为正，两相为负，或两相为正，一相为负。图 5-10 所示是按照图 5-9 画出的 2 极 24 槽、4 极 24 槽绕组分布状况；图 5-9 表明了当 i_U、i_V 为正，i_W 为负时的电流方向。

4）把属于各相的导体顺着电流方向联结起来，便得到三相对称绕组。这样在空间对称分布的三相绕组中通入三相对称的交流电便可以产生圆形的旋转磁场，转子的导体切割圆形

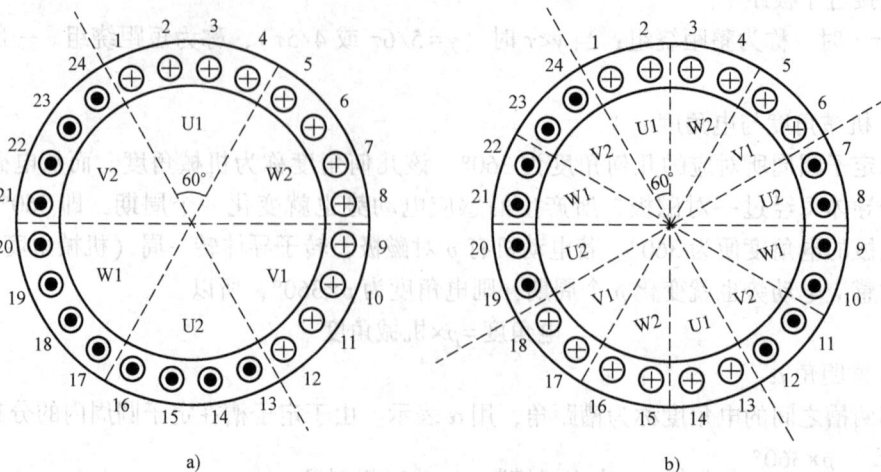

图 5-9 三相绕组分布端面图

a) 2 极 24 槽 60°相带   b) 4 极 24 槽 60°相带

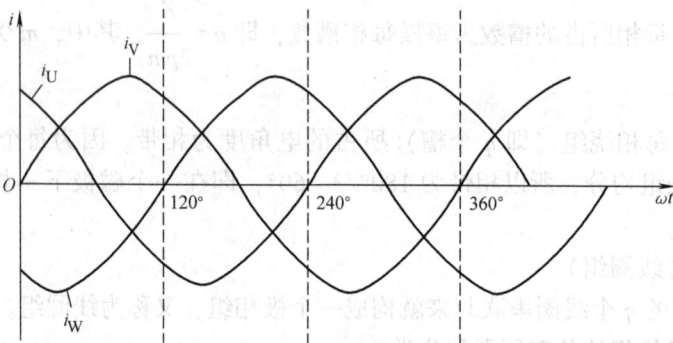

图 5-10 三相对称交流电波形图

旋转磁场则产生感应电动势和感应电流，转子的感应电流在圆形磁场中受到电磁力的作用，形成电磁转矩，驱使电动机的转子转动。

三相交流电动机的绕组按槽内导体的槽数可分为单层绕组和双层绕组。小型异步电动机一般采用单层绕组，而大、中型异步电动机一般采用双层绕组。

下面将主要介绍三相单层绕组的几种常用的联结形式。

3. 三相单层绕组

单层绕组的每个槽内只放一个线圈边，电动机的线圈数是电动机槽数的一半。单层绕组分为链式绕组、交叉式绕组和同心式绕组。

（1）单层链式绕组

已知一台 Y2—90L—4 型三相异步电动机，定子槽数 $Z=24$，磁极数 $2p=4$，画出单层链式绕组的展开图。

1）计算极距 τ、每极每相槽数 q、槽距角 α。

$$\tau = \frac{Z}{2p} = \frac{24}{4} = 6$$

$$q = \frac{Z}{2mp} = \frac{24}{2 \times 3 \times 2} = 2$$

$$\alpha = \frac{p \times 360°}{Z} = \frac{2 \times 360°}{24} = 30°$$

2）分极分相。首先将槽依次编号，将定子的全部槽数按极数分，每极下分有 6 槽，磁极按 S、N、S、N 排列。再将每极下的槽数分成 U、V、W 三相。要求 U1、V1、W1 依次相差 120° 电角度，按 60° 相带的顺序排列，并将各槽号填入表 5-4 中。同样将分极分相画在绕组展开图中，并标出定子导体的电流方向。同一极性下导体的电流方向相同。

表 5-4　24 槽 4 极电机 60° 相带排列表

磁极		S			N		
第一对极	相带	U1	W2	V1	U2	W1	V2
	槽号	1，2	3，4	5，6	7，8	9，10	11，12
第二对极	相带	U1	W2	V1	U2	W1	V2
	槽号	13，14	15，16	17，18	19，20	21，22	23，24

3）组成线圈，确定各相绕组的电源引出线，并顺着电流方向把同相线圈连接起来。

由于采用短距绕组，$y = \tau - 1 = 6 - 1 = 5$，按绕组节距要求把相邻异极下的同一相槽中的线圈边连成线圈，所以 U1 相带中的槽中的线圈边与 U2 相带中槽中的线圈边组成 4 个线圈：2~7、8~13、14~19、20~1。然后顺着电流方向把同相线圈连接起来，如图 5-11 所示。可以看出线圈的连接规律是"头接头，尾接尾"，构成 U 相绕组的展开图。

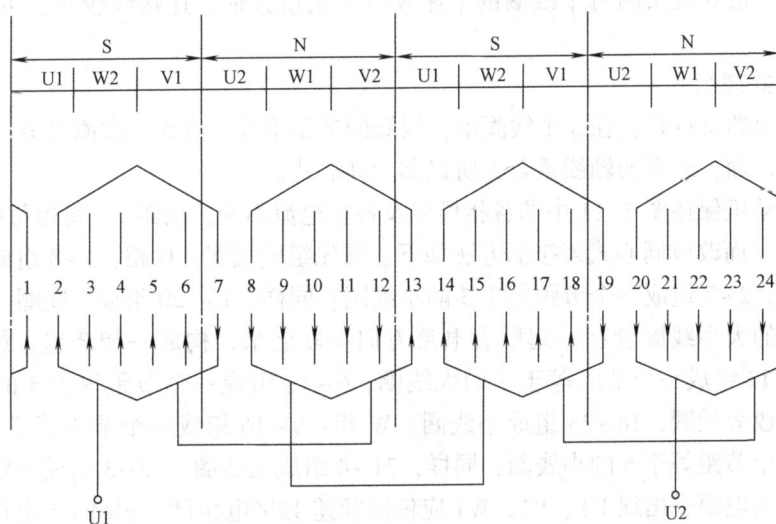

图 5-11　24 槽 4 极 U 相单层链式绕组的展开图

同样，V1 相带中的槽中的线圈边与 V2 相带中槽中的线圈边组成 4 个线圈：6~11、12~17、18~23、24~5；W1 相带中槽中的线圈边与 W2 相带中槽中的线圈边组成 4 个线圈：10~15、16~21、22~3、4~9。

各相绕组的电源引出线 U1、V1、W1 应依次相差 120° 电角度，由于相邻两槽相隔的电角度为30°，则120°电角度应相隔$\frac{120°}{30°}=4$槽。现将 U1 定在 2 号槽，则 V1 应定在 2+4 = 6 号槽，W1 应定在 6+4 = 10 号槽。然后顺着电流方向把同相线圈连接起来，则构成了三相绕组的展开图，如图 5-12 所示。

图 5-12　24 槽 4 极单层链式三相绕组的展开图

由图可见，链式绕组的每个线圈的节距相等，制造方便，连接线较短，主要用于 $q=2$ 的电动机中。

（2）同心式绕组

同心式绕组的特点是：在 q 个线圈中，线圈的节距不等，有大小线圈之分，大线圈总是套在小线圈的外面，线圈的轴线重合，所以称为同心式。

将上述电动机保持图 5-11 中的各相槽号及各相电流不变，极距 τ、每极每相槽数 q、槽距角 α 都不变，而改成同心式连接的方法如下。首先组成线圈，U 相：1~8 组成一个节距等于 7 的大线圈，2~7 组成一个节距等于 5 的小线圈；同样，13~20 组成大线圈，14~19 组成小线圈。同心的大小线圈套在一起顺着电流方向串联起来，构成一相绕组，如图 5-13 所示。V 相：5~12 组成一个节距等于 7 的大线圈，6~11 组成一个节距等于 5 的小线圈；同样，17~24 组成大线圈，18~23 组成小线圈。W 相：9~16 组成一个节距等于 7 的大线圈，10~15 组成一个节距等于 5 的小线圈；同样，21~4 组成大线圈，22~3 组成小线圈。

各相绕组的电源引出线 U1、V1、W1 应依次相差 120°电角度，现将 U1 定在 1 号槽，则 V1 在 5 号槽，W1 在 9 号槽。顺着电流方向把同相线圈连接起来，则构成了三相绕组的展开图，如图 5-14 所示。由图可见同心式绕组的端部连接线较长。

（3）单层交叉式绕组

交叉式绕组主要用于 q 为大于 1 的奇数（如 $q=3$）的 4 极或 2 极电动机中。

已知一台 Y2—132S—4 型三相异步电动机，$Z=36$，$2p=4$。画出三相交叉式绕组展开图。

图 5-13 24 槽 4 极 U 相同心式绕组

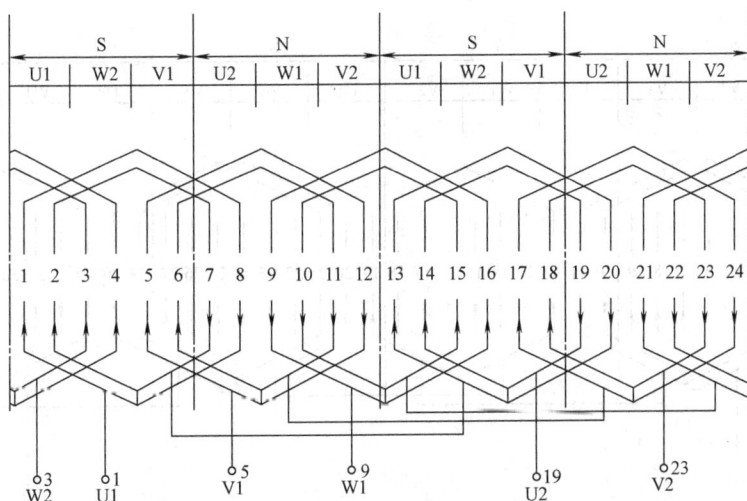

图 5-14 24 槽 4 极三相同心式绕组的展开图

1）计算极距 τ、每极每相槽数 q、槽距角 α。

$$\tau = \frac{Z}{2p} = \frac{36}{4} = 9$$

$$q = \frac{Z}{2mp} = \frac{36}{2\times3\times2} = 3$$

$$\alpha = \frac{p\times360°}{Z} = \frac{2\times360°}{36} = 20°$$

2）分极分相。首先将槽依次编号，将定子的全部槽数按极数分，每极下分有 9 槽，磁极按 S、N、S、N 排列。再将每极下的槽数分成 U、V、W 三相。要求 U1、V1、W1 依次相差 120°电角度，按 60°相带的顺序排列，并将各槽号填入表 5-5 中。同样将分极分相画在绕组展开图中，并标出定子导体的电流方向。同一极性下导体的电流方向相同。

表 5-5　36 槽 4 极电机 60°相带排列表

磁极		S			N		
第一对极	相带	U1	W2	V1	U2	W1	V2
	槽号	1, 2, 3	4, 5, 6	7, 8, 9	10, 11, 12	13, 14, 15	16, 17, 18
第二对极	相带	U1	W2	V1	U2	W1	V2
	槽号	19, 20, 21	22, 23, 24	25, 26, 27	28, 29, 30	31, 32, 33	34, 35, 36

3）组成线圈，确定各相绕组的电源引出线，并顺着电流方向把同相线圈连接起来。

U1 相带中任何一槽的线圈边与 U2 相带任何一槽的线圈边都可以组成一个线圈，但考虑采用短距绕组，节距应尽可能短。将 2~10 和 3~11 分别组成节距等于 8 的大线圈，并串联成一组，将 12~19 组成节距等于 7 的小线圈；同样将 20~28、21~29 分别组成大线圈，并串联成一组，将 30~1 组成一个小线圈。将 U 相的 4 组大小不同的线圈顺着电流方向连接起来，得到 U 相绕组的展开图，如图 5-15 所示。由图可以看出，它是由大小线圈交叉连接而成，故称为交叉式。

图 5-15　36 槽 4 极 U 相交叉式绕组的展开图

同样，V1 相带中槽中的线圈边与 V2 相带中槽中的线圈边组成 4 组线圈：8~16、9~17 为两个大线圈，串联成一组线圈，18~25 组成一个小线圈，26~34，27~35 为两个大线圈，串联成一组线圈，36~7 组成一个小线圈。W1 相带中槽中的线圈边与 W2 相带中槽中的线圈边组成 4 组线圈：14~22、15~23 构成一组大线圈，24~31 构成小线圈，32~4、33~5 构成一组大线圈，6~13 构成小线圈。

各相绕组的电源引出线 U1、V1、W1 应依次相差 120°电角度，由于相邻两槽相隔的电角度为 20°，则 120°电角度应相隔 $\dfrac{120°}{20°} = 6$ 槽。现将 U1 定在 2 号槽，则 V1 应定在 2+6=8 号槽，W1 应定在 8+6=14 号槽。然后顺着电流方向把同相线圈连接起来，就构成了三相绕组的展开图，如图 5-16 所示。

图 5-16　36 槽 4 极单层交叉式绕组的展开图

由图可见，交叉式绕组由两大一小线圈交叉布置而成，它的端部连接线较短，有利于节约材料。

单层绕组的优点是不存在层间绝缘的问题，不会在槽内发生层间或相间绝缘击穿。单层绕组的制造工艺较简单，被广泛地应用于 10kW 以下的异步电动机。但单层绕组不宜用于大中型电动机。

5.1.4　三相异步电动机的安装

1. 电动机安装的基本要求

1）电动机所用的器材设备，必须适应使用环境的需要。例如，易爆危险场所须采用防爆式品种；多尘场所要采用密封式产品等。

2）电动机必须安装在固定的底座上，各种器材的安装须牢固可靠。

3）电动机及其他器材的绝缘电阻必须在 0.5 MΩ 以上。

4）电动机及其开关等设备的外壳上应装有标明主要性能数据的铭牌。

5）线路导线的绝缘应良好，连接要正规，电源线的截面积必须满足载流量的需要，铜芯线最小截面积不得小于 1 mm²，铝芯线最小截面积不得小于 2.5 mm²。电动机线路在室内水平敷设时，离地低于 2 m 的导线，以及垂直敷设时，离地低于 1.3 m 的导线，均应穿钢管或硬塑料管加以保护。

2. 电动机控制保护装置的基本要求

（1）电动机对控制保护装置的要求

电动机控制保护装置的具体组成应能满足实际需要，以保证安全为原则，基本要求如下。

1）每台电动机必须装备一只能单独进行操作的控制开关和能单独进行短路和过载保护的保护装置。

2）使用的开关设备，要具有可靠接通和切断电动机工作电流以及切断故障电流的能力, 质量必须可靠, 结构应完整, 操作机构的功能应当健全。

3) 开关和保护装置的每个单独元件上应标有电压和电流的额定值, 以及能明显反映电路"通"和"断"的标志。

(2) 电动机开关设备的选装要求

1) 对于功率在 0.5kW 以下的电动机, 允许用插头和插座作为电源通断的直接控制; 如需进行频繁操作, 则应在插座板上安装一道熔断器。

2) 对于功率在 3kW 以下的电动机, 允许采用 HK 型瓷底胶盖刀开关, 开关允许电流必须大于电动机额定电流的 2.5 倍。必须在开关内安装熔体的部分用铜丝接通, 然后在开关的后一级另安装一道熔断器, 作为过载和短路保护。

3) 对于功率在 3kW 以上的电动机, 常用的开关有 HH 型刀开关、DZ 型断路器、接触器和 HZ 组合开关等。各类开关的选用可参考第 1 章或查阅电工手册。

4) 功率较大 (大于 11kW) 的电动机起动电流较大, 为不影响其他电气设备的正常运行和线路的安全, 必须加装起动设备, 进行减压起动, 减小起动电流。常用的起动设备有星-三角起动器和自耦变压器起动器等。

(3) 电动机短路保护用的熔断器和熔体的选配

一般中小型电动机常采用熔断器作为电动机的短路保护。选用原则如下。

1) 熔断器的额定电流必须大于电动机额定电流的 3 倍。常用的熔断器有 RL 型 (螺旋式), RL 型多用于控制箱中。

2) 小功率的三相异步电动机一般适用的熔体规格见表 5-6。如果熔体经常熔断, 也不可随意加粗, 应检查熔断原因。

表 5-6 小功率的三相异步电动机熔体规格

电动机的容量/kW	熔体材料	熔体规格 (直径)/mm	熔体额定电流/A
0.6	铅、锡丝	0.81	3.75
0.8、1.0、1.1	铅、锡丝	0.98	5.0
1.5、1.7	铅、锡丝	1.51	10.0
2.2、2.8	铅、锡丝	1.75	12.0
3.0	铅、锡丝	1.98	15.0
4.0、4.5	铜丝	0.60	20.0
5.5	铜丝	0.70	25.0
7.0	铜丝	0.80	29.0
7.5	铜丝	0.90	37.0
10.0	铜丝	1.00	44.0

3. 电动机的安装

电动机的安装工作包括搬运、安装和校正等。

(1) 电动机的搬运

小型电动机由人力来搬运。可以用铁棒穿过电动机吊环, 也可以将绳子拴在电动机的吊环或底座上, 用杠棒搬运。不允许把绳子套在电动机的皮带盘或转轴上来抬电动机。大、中型电动机一般用起重机械搬运。

（2）电动机的安装

1）电动机的座墩。一般中小型电动机大都安装在机械设备的固定底座上，无固定底座的，一定要安装在混凝土座墩上，座墩的形式有直接安装墩和槽轨安装墩。建造电动机座墩时，座墩高出地面一般不应低于150 mm，具体高度要按电动机的规格、传动方式和安装条件等来确定。座墩的长和宽应按电动机底座尺寸来确定，但四周要留出150 mm左右的裕度，以保证埋设的地脚螺栓有足够的强度。槽轨安装墩是在直接安装墩的地脚螺栓上安装槽轨，然后再把电动机安装在槽轨上，这种结构便于在更换电动机时进行安装调整。

为保证地脚螺栓埋设牢固，地脚螺栓的六角头一端要做成人字形开口，埋入长度一般是螺栓直径的10倍左右，人字形开口长度约是埋入长度的一半左右。

2）电动机与座墩的安装方法。小型电动机可用人力抬到基座上，较大的电动机用起重设备或滑轮来安装。为防止振动，安装时须在电动机与座墩间衬垫一层质地坚韧的木板或硬橡皮等防振物，4个紧固螺栓上均要套弹簧垫圈。拧紧螺母时要按对角线交错、依次逐步拧紧，每个螺母要拧得一样紧。

3）导线的敷设。操作开关到电动机之间的连接导线要穿管（管口要套上木圈）加以保护。机床设备上一般都有固定在床身上的电线管，活动部分用软管连接。这段导线一般分成两段，一段从控制箱（板）到操作开关，另一段从控制箱（板）到电动机，通常在控制箱（板）内设有接线柱，供导线连接用。

如果控制设备和电动机不是配套产品，这段导线的走线形式常用的有两种：一种是从地下埋管（用厚壁管）通过；另一种是用明管线路，沿建筑面敷设到电动机。

（3）电动机的校正

1）电动机的水平校正。一般用水平仪放在转轴上进行，并用0.5~5 mm厚的钢片垫在机座下，以调整电动机的水平。

2）带传动的校正。使电动机的轴与被驱动机械的轴保持平行，两带轮宽度的中心线应在一条直线上。

3）联轴器传动的校正。当电动机与被驱动的机械采用联轴器连接时，必须使两轴的中心线保持在一条直线上；否则，电动机转动时将产生很大的振动，严重时会损坏联轴器。由于电动机转子和被驱动机械转动部分的重力会使轴产生一定的挠度，使联轴器的两端面不平行，所以在安装时必须使两端轴承装得稍高一些，以保证联轴器两端面平行。

4）齿轮传动的校正。当电动机通过齿轮与被驱动的机械连接时，必须使两轴保持平行。可用塞尺测量两齿轮的齿间间隙，应使其间隙一致。同时用颜色印迹法来检查大小齿轮啮合是否良好，一般应使齿轮接触部分不小于齿宽的2/3。

（4）电动机操作开关的安装

电动机的操作开关必须安装在操作时能监视到电动机的起动和被拖动机械的运转情况的位置上；各种机床的操作开关，必须装在最便于操作，又不易被人体或工件等触碰而产生误动作的位置上；开关装在墙上时，宜装在电动机的右侧。

如果开关需要装在远离电动机的地方，则必须在电动机附近加装紧急时切断电源用的应急开关，同时还要加装开关合闸前的预示警告装置，以便处于电动机及被拖动机械周围的人得到警告。

操作开关的安装位置还应保证操作者操作时的安全。

（5）控制开关的安装

1）小型电动机不需要做频繁操作，或不需要做换向和变速操作时，一般只需一个开关。

2）对于需要频繁操作或需要进行换向和变速操作的，则应装两个开关（称为两级控制）。前一个开关用于控制电源，叫控制开关，常采用封闭式负荷开关、断路器和转换开关。后一个开关用来直接操作电动机，叫操作开关。如果采用起动器，则起动器就是操作开关。

3）采用无明显分断点的开关（如电磁开关）时，必须装两个开关，即在其前一级装一个有明显分断点的开关，如刀开关、转换开关等，作为控制开关。对于容易产生误操作的开关，如手柄倒顺开关、按钮开关等，也必须在其前一级加装控制开关，以防止开关误动作而造成事故。

（6）熔断器的安装

熔断器必须与开关装在同一块木台上，或同一个控制箱内。凡作为保护用的熔断器，必须装在控制开关的后级和操作开关（包括起动开关）的前级。

用断路器作控制并关时，所采用操作开关又无保护装置的，就应在断路器的前一级装一道熔断器形成双重保护，当热脱扣器或电磁脱扣器失灵时，可以由熔断器起保护作用，同时熔断器可兼作隔离开关，以便维修时切断电源。

采用倒顺开关和电磁开关作为操作开关，而前级用转换开关作为控制开关时（一般机床常采用这种结构形式），必须在两级开关之间安装一道熔断器。

每道熔断器在三相回路中应安装3个型号、规格相同的熔体，分别串接在3根相线上。

（7）电压表和电流表的安装

有些大、中型或要求较高的电动机，为了监视电源电压和额定电流，在控制板上应同时装有电压表和电流表。电压表通常只用一只，通过换相开关进行换相测量，电压表的量程为450 V 或 500 V。要求较高的应装3个电流表，一般要求的，可只将一个电流表串接在第二相。电流表的规格必须可以通过电动机起动电流，宜选用大于电动机额定电流2~3倍的量程。

若电动机额定电流大于50 A，则需要使用电流互感器将大电流变成小电流。电流互感器的规格同样要大于电动机额定电流的2~3倍，配用电流互感器的电流表的规格可选用5 A。

5.1.5 电动机绕组的检测技能训练

1. 实训目的

1）学习电动机绕组出线端的判断方法。

2）学习测量电动机绕组电阻值的方法。

3）掌握调压器、万用表及电桥的使用方法。

2. 实训设备及器材

三相电动机（JO2—42—4，7.5 kW）、单相调压器、直流双臂电桥（QJ26—1）、万用表（MF47）、24 V 指示灯、导线、白胶布若干及电工常用工具一套。

3. 实训内容

（1）判断电动机出线端的组别

方法一：导通法。将万用表拨到 $R \times 1\ \mathrm{k\Omega}$ 电阻档，一支表笔接电动机任一根出线，另一支表笔分别接其余出线，测得有阻值时两表笔所接的出线即是同一绕组。同样可区分其余出线的组别。判断后做好标记。

方法二：电压表法。将小量程电压表一端接电动机任一根出线，另一端分别接其余出线，同时转动电动机轴。当表针摆动时，电压表所接的两根出线属同一绕组。同样可区分其余出线的组别。判断后做好标记。

用万用表的电压 1 V 档代替电压表也可以进行判断。但应注意，必须缓慢转动电动机轴，以防指针大幅度反打损坏表头。

（2）电动机绕组首末端判断

方法一：绕组串联示灯法。按图 5-17 接线，具体操作步骤如下。

1）将调压器二次输出电压调到 36 V 后断开初级电源，将电动机任一相绕组的两根出线接到调压器次级输出端子上。

2）将电动机其余两相绕组的出线各取一根短接好，另外两根出线接指示灯。

图 5-17　绕组串联示灯法判断
电动机绕组首末端

3）接通调压器一次电源后观察指示灯。灯亮时，表明短接的两根出线为电动机两相绕组的异名端（即一首一尾）；灯不亮则表明短接的两线为两相绕组的同名端（即同为首或尾）。

用同样的方法可判断另一相首末端。

注意：接通电源前应仔细检查接线，防止短路事故。观察指示灯亮（或暗）后立即切断电源，避免电动机绕组和调压器绕组过热。

方法二：绕组串联电压表法。按图 5-18 接线。电压表法与示灯法的区别是用交流电压表代替指示灯。操作步骤与上方法相同。当电压表有显示时，接表的两根出线为电动机两相绕组的异名端。如无电压表，可用万用表交流 50 V 档代替。

方法三：电流表法。按图 5-19 接线，具体操作步骤如下。

图 5-18　绕组串联电压表法
判断电动机绕组首末端

图 5-19　电流表法判断
电动机绕组首末端

1）将电动机任一绕组的两根出线通过一只常开按钮接到电池两端。

2）将万用表拨到直流 0.5 mA 档，两支表笔接其余任意一相绕组的两出线。

3）注意观察表头。按下按钮时，如表针正向摆动，表明电池正极和万用表黑表笔所接的出线为电动机两相绕组的同名端；若表针反向摆动，则表明电池正极与红表笔所接的出线为两相绕组的同名端。判断后做好标记。

方法四：万用表法。用万用表检查绕组的首、尾端时可参见图 5-20 进行接线，用万用表的毫安档测试。转动电动机的转子，如表针不动，说明三相绕组是首首相连，尾尾相连。如表针摆动，则可将任一相绕组引出线首尾位置调换后再试，直到表针不动为止。

图 5-20 用万用表检查绕组的首尾端

a）表针不动，绕组首尾连接正确 b）表针摆动，绕组首尾连接错误

（3）测量电动机绕组的电阻值

方法一：万用表法。用万用表的电阻档测量电动机绕组的电阻值时误差很大。例如：7.5 kW 电动机的一相绕组电阻值约为 1.2 Ω，而万用表的 $R×1$ 电阻档最小刻度为 1（Ω），所以测量结果的准确值为 1 Ω，而其余的 0.2 Ω 是估计值。需要检查各绕组的电阻值差别时万用表就不符合要求了。用万用表测量功率为几十至几百瓦的小电动机绕组时尚可，但也不是很准确。测量前先进行万用表的机械调零，根据待测电动机的阻值选用适当的档位后，再将两支表笔短接进行调零。指针摆不到零位时，应更换电池。

方法二：电桥法。用电桥测量电动机绕组的电阻可以得到准确的测量值。使用 QJ26—1 型直流双臂电桥可以测量 11 Ω 以下的电阻，最大相对误差仅为 ±2%。具体操作步骤如下。

1）验表。检查电桥的两组电源，如电池电压不足则应更换。按下检流计按钮 G，调节检流计上方的零位调节旋钮，使指针指零位；然后打开 9 V 电压开关 W，如指针偏离零位，则调节 W 使指针回零，松开按钮 G。

2）接线。如图 5-21 所示，从待测绕组的首端和末端接线端子各引出两根连线（使用的导线应尽量粗一些，截面积 2.5 mm² 以上，尽量短些，以能接入电桥为限）。两根导线不得绞接。应各自弯成圆环状，两导线圆环中间加一圆垫圈，依次套入接线端子紧固牢靠。将两接线端子上、下面的两根连线分别接入电桥的电流端（C1、C2）和电位端（P1、P2）。

3）根据万用表测得的绕组电阻值适当选择比较臂的电阻值、比率臂的比值。

4）测量。按下电源按钮 B，稍候再按下检流计按钮 G，如检流计指针偏向"＋"方向，则增大比较臂阻值（反之则减小比较臂的阻值），直到电桥平衡（即检流计指针指向零）。先松开 G，再松开 B，防止绕组感应电动势损坏检流计。

图 5-21 电桥法测量电动机绕组

5）读取比较臂阻值和比率臂的比值，按下式计算：

待测绕组的电阻值＝比率×比较臂阻值（两读数盘数值之和）

同样，可测得其余两相绕组的阻值，并记录测量结果：第一相绕组电阻为（　　）Ω；第二相绕组电阻为（　　）Ω；第三相绕组电阻为（　　）Ω。

5.2　异步电动机的选用原则

1）电动机的选配必须适应不同机械设备和不同工作环境的需要，根据机械设备对电动机起动特性、机械特性的要求选择电动机种类。选用原则如下。

① 无特殊变速、调速要求的一般机械设备，可选用机械特性较硬的笼型异步电动机。

② 要求起动特性好、在不大的范围内平滑调速的设备，应选用绕线转子异步电动机。

③ 有特殊要求的设备，则选用特殊结构的电动机。例如小型卷扬机、升降设备及电动葫芦，可选用锥形转子制动电动机。

④ 根据电动机的使用场合选择它的结构形式。在灰尘较少且无腐蚀性气体的场合，可选用一般的防护式电动机；而潮湿、灰尘多或含腐蚀性气体的场合应选用封闭式电动机；在有易爆气体的场合，则选用防爆式电动机。

2）电动机功率要严格按机械设备的实际需要选择，不可任意增加或减小功率。在具有同样功率的情况下，要选用电流小的电动机。

电动机的容量（功率）应当根据所拖动的机械负载选择。如果电动机的功率选得过小，则会造成电动机过载发热。长时间的过载将引起电动机绝缘破坏，甚至烧毁电动机，所以选择电动机容量时应留有余地，一般应使电动机的额定功率比拖动的负载稍大一些。当然也不可过大，否则会使电动机的效率和功率因数下降，造成电力的浪费。

当电动机在恒定负荷状态运行时，其功率计算公式为 $P = \dfrac{P_L}{\eta_L \eta}$。式中，$P$ 为电动机的功率（kW）；P_L 为负荷的机械功率（kW）；η_L 为生产机械的效率；η 为电动机的效率。

应根据计算结果选择最接近计算结果的产品，其容量不小于所计算出的功率值。

3）电动机的转速应根据机械设备的要求选择，可选用高速电动机或齿轮减速电动机，还可以选用多速电动机。

4）电动机工作电压的选定应以不增加起动控制设备的投资为原则。

要求电动机的额定电压必须与电源电压相符。电动机只能在铭牌上规定的电压条件下使用，允许工作电压的偏差为-5%～+10%。例如，额定电压为 380V 的异步电动机，当电源电压在 361～418V 范围内波动时，此电动机可以使用。如超出此范围，电压过高时将引起电动机绕组过载发热；电压过低时电动机出力下降，甚至拖不动机械负载而引起"堵转"。"堵转"电流很大，可能引起电动机的绕组发热烧毁。如果电动机铭牌上标有两个电压值，写作 220V/380V，则表示这台电动机有两种额定电压。当电源电压为 380V 时，将电动机绕组接成丫形使用；而电源电压为 220V 时，将绕组接成△形使用。

5）电动机温升的选择应依据使用环境的实际要求。高温、高湿和通风不良等环境下，应选用具有较高温升的电动机，当然，电动机允许温度越高，价格也越高。

5.3 电动机运行前的检查和试车

5.3.1 起动前的检查

电动机起动前的检查内容如下。

1）测量绝缘电阻。新安装的或停用 3 个月以上的电动机，用兆欧表测量电动机各相绕组之间及每相绕组与地（机壳）之间的绝缘电阻。对于绕线转子电动机，还要测量转子绕组对机壳、集电环对机壳和集电环之间的绝缘电阻。通常对 500 V 以下的电动机用 500 V 的兆欧表测量，对 500 ~ 3000 V 的电动机用 1000 V 兆欧表测量，对 3000 V 以上的电动机用 2500 V 兆欧表测量。

测量前应首先检查兆欧表，具体方法是：先把兆欧表端点断开，摇动手柄，观察指针是否指向 ∞，再把兆欧表端点短接，摇动手柄，观察指针是否指向 0 处。如果不是说明兆欧表有故障。

验表后，测试前应拆除电动机出线端子上的所有外部接线。按要求，电动机每 1 kV 工作电压，绝缘电阻不得低于 1 MΩ；电压在 1 kV 以下、容量为 1000 kW 及以下的电动机，其绝缘电阻应不低于 0.5 MΩ。如绝缘电阻较低，则应先将电动机进行烘干处理，然后再次测试，合格后才可通电使用。

2）检查二次回路接线是否正确。二次回路接线检查可以在未接电动机的情况下先模拟动作一次，确认各环节动作无误，包括信号灯显示正确。检查电动机引出线的连接是否正确，相序和旋转方向是否符合要求，接地或接零是否良好，导线截面积是否符合要求。

3）检查电动机内部有无杂物。用干燥、清洁的 200 ~ 300 kPa 压缩空气吹净内部（可使用吹风机等来吹），但不能碰坏绕组。

4）检查电动机铭牌所示电压、频率与所接电源电压、频率是否相符，电源电压是否稳定（通常允许电源电压波动范围为 ±5%），绕组接法是否与铭牌所示相同。如果是减压起动，还要检查起动设备的接线是否正确。

5）检查电动机紧固螺栓是否松动，轴承是否缺油，定子与转子的间隙是否合理，间隙处是否清洁和有无杂物。检查机组周围有无妨碍运行的杂物，电动机和所拖动机械的基础是否牢固。

6）检查保护电器（断路器、熔断器、交流接触器、热继电器等）整定值是否合适，动、静触点接触是否良好。检查控制装置的容量是否合适，熔体是否完好，规格、容量是否符合要求和装接是否牢固。

7）电刷与换向器或集电环接触是否良好，电刷压力是否符合制造厂的规定。

8）检查起动设备是否完好，接线是否正确，规格是否符合电动机要求。用手扳动电动机转子和所拖动机械的转轴（如水泵、风机等），检查转动是否灵活，有无卡滞、摩擦和扫膛现象。确认安装良好，转动无碍。

9）检查传动装置是否符合要求。传动带松紧是否适度，联轴器连接是否完好。

10）检查电动机的通风系统、冷却系统和润滑系统是否正常。观察是否有泄漏印痕，转动电动机转轴，看转动是否灵活，有无摩擦声或其他异声。拆下轴承盖，检查润滑油油质、油量。一般润滑油的填充量应不超过轴承盒容积的 70%，也不得少于容积的 50%。

11）检查电动机外壳的接地或接零保护是否可靠和符合要求。

电动机经以上检查合格，便可进行试车。

5.3.2 电动机的空载试车

空载试车的目的是检查电动机通电空转时的状态是否合格。空载试车的检查项目及要求如下。

1）运行时检查电动机的通风冷却和润滑情况。电动机的进风口和出风口应畅通无阻，通风良好，风扇与风扇罩无相互擦碰现象，轴承应转动均匀，润滑良好。

2）判断电动机运行音响是否正常。电动机运行音响应均匀、正常，不得有嗡嗡声、碰擦声等异常的声音。

3）测量空载电流。电动机空载试车过程中，应监视电源电压和电动机的空载电流。一般在电源配电柜上都装有电压表和电压换相开关，可以用来检测三相电压是否平衡。这样当电动机三相电流异常时，可以判断是不是电源引起的。电动机试车时，可以用电流表配合电流换相开关测定三相空载电流。检测时应注意两个问题，一是空载电流与额定电流的百分比，符合表 5-7 规定范围的为合格；二是三相电流的不平衡程度。电动机空载运行三相电流不平衡程度在 5% 左右即为合格，各相电流不平衡程度超过 10% 应视为故障。

表 5-7　电动机空载电流与额定电流的百分比

极数 ＼ 功率/kW	0.125	0.5 以下	2 以下	10 以下	50 以下	100 以下
2	70~95	45~70	40~55	30~45	23~35	18~30
4	80~96	65~85	45~60	35~55	25~40	20~30
6	85~98	70~90	50~65	35~65	30~45	22~33
8	90~98	75~90	50~70	37~70	35~50	25~35

如果试车电源没有设电流表，也可以用钳形电流表来检测电动机的空载电流。

4）测量电动机各部分温升。空载试车时，在电动机机壳各部位用手贴住片刻，如果没有明显发烫的感觉，即认为正常。如需较准确地测定电动机的温度，可采用温度计法测定铁心温度。具体方法是：卸下电动机的吊环，将酒精温度计插入吊环孔内用棉花塞好，测得铁心的近似温度。不同绝缘等级的异步电动机各部位的温升限度见表 5-8。

表 5-8　三相异步电动机的最高容许温度（周围环境温度为 +40℃）

绝缘等级	测试项目	测试方法	定子绕组	转子绕组		定子铁心	集电环	滑动轴承	滚动轴承
				绕线式	笼型				
A	最高容许温度/℃	温度计法	95	95	—	100	100	80	95
		电阻法	100	100	—				
	最大容许温升/℃	温度计法	55	55	—	60	60	40	55
		电阻法	60	60	—				

（续）

绝缘等级	测试项目	测试方法	定子绕组	转子绕组		定子铁心	集电环	滑动轴承	滚动轴承
				绕线式	笼型				
E	最高容许温度/℃	温度计法	105	105	—	115	110	80	95
		电阻法	115	115	—	—	—	—	—
	最大容许温升/℃	温度计法	65	65	—	75	70	40	55
		电阻法	75	75	—	—	—	—	—
B	最高容许温度/℃	温度计法	110	110	—	120	120	80	95
		电阻法	120	120	—	—	—	—	—
	最大容许温升/℃	温度计法	70	70	—	80	80	40	55
		电阻法	80	80	—	—	—	—	—
F	最高容许温度/℃	温度计法	125	125	—	140	130	80	95
		电阻法	140	140	—	—	—	—	—
	最大容许温升/℃	温度计法	85	85	—	100	90	40	55
		电阻法	100	100	—	—	—	—	—
H	最高容许温度/℃	温度计法	145	145	—	165	140	80	95
		电阻法	165	165	—	—	—	—	—
	最大容许温升/℃	温度计法	105	105	—	125	100	40	55
		电阻法	125	125	—	—	—	—	—

表 5-9　电动机的允许振动值

转　数 /（r/min）	允许振动值/mm	
	一般电动机	防爆电动机
3000	0.06	0.05
1500	0.10	0.085
1000	0.13	0.10
750 以下	0.16	0.12

5）检查电动机的振动。空载试车时，电动机的振动不应超过表 5-9 的规定。

6）检查绕线转子电动机电刷与集电环的工作情况。绕线转子电动机空载试车时，应经常检查电刷和集电环的接触情况，不允许有严重的火花，否则应调整电刷弹簧的压力或清理集电环，必要时进行修磨或更换。

空载试车的时间一般为 1 h 左右，对重复短时工作制的电动机可适当减少空载运行时间。电动机经过空载试运行，各项检查都合格，即可带负荷试运行。

5.3.3　测量电动机的绝缘电阻、空载电流、转速及运行温度技能训练

1. 实训目的

1）掌握使用兆欧表测量电动机绝缘电阻的方法。

2）掌握使用钳形电流表测量电动机空载电流的方法。

3）掌握使用转速表测量电动机转速的方法。

4）掌握使用点温计测量电动机运行温度的方法。

2. 实训设备

兆欧表、钳形电流表、转速表、转速计、半导体点温计、电动机及电工常用工具一套。

3. 实训内容

（1）测量三相笼型异步电动机的绝缘电阻

1）选用兆欧表。测量额定电压 500 V 以下的旧电动机的绝缘电阻可选用 500 V 兆欧表；测量额定电压 500 V 以下的新电动机或额定电压在 500 V 以上的电动机可选用 1 kV 兆欧表。

2）对兆欧表进行检查。兆欧表的外观应清洁、无破损；摇把应灵活；表针无卡死现象；各端钮齐全；测试线绝缘应良好。将兆欧表水平放置，两支表笔分开，摇动手柄，表针指向无穷大（∞）处。做短路试验，将两表笔短接、轻摇手柄，表针应指 0 Ω（0）处。注意：做兆欧表短路试验时，表针指 0 后不要继续摇手柄，以防损坏兆欧表；不能使用双股绝缘导线或绞型线做测量线，以免引起测量误差。

3）摇测定子绕组相间绝缘。将兆欧表水平放置，把两支表笔中的一支接到电动机一相绕组的接线端上（如 U 相），另一支接到电动机另一相绕组的接线端上（如 V 相），顺时针由慢到快摇动手柄至转速 120 r/min，然后匀速摇动手柄 1 min，读取数据。读完数据后，先撤表笔后停摇。按以上方法再测 U 相与 W 相、V 相与 W 相之间的绝缘电阻，并记录在表 5-10 中。

4）摇测绕组对机壳的绝缘。将兆欧表的黑色表笔（E）接于电动机外壳的接地螺栓上，红色表笔（L）接于绕组的接线端上。摇动手柄至转速 120 r/min 后匀速摇动手柄 1 min，读取数据。然后，先撤表笔后停摇。按以上方法再摇测 V 相对机壳，W 相对机壳的绝缘电阻，并记录测量结果。

5）绝缘电阻合格值。新电动机定子绕组绝缘电阻值不应小于 1 MΩ；旧电动机定子绕组绝缘电阻值每伏工作电压不小于 1 kΩ；绕线转子电动机转子绕组绝缘电阻值每伏工作电压不小于 0.5 kΩ。

将测量数据与上述合格值进行比较。绝缘电阻值大于合格值的电动机可以使用。

表 5-10　三相笼型异步电动机的绝缘电阻

项目	U-V	V-W	W-U	U-地	W-地	V-地
测量值						
结果分析						

（2）测量电动机的空载电流

1）选表。测量笼型异步电动机空载电流可选用磁电式钳形电流表，而测量绕线转子电动机转子绕组电流应选用电磁式钳形电流表。根据被测电动机铭牌上的额定电流值选择合适量程的钳形电流表。

2）验表。钳形电流表的外壳应清洁完整、绝缘良好、干燥；钳口应能紧密闭合；使用前应进行机械调零。

3）测量。根据被测电流的大小，选择钳形电流表适当的档位，如无法估计被测电流的大小，则应先将量程置于最大档。使被测导线位于钳口内的中央读数，如果测量时表针过于偏向表盘两端，应打开钳口将表退出，更换量程后重新嵌入进行测量。读数时视线应垂直于表盘，将读数乘以倍率得出测量结果，并记录在表 5-11 中。

注意：测量者应戴绝缘手套或干燥的线手套；注意与带电体的安全距离；测量电动机电流时仅钳入电源一根相线；如测量值太小（钳形电流表已换到最小量程），可将导线绕几圈放入钳口测量，然后将测量结果除以放进钳口内的导线根数；如测量时有杂音，可将钳口打开一下再闭合即可消除；测量完毕应将量程切换到最大，防止再次使用时因未转换量程而损坏电表；不宜用钳形电流表去测裸导体中的电流。

表 5-11　三相笼型异步电动机的空载电流

项目				
测量值				
结果分析				

（3）测量电动机的转速

方法一：使用离心式转速表测电动机的转速。

1）检查电动机的各端子接线和接地线，检查电动机轴头，如果有油污应先擦净。

2）检查转速表的测轴转动是否灵活。根据电动机轴头的情况选择合适的测速器在测轴上卡好，先将调速盘旋转到最低测速范围，转动测速器观察分度盘上的指针显示是否正常。根据电动机铭牌上的转速值选择适当的测速范围，即将调速盘上的刻度数值转到与分度盘相同的水平面。

例如：从电动机铭牌查得转速为 1450 r/min，使用 LZ—45 转速表测速，从调速盘查得转速幅度Ⅲ为 450~1800 r/min，则将调速盘转到转速幅度Ⅲ。如果不知道电动机的转速，则应选择最高转速范围Ⅴ，然后根据读得转速降低转速范围。

3）测速。电动机起动后，使测速器与电动机轴缓慢接触，注意使两轴保持在同一水平轴线上，逐步加力使测轴与电动机轴转速一致。测速器不可打滑，保持良好接触，但也不能过分用力。如果选择转速幅度Ⅲ，则从分度盘外圈读取指针所指向的数字后乘以 100 即为所测的转速（若使用转速幅度Ⅱ、Ⅳ，则读取分度盘内圈数字再乘以相应的倍率）。测量后将调速盘转到测速范围Ⅴ。

方法二：使用 HT—331 数字式转速计测电动机的转速。

1）验表。打开转速计背面的电池盒盖，装入 4 节容量充足的 5 号电池，盖好电池盒盖。注意要按盒内的标记装入，不可将极性装反。按下转速计正面的按钮，显示屏应显示"0000"，用手转动测轴，显示屏应显示转速值，并能保持读数 1 s 左右。

2）选择适当的测速器卡在测轴上，使测轴与电动机轴保持在同一轴线上，与电动机轴头接触良好并保持同一转速，从显示屏上直接读取测量结果。

注意：被测电动机应安装牢固、接地可靠、运行平稳；测量环境应有足够的照明；测量者应穿规定的工作服，注意与旋转部件保持安全距离并有人监护。

（4）测量电动机的运行温度

1）验表。半导体点温计的外壳应清洁、完好，探头引线应完好，插头接插良好，点温计内应安装电压规格符合要求的干电池；使用前先进行表针的机械调零和满刻度调零，然后将旋钮置于"测量"位置备用。

2）测量。将被测电动机的吊环卸下，可在吊环孔内放入少许棉絮以防电动机振动时损坏点温计探头，为保证热量传导，可在吊环孔内加少量机油；然后将探针小心地放入孔内，使探头与被测电动机铁心良好接触，待点温计指针稳定后读取测量值，该测量值为电动机铁心的运行温度。据此温度可推算电动机绕组的运行温度和电动机的温升。

注意：测量时要保持与电动机等设备的安全距离；点温计探头为玻璃封装的半导体 PN结，强度低、易损坏，应注意保护；测量环境应有足够的照明；不能有强电磁场；点温计使用后应关闭电源，长期不用时应取出电池，保存在干燥、无腐蚀性气体的场所。

5.4　电动机运行中的监视与维护

电动机在运行时，要通过听、看、闻等及时监视电动机的运行状况，以便在电动机出现不正常现象时及时切断电源、排除故障。具体项目如下。

1）听电动机在运行时发出的声音是否正常。电动机正常运行时，发出的声音应该是平稳、轻快、均匀、有节奏的。如果出现尖叫、沉闷、摩擦、撞击、振动等异声时，应立即停机检查。如当电动机过载时会发出较大的嗡嗡声，当三相电流不平衡或缺相运行时嗡嗡声会特别大。

2）观察电动机有无振动。电动机若出现振动，会引起与之相连的负载部分不同心度增高，形成电动机负载增大，出现超负荷运行，就会烧毁电动机。因此，在电动机运行中要多做相关检查，尤其是对大功率电动机更要经常检查地脚螺栓、电动机端盖、轴承盖等是否松动，接地装置是否可靠，发现问题后及时解决。

3）闻电动机运行时的气味。电动机过热时，绕组的绝缘物分解，可以闻到特殊的绝缘漆的气味；如轴承因缺油而严重发热或润滑油填充过量使轴承发热，可以闻到润滑油挥发的气味。噪声和异味是电动机运转异常、随即将出现严重故障的前兆，必须随时发现并查明原因后排除。

4）监视电动机运行中的温度。电动机运行时的允许温度范围由电动机所使用的绝缘材料的极限温度决定，各绝缘等级的三相异步电动机的最高允许运行温度见表 5-8。电动机运行时的温度不得超过表中所规定的温度。检查电动机的温度及电动机的轴承、定子、外壳等部位的温度有无异常变化，尤其对无电压、电流指示及没有过载保护的电动机，对温升的监视更为重要。若发现轴承附近的温升过高，就应立即停机检查电动机轴承是否缺油。注意电动机在运行中是否发出焦臭味，如有，说明电动机温度过高，应立即停机检查原因。

5）注意电动机的清洁和通风。保持电动机的清洁，特别是接线端和绕组表面的清洁。不允许水滴、油污及杂物落到电动机上，更不能让杂物和水滴进入电动机内部。要定期检修电动机，清洁内部，更换润滑油等。电动机在运行时，其进风口周围至少 3 m 内不允许有尘土、水渍和其他杂物，以防止吸入其内部，形成短路介质，或损坏导线绝缘层，造成匝间短路、电流增大、温度升高而烧毁电动机。所以，要保证电动机有足够的绝缘电阻，以及良好的通风冷却环境，才能使电动机在长时间运行中保持安全稳定的工作状态。

6）要定期测量电动机的绝缘电阻，特别是电动机受潮时，如发现绝缘电阻过低，要及时进行干燥处理。

7）对绕线转子电动机，要经常注意电刷与集电环间的火花是否过大，如火花过大要及时停机检修。若火花是由电刷弹簧压力不足、电刷碎裂或磨损过度而引起的，应进行调整、修磨或更换；若火花是由集电环脏污而引起的，则应进行清理。

8）监视电动机运行时的电流。

监视电动机运行时的电流目的之一是保持电动机在额定电流下工作。电动机过载运行的主要原因是拖动的负载过大，电压过低，或被拖动的机械负载卡滞等。若过载时间过长，电动机将从电网中吸收大量的有功功率，电流便急剧增大，温度也随之上升，在高温下电动机的绝缘便会老化失效而烧毁。因此，在电动机运行中，要注意检查传动装置运转是否灵活、可靠，联轴器的同心度是否标准，齿轮传动是否灵活等。若发现有卡滞现象，应立即停机查明原因、排除故障后再运行。

监视电动机运行时的电流目的之二是检查电动机三相电流是否平衡。其三相电流的任何一相电流与其他两相电流平均值之差不允许超过10%，这样才能保证电动机安全运行。如果超过则表明电动机有故障，必须查明原因并及时排除。

9）对电动机起动控制设备的维护。

起动设备是否正常工作和电动机起动设备技术状态的好坏，对电动机的正常运行起着决定性的作用。实践证明，绝大多数电动机的烧毁原因都是起动设备工作不正常，如起动设备缺相起动，接触器触点拉弧、打火等。起动设备的维护主要是清洁、紧固。接触器触点不清洁会使接触电阻增大，引起发热烧毁触点，造成缺相而烧毁电动机；接触器电磁线圈的铁心锈蚀和尘积，会使衔铁吸合不严，并发出强烈噪声，增大线圈电流，烧毁线圈而引发故障。因此，电气控制柜应设在干燥、通风和便于操作的位置，并定期除尘。应经常检查接触器触点、线圈铁心、各接线螺钉等是否可靠，机械部位动作是否灵活，使其保持良好的技术状态。

电动机的保护往往与控制设备及其控制方式有一定关系，即保护中有控制，控制中有保护。如电动机直接起动时往往会产生4~7倍额定电流的起动电流，若由接触器或断路器来控制，则应考核它们的触点是否能承受起动电流的接通和分断，即使是可频繁操作的接触器也会引起触点磨损加剧，以致损坏。对塑壳式断路器，即使是不频繁操作，也很难达到要求，因此，使用中往往与起动器串联在主回路中一起使用，此时由起动器中的接触器来承受接通起动电流，而其他电气元器件只承受正常运转中出现的电动机过载电流分断，至于保护功能，则由配套的保护装置来完成。

此外，对电动机的控制还可以采用无触点方式，即采用软起动控制系统。电动机主回路由晶闸管来接通和分断。有的为了避免在这些元器件上的持续损耗，正常运行中采用真空接触器承受主回路（并联在晶闸管上）负载。这种控制有程控或非程控、近控或远控、慢速起动或快速起动等多种方式。另外，依赖电子线路，很容易做到如电子式继电器那样的各种保护功能。最后，不管采用何种保护装置，必须考虑过载保护装置与电动机、与短路保护装置的协调配合。在实际工作中应不断积累经验，能够快速、准确判断电动机及控制设备存在的问题与故障，找出故障原因并加以分析，及时采取措施，以保证电动机及传动设备的正常运行。

5.5 电动机运行中的常见故障和处理

5.5.1 电动机发生故障的原因

电动机发生故障的原因可分为内因和外因两类。

1. 故障外因

1）电源电压过高或过低。

2）起动和控制设备出现缺陷。

3）电动机过载。

4）馈电导线断线，包括三相中的一相断线或两相馈电导线断线。

5）周围环境温度过高，有粉尘、潮气及对电动机有害的蒸汽或其他腐蚀性气体。

2. 故障内因

1）机械部分损坏，如轴承和轴颈磨损，转轴弯曲或断裂，支架和端盖出现裂缝。拖动的机械发生故障（有摩擦或卡滞现象），引起电动机过电流发热，甚至造成电动机卡住不转（堵转），使电动机温度急剧上升，绕组烧毁。

2）旋转部分不平衡或联轴器中心线不一致。

3）绕组损坏，如绕组对外壳和绕组之间的绝缘击穿，匝间或绕组间短路，绕组各部分之间以及换向器之间的接线发生差错、焊接不良，绕组断线等。

4）铁心损坏（如铁心松散和叠片间短路）或绑线损坏（如绑线松散、滑脱、断开）等。

5）集流装置损坏，如电刷、换向器和集电环损坏，绝缘击穿等。

5.5.2 电动机常见故障及排除方法

异步电动机的故障可分为机械故障和电气故障两类。机械故障有轴承、铁心、风扇叶片、机座、转轴等的故障，一般比较容易观察与发现；电气故障主要是定子绕组、电刷等导电部分出现的故障。要正确判断故障，必须先进行认真细致的观察和分析，然后进行检测，找出故障原因，予以排除。

1. 调查

首先了解电动机的型号、规格、使用条件及使用年限，以及电动机在发生故障前的运行情况，如负载的大小、温升的高低、有无不正常的声音、操作情况等，并认真听取操作人员的反映。

2. 观察故障现象

首先可以把电动机接上电源进行短时运转，直接观察故障情况，进行分析研究，或者通过仪表测量或观察来进行分析判断；然后再把电动机拆开，测量并仔细观察其内部情况，找出故障所在。异步电动机常见的故障现象、造成故障的可能原因及处理方法见表 5-12。

表 5-12　异步电动机常见的故障现象、造成故障的可能原因及处理方法

故障现象	造成故障的可能原因	处理方法
电源接通后电动机不能起动	（1）电源断电或电源开关接触不良 （2）熔体烧断，控制设备接线或二次回路接线错误 （3）定子绕组接线错误 （4）定子绕组断路、短路或接地，绕线转子电动机转子绕组断路 （5）负载过重、传动机械有故障或传动机构被卡住 （6）绕线转子电动机转子回路断开（电刷与集电环接触不良、变阻器断路、引线接触不良等） （7）电源电压过低	（1）检查电源，开关接触不良时应进行修理或更换 （2）更换熔体，检查控制设备接线或二次回路接线 （3）检查接线，纠正错误 （4）找出故障点，排除故障 （5）检查传动机构及负载 （6）找出断路点，并加以修复 （7）调整电压

（续）

故障现象	造成故障的可能原因	处理方法
电动机温升过高或冒烟	（1）负载过重或起动过于频繁 （2）三相异步电动机断相运行 （3）定子绕组接线错误 （4）定子绕组接地或匝间、相间短路 （5）笼型电动机转子断条 （6）绕线转子电动机转子绕组断相运行 （7）定子、转子相摩擦 （8）通风不良 （9）电源电压过高或过低	（1）减轻负载，减少起动次数 （2）依次检查熔体、导线接头、开关触点 （3）检查定子绕组接线，加以纠正 （4）查出接地或短路部位，加以修复 （5）铸铝转子必须更换，铜条转子可修复或更换 （6）找出故障点，加以修复 （7）检查轴承，看转子是否变形，进行修理或更换 （8）检查通风口是否畅通，对不可反转的电动机检查其转向，改善通风条件 （9）检查原因并调整电源电压
电动机振动	（1）风扇叶片损坏或转子不平衡 （2）带轮不平衡或轴伸弯曲 （3）电动机与负载轴线不在一条直线上 （4）电动机安装不良，如基础不牢、刚度不够、固定不紧 （5）负载突然过重	（1）校正平衡 （2）检查并校正 （3）检查、调整机组的轴线 （4）检查安装情况及地脚螺栓 （5）减轻负载
运行时有异声	（1）定子、转子相摩擦 （2）轴承损坏或润滑不良 （3）电动机两相运行 （4）风扇叶片碰撞机壳 （5）绕组接地或相间短路 （6）绕组匝间短路	（1）检查轴承、看转子是否变形，并进行修复或更换 （2）更换或清洁、润滑轴承 （3）查出故障点并加以修复 （4）检查并消除故障 （5）、（6）检查并修理
电动机带负载时转速过低	（1）电源电压过低 （2）负载过大 （3）笼型电动机转子断条 （4）绕线转子电动机转子绕组接触不良或断开 （5）支路压降过大，电动机出线端电压过低 （6）接线错误，如将定子绕组的△联结误接成丫形	（1）检查电源电压 （2）核对负载 （3）铸铝转子必须更换，铜条转子可修复或更换 （4）检查电刷压力、电刷与集电环接触情况及转子绕组 （5）更换截面积较大的导线，尽量减小电动机与电源的距离 （6）更换接线方法
电动机外壳带电	（1）电源线与接地线搞错，接地线的毛刺与外壳相碰，接地线线头脱落，接地线失效，接零的零线中断（接触不良或接地电阻太大） （2）绕组受潮，绝缘损坏或老化 （3）因相线触及外壳、有脏物、引出线或接线盒的接头绝缘损伤而接地	（1）按规定接好地线，调整接地不良处 （2）对受潮的绕组进行烘干处理，对绝缘损坏或老化的绕组应予以更换 （3）先查接线盒接头，再查保护钢管管口和接头的绝缘情况，若已损坏，应套上绝缘管或包扎绝缘布，必要时进行浸漆处理。清除脏物，重接引出线
电动机的绝缘电阻过低	（1）长期搁置不用或浸水，造成绝缘受潮 （2）长期运行后绕组积尘太多，尤其是绕组上沉积导电性粉尘时使绝缘电阻大幅度降低 （3）引出线和接线盒的绝缘损坏 （4）绕组过热而造成绝缘老化	（1）可用烘烤的办法恢复绝缘性能 （2）拆开电动机进行彻底清扫 （3）重新包扎损坏部位 （4）重新浸漆或重绕绕组

3. 故障的检查

电动机的故障检查包括外部检查和内部检查。首先根据具体的故障现象进行外部检查。

（1）电动机外部检查

电动机的外部检查包括机械和电气两个方面。

1）机座、端盖有无裂纹，转轴有无裂痕或弯曲变形，转轴转动是否灵活，有无不正常的声响，风口是否被堵塞，风扇、散热片是否完好。

2）检查绝缘是否完好，接线是否符合铭牌规定，绕组的首末端是否正确。

3）通过测量绝缘电阻和直流电阻来检查绝缘是否损坏，绕组中有无短路、断路及接地现象。

4）若上述检查未发现问题，应直接进行通电试验。开始时用三相调压器施加约30%的额定电压，再逐渐上升至额定电压。若发现声音不正常、有焦味或不转动，应立即断开电源进行检查，以免故障进一步扩大。当起动未发现问题时，要测量三相电流是否平衡，电流大的一相可能是绕组短路，电流小的一相，可能是多路并联的绕组中有支路断路。若三相电流基本平衡，可使电动机连续运行 $1\sim2\,h$，随即用手检查铁心部位及轴承端盖，若发现有烫手的现象，应停车后立即拆开电动机，用手摸绕组端部及铁心部分。如线圈过热，则绕组短路；如铁心过热，说明绕组匝数不足，或铁心硅钢片间的绝缘损坏。

（2）电动机内部检查

经过上述检查后，确认电动机内部有问题时，就应拆开电动机，做进一步检查。

1）检查绕组部分。查看绕组端部有无积尘和油垢，绝缘有无损伤，接线及引出线有无损伤；查看绕组有无烧伤，若有烧伤，烧伤处的颜色会变成暗黑色或烧焦，具有焦臭味。若烧坏一个线圈中的几匝线圈，说明有匝间短路；若烧坏几个线圈，多半是相间或连接线（过桥线）的绝缘损坏引起的；若烧坏一相，则多为三角形联结，是由一相电源断电所引起的；若烧坏两相，则有一相绕组断路；若三相全部烧坏，大都是由于长期过载，或起动时卡住，也可能是由于绕组接线错误；查看导线是否烧断和绕组的焊接处有无脱焊、假焊现象。

2）检查铁心部分。查看转子、定子铁心表面有无擦伤痕迹。转子表面只有一处擦伤，而定子表面全都擦伤，这大都是转轴弯曲或转子不平衡所造成的；转子表面一周全有擦伤痕迹，定子表面只有一处伤痕，这是定子、转子不同心所造成的，如机座和端盖止口变形或轴承严重磨损使转子下落；定子、转子表面均有局部擦伤痕迹，是由上述两种原因共同引起的。

3）查看风扇叶片有无损坏或变形，转子端环有无裂纹或断裂，然后再用短路测试器检验导条有无断裂。

4）检查轴承部分，查看轴承的内外套与轴颈和轴承室配合是否合适，同时也要检查轴承的磨损情况。

4. 定子绕组故障的排除

定子绕组的常见的故障有：绕组短路、绕组接地（碰壳或漏电）、绕组断路及绕组接错嵌反等。

（1）断路故障的排除

断路故障多数发生在电动机绕组的端部、各绕组元件的接头或电动机引出线端等附近。

故障的原因是：绕组受外力的作用而断裂；接头焊接不良而松脱；绕组短路或因电流过大而过热烧断。

1）检查方法。检查断路可用万用表、校验灯来检验。对于三角形联结的电动机，必须把三相绕组的接线拆开后再检测。

中等容量电动机绕组大多是用多根导线并绕或多支路并联，其中若断掉若干根或断开一路时，常用下面两种方法检查。

① 三相电流平衡法。对于星形联结电动机，将三相绕组并联，通入低压大电流，如三相电流值相差 5%，则电流小的一相为断路。对于三角形联结的电动机，先将三角形接头拆开一个，然后通入低压大电流，用电流表逐相测量每相绕组的电流，其中电流小的一相为断路相。

② 电阻法。用电桥测量三相绕组的电阻，若三相电阻值相差大于 5%，则电阻较大的一相为断路相。

2）修理方法。断路往往是引出线和引出线接头没有焊牢或扭断而引起的，找出故障点后重新焊接包扎即可。如果断路处在槽内，可用穿绕修补法更换个别线圈。

线圈穿绕修补方法：先将绕组加热到 80℃ 左右，使线圈外部绝缘软化，取出断路线圈的槽楔，将这个线圈两端用钢丝钳剪断，将坏线圈的上、下层从槽底一根一根地抽出。原来的槽绝缘不要清除，另外用一层聚脂薄膜青壳纸做成圆筒，塞进槽内，用原来规格的导线，量得比原来线圈的总长稍长些，在槽内来回穿绕到原来的匝数。穿到最后几匝出现困难时，可用比导线粗一些的竹签做引线棒进行穿绕。穿绕修补后，进行接线和必要的绝缘处理。因其他原因损坏的个别线圈，也可采用穿绕修补法。

（2）绕组绝缘不良的检修

1）原因。电动机长期不用，周围环境潮湿，电动机受日晒雨淋，长期过载运行及灰尘、油污、盐雾、化学腐蚀性气体等侵入，都可能使绕组的绝缘电阻下降。

2）检查方法。

① 测量相与相间的绝缘电阻。把接线盒内三相绕组的连接片部拆开，用兆欧表测量每两相间的绝缘电阻。

② 测量相对机座的绝缘电阻。把兆欧表的"L"端接在电动机绕组的引出端上（可分相测量，也可以三相并在一起测量），"E"端接在电动机的机座上测量绝缘电阻。

③ 如果测出的绝缘电阻在 0.5 MΩ 以下，则说明该电动机已受潮或绝缘很差；如果绝缘电阻为零，则绕组接地或相间短路。

3）故障排除。绕组受潮的电动机需要烘干处理后才能使用，这时绝缘电阻很低，不宜使用通电烘干法。应将电动机两端盖拆下，用灯泡、电炉板或烘箱烘干，直到绝缘电阻达到要求时，加浇一层绝缘漆，以防止回潮。

（3）接地故障的检修

1）原因。包括：电动机长期过载运行，致使绝缘老化；由于导线松动、硅钢片未压紧、有尖刺等原因，在振动情况下擦伤绝缘；因转子与定子相擦使铁心过热，烧伤槽模和槽绝缘；金属异物掉进绕组内部损坏绝缘；有时在重绕定子绕组时损伤绝缘，使铁心与导线相碰等。

绕组接地后，会造成绕组过电流发热，从而造成匝间短路及电动机外壳带电，容易引起人身触电事故。

2）检查方法。

① 用 500 V 兆欧表测量相对地绝缘电阻，兆欧表读数为零时，表示绕组接地。有时指针摇摆不定，说明绝缘已被击穿。

② 用校验灯检查。先把各绕组线头拆开，用灯泡与 36 V 低压电源串联，逐相测量相与机座的绝缘情况，如果灯泡发亮，说明该相绕组已接地。

③ 拆开电动机端盖，把接地相线圈的连接线拆开，然后逐一测定哪一个线圈接地。

3）故障的排除。如果接地点在槽口或槽底线圈出口处，可用绝缘纸或竹片垫入线圈的通地处，然后再用上述方法复测；如果发生在端部，可用绝缘带包扎，复测后，涂上自干绝缘漆；如果发生在槽内，则须更换绕组或用穿绕修补法修复。

（4）短路故障的排除

1）原因。主要是由电动机电流过大，电压过高，机械损伤，重新嵌绕时绝缘损伤，绝缘老化脆裂，受潮等原因引起的。绕组短路情况有绕组匝间短路、极相组短路和相间短路。

2）检查方法。

① 外部检查。使电动机空载运行 20 min，然后拆卸两边端盖，用手摸线圈端部，如果有一个或一组线圈比其他的热，这部分线圈很可能短路；也可以观察线圈有无焦脆现象，如果有，该线圈可能短路。

② 用万用表检查相间短路。拆开三相绕组的接头，分别检查两相绕组间绝缘电阻，若阻值很低，说明该两相间短路。

③ 用电流平衡法检查并联绕组的短路。将三相绕组并联，通入低压大电流，如三相电流值相差 5%，则电流大的一相为短路相。对于三角形联结的电动机，先将三角形接头拆开一个，然后通入低压大电流，用电流表逐相测量每相绕组的电流，其中电流大的一相为短路相。

④ 直流电阻法。利用低阻值欧姆表或电桥分别测量各相绕组的直流电阻，阻值较小的一相有可能是匝间短路。

⑤ 用短路测试器检查绕组匝间短路。短路测试器是利用变压器原理来检查绕组匝间短路的。测试时，将短路测试器励磁绕组接 36 V 低压交流电源，沿槽口逐槽移动，当经过短路绕组时，相当于变压器次级短路，电流表的读数会显著增大，从而查出短路线圈。

也可将一片厚 0.5 mm 的钢片或废锯条放在被测线圈的另一边所在的槽口上，若被测绕组短路，钢片就会产生振动。使用测试器要注意以下几点：三角形联结的电动机引出线端要先拆开；绕组若是多路并联的要先断开；在双层绕组中，一个槽内嵌有不同线圈的两条边，要确定究竟是哪个线圈短路，分别将铁片放在左、右边相隔一个节距的槽口上都测试后才能确定。

3）修理方法。绕组容易短路之处是同极同相的两个相邻的线圈间、上下层线圈间及线圈的槽外部分。

① 如能明显看出短路点，可用竹楔插入两个线圈间，把短路部分分开，垫上绝缘材料。

② 如果短路点发生在槽内，先将该绕组加热软化后，翻出受损绕组，换上新的槽绝缘，将导线损坏部位用薄的绝缘带包好，重新嵌入槽内，再进行绝缘处理。

③ 整个极相组短路的修补。其原因是极相组间连接线的绝缘套管没有套到线圈的槽部，

或绝缘套管被压破。有绕组间短路时，可将绕组加热软化，用理线板撬开引出线处，将绝缘套管重新套到接近槽部，或用绝缘纸垫好。

④ 如果个别线圈短路，可用穿绕修补法调换个别线圈。

⑤ 线圈间短路的修补。这是因每个线圈与本组其他线圈的过桥线处理不当，或叠绕式线圈下线方法不恰当，或整形时锤击力过大而造成的。若短路发生在端部，可垫绝缘纸修复。

（5）绕组接错与嵌反时的检修

绕组接错或嵌反后，会引起电动机振动、发出噪声、三相电流严重不平衡、过热、转速降低甚至不转，或熔体熔断。绕组接错与嵌反有两种情况：一种是外部接线错误；另一种是绕组的某极相组中一只或几只线圈嵌反，或极相组接错。

检查方法：检查时，拆开电动机，取出转子。把一相绕组接到 3～6 V 的直流电源上（对于星形联结的绕组，须将直流电源两端分别接到中性点和某相绕组的出线头，三角形联结的绕组，则必须拆开三相绕组的连接点），用指南针沿着定子内圆周移动。如果绕组有接错嵌反，则指南针顺次经过每一极相组时，就会发生南北交替变化；如果指南针经过邻近的极相组时，指南针的指向相同，则表示该极相组接错；如果指南针经过同一极相组不同位置时，南北指向交替变化，则该极相组中有个别线圈嵌反，这时可以把绕组故障部位的连接线或过桥线加以纠正；如果指南针的指向不清楚，则要适当提高直流电源的电压，或调换磁性较强的指南针再进行检查。依照此法，分别测试三相绕组。

5. 转子绕组故障

（1）笼型转子故障的检查

笼型转子的常见故障是断条，断条后电动机能空载运行，但加负载后，转速会降低，测量三相定子绕组电流时，电流表指针会往返摆动。

检查方法如下。

1）用短路测试器检查。短路测试器接通 36 V 电源，放在转子铁心槽口上沿转子圆周逐槽移动，如导条完好，电流表指示的是正常的短路电流。若某一槽口电流有明显的下降，则该处导条断裂。

2）导条通电法。在转子两端端环上加上 2～3 V 的交流电，再在转子表面撒上铁粉，或用锯条沿着导条依次测试，当某一部位不吸铁粉或不吸引锯条时，则该处导条已断裂。

（2）绕线转子的故障检查与排除

1）故障检查。绕线式转子绕组的结构、嵌绕等，都与定子绕组相同，所以故障检查的方法与定子绕组相同。

2）转子绕组的修理。一般中小型绕线转子异步电动机的转子绕组的绕制和嵌线及修理与定子绕组相同。较大的绕线转子绕组采用扁铜线或裸铜条，线圈形式一般是单匝波形线圈，在扁铜线或裸铜条外面用绝缘带半叠包一层，插入槽内后连接成绕组。其槽绝缘一般要比定子绕组槽绝缘加强些，转子绕组经过修理或全部更换以后，必须在绕组的两个端部用钢丝打箍。

5.6 技能训练

1. 实训目的

1）熟悉三相笼型转子异步电动机的结构，掌握其拆装的正确步骤和方法，了解其检修工艺及要求。

2）掌握对检修后的笼型转子异步电动机进行一般性检查和试验的项目及方法。

2. 准备工作

1）准备所用工具：电工常用工具、锤子、铜棒、轴承拆卸工具、扁铲。

2）材料：垫木、汽油、润滑脂、毛刷、棉纱、油盘、7.5 kW 电动机。

3）仪表：万用表、钳形电流表、兆欧表。

3. 实训内容及要求

（1）认识工具

拆装电动机时，常用工具有顶拔器、油盘、活扳手、锤子、螺钉旋具、紫铜棒、钢套筒和毛刷等，如图 5-22 所示。

| 顶拔器 | 油盘 | 活扳手 | 锤子 |

| 紫铜棒 | 螺钉旋具 | 钢套筒 |

毛刷

图 5-22　拆装电动机的常用工具

（2）电动机的解体和组装

要求按电动机的零部件进行解体并抽出转子。检修后组装的电动机要符合质量要求，即润滑良好，转子转动轻便、灵活、无扫膛，零部件完好无伤损，紧固部分牢固可靠，转子轴伸径向偏摆在 0.2 mm 以内。

（3）电动机的检修

1）对定、转子进行检查、清扫。

2）检查轴承并清洗、换油。轴承磨损超限或损坏时应更换。

3）测量定子绕组的绝缘电阻。

4）用万用表检查定子绕组并判定首尾端。

5）根据测量、检查结果判定绕组是否符合标准。

（4）对检修后的电动机进行空载试车

1）画出电动机空载试车的线路图。要求单方向运转，有短路保护和过载保护。

2）根据电动机的容量和试车线路图，正确选用电气元器件和导线。

3）按图接线试车。要求空载运行半小时并测量三相空载电流值，检查铁心、轴承的温度，观察运行时的振动和噪声情况。根据测试和检查情况确认电动机是否合格。

4. 操作步骤

（1）电动机解体步骤和拆卸方法

为了确保维修质量，在拆卸前应在电动机接线头、端盖等处做好标记和记录，以便装配后电动机能恢复到原状态。不正确的拆卸很可能损坏零件或绕组，甚至扩大故障、增加修理的难度，造成不必要的损失。

1）将带轮或联轴器上的固定螺栓或销子松脱，用专用拆卸工具将其从电动机轴上拉出。

由于长时间使用或锈蚀，拆卸带轮及轴承比较困难。在实践中，人们发明了一种简易的手扳顶拔器。它是一种拆卸带轮、联轴器、轴承等的专用工具。用顶拔器拆卸带轮或联轴器时，拉脚应钩住其外缘，如图5-23a所示；在拆卸轴承时拉脚应钩在轴承的内环上，如图5-23b所示。将顶拔器的丝杠顶尖对准轴中心的顶尖孔，缓慢地旋转丝杠并且始终保持丝杠与被拉物在同一轴线上，即可把带轮或轴承卸下，而且能保证轴颈部不受损伤。

图5-23 用顶拔器拆卸带轮、联轴器、轴承
a）用顶拔器拆卸带轮或联轴器 b）用顶拔器拆卸轴承

2）拆除风扇罩，松开风扇的夹紧螺栓，用木锤或紫铜棒轻轻敲击风扇轴孔部位，使之与电动机轴间松动，然后将风扇从轴上取下。

3）拆除一端的轴承盖和端盖。先在端盖和机壳接缝处做好标记。拆除轴承盖螺栓，将轴承盖从轴上取下；再拆除端盖的紧固螺栓，沿轴向敲打端盖，使其与机座分离后拆下。

4）在另一端的端盖上也做好标记，拆除端盖上的紧固螺栓，敲打端盖使之与机座分离。用手将端盖和转子一起从定子中抽出。抽出转子时应小心，不要擦伤定子绕组。为防止擦伤定子绕组绝缘，应将转子抬起少许再进行操作，也可先在定、转子间垫入厚纸片。

5）将与转子相连的轴承盖紧固螺栓拆除，把轴承盖及端盖逐个从轴上拆除。

（2）电动机的装配

电动机装配的步骤大体上和拆卸的步骤相反。装配前要做好电动机内部的清理工作。在装端盖时要按标记就位，并用锤子轮流敲击端盖上有脐的部位，使端盖与机座上的止口吻合。拧端盖螺栓时要按对角线方向轮流紧固。组装好后用手转动转子轴，看其转动是否灵活。如转子转动不灵活、感觉较沉，可将端盖和轴承盖上的所有螺栓松一下，用锤子轻轻敲击端盖和轴承盖，边敲边转，待转子转动灵活后再将螺栓拧紧。

（3）电动机的检修

1）对定、转子进行清扫、检查。用皮老虎或压缩空气吹净灰尘和污垢，再用毛刷做清扫。检查绕组的外观，看其有无破损及绝缘是否老化。

2）轴承的清洗、检查与换油。用汽油将轴承清洗干净，不要残留旧润滑油脂。用手转动轴承外圈，检查其是否滑动灵活，有无过松、卡住的情况；观察滚珠、滚道表面有无斑

痕、锈迹，以决定是否更换。

更换轴承时，必须用轴承拆卸工具来拆卸轴承。拆卸轴承时，拆卸工具的钩爪必须钩在轴承内圈上，缓慢拉出。工具的丝杠应保持与电动机在同一直线上，轴承过紧时可边敲击丝杠（在轴向敲）边旋动。内圈过薄、钩爪挂不上时，可用铁板夹在其中再拉。

安装新轴承时要把有标志的一面朝外，用紫铜棒或套筒安装。敲打时着力要均匀。用紫铜棒敲打时要按对角进行周边敲打。

换油时，加入的润滑油脂应适量，一般以轴承室容积的 1/3~1/2 为宜。润滑油脂量过大会使电动机运转时轴承发热。

3）用兆欧表测定子绕组的绝缘电阻。有两项内容，一是绕组对地绝缘电阻，二是三相绕组间的绝缘电阻。应采用 500 V 兆欧表。测量接线为：测定子绕组对地（外壳）绝缘电阻时，"E" 端接外壳，"L" 端接绕组，对三相绕组分别进行测量；测量三相绕组间的绝缘电阻时，"L" 和 "E" 端分别接被测两相绕组。测出的绝缘电阻应不低于 0.5 MΩ。

4）万用表检查定子绕组，并判定其首尾端。检查定子绕组也有两项内容：一是有无断线，二是粗略测其直流电阻。检查时应选用较好的万用表，量程应放在 R×1 电阻档，使用前做好调零。注意检查绕组引出线，如发现引出线绝缘损坏、老化或过短，应更换。用万用表判断绕组的首尾端时可参考图 5-20 进行接线。

（4）空载试车

空载试车可用接触器实现控制，也可使用磁力起动器，但都必须按所画的线路图进行接线。熔断器的熔体规格可按 2.5 倍电动机额定电流选择，热继电器的整定值按 1.1 倍额定电流调整。主回路导线截面积按 1 mm² 通过 6~8 A 来选择。接线应正确并符合安全规程规定。

用钳形电流表测三相空载电流值，一是看三相电流是否平衡，即三相空载电流值相差不能超过 10%；二是看空载电流与额定电流的百分比是否在规定范围内，对 10 kW 以下的电动机，极数是 2 的要求为 30%~45%，极数是 4 的要求为 35%~55%。使用钳形电流表时应注意，要水平测量，钳口应合严，选择好量程。

5.7 习　题

1. 电动机的铭牌标明：电动机的接线形式为丫/△联结，额定电压为 380/220 V。若电源电压为 380 V，电动机应采用哪种接线形式？

2. 对照电动机实物，画出其接线端子，标出首尾端并画图表示星形如何联结？三角形如何联结？

3. 已知一台三相交流电动机，$Z=24$，$2p=2$，试画出三相单层同心式绕组展开图。

4. 电动机对控制保护装置的要求有哪些？

5. 叙述电动机开关设备的选装要求。

6. 判断电动机绕组的出线端有哪几种常用的方法？

7. 使用直流双臂电桥测量电动机绕组电阻时如何接线？操作时有什么注意事项？

8. 使用钳形电流表测量电动机空载电流时如何操作？有哪些注意事项？

9. 电动机绝缘电阻是怎样测量的？有哪些测量项目？应注意哪些问题？一般异步电动机绝缘电阻合格值是多少？

10. 测量电动机转速时有哪些注意事项？如何读取转速计测量值？

11. 如何测量电动机的运行温度，应怎样操作？

12. 电动机发生故障的内因和外因有哪些？

13. 定子绕组断路故障如何检查及排除？

14. 定子绕组绝缘不良如何检查及排除？

15. 定子绕组接地故障如何检查及排除？

16. 定子绕组短路故障如何检查及排除？

17. 如何检测定子绕组接错与嵌反？

18. 笼型转子故障有哪些？故障现象是什么？如何检查？

19. 填空题

（1）三相异步电动机种类繁多，按转子结构可分为（　　　　）和（　　　　）异步电动机两大类。

（2）定子部分是异步电动机静止不动的部分，主要包括（　　　　）。

（3）转子部分是电动机的旋转部分，主要由（　　　　）等组成。

（4）（　　　　）表示异步电动机，（　　　　）表示绕线转子异步电动机。

（5）定子绕组能承受 220 V 的电压，若电源电压为 220 V，则采用（　　　　）联结，若电源电压为 380 V，则采用（　　　　）联结。

（6）对于 380 V 的电动机，若额定功率为 7.5 kW，则估算电动机的额定电流为（　　　　）A。

（7）对 500~3000 V 的电动机，应用（　　　　）V 兆欧表测量其绝缘电阻。

20. 判断题（正确的打"√"，错误的打"×"）

（1）定子绕组是电动机的磁路部分，常用高强度漆包铜线按一定规律绕制成线圈，分布均匀地嵌入定子内圆槽，用以建立旋转磁场，实现能量转换。（　　　）

（2）在电动机的接线盒内，三个绕组的六个线头排成上下两排，并规定下排的三个接线柱自左至右的编号为 U1、V1、W1，上排自左至右的编号为 W2、U2、V2。（　　　）

（3）异步电动机定、转子之间的气隙大小对电动机性能影响很大，气隙越大，磁阻也越大，并产生同样大的磁通，所需的励磁电流 I_0 也越小，电动机的功率因数也就越低。（　　　）

（4）额定电压 U_N 指电动机在额定工作状态时，加在定子绕组上的线电压。（　　　）

（5）电角度 $=p\times$机械角度。（　　　）

（6）电动机的操作开关必须安装在操作时能监视到电动机的起动和被拖动机械的运转情况的位置上。（　　　）

（7）电动机空载运行时三相电流不平衡程度在 10% 左右即为合格。（　　　）

第6章

数控机床的伺服控制系统

本章要点

- 伺服系统的组成、基本要求及分类
- 步进电动机及其驱动
- 数控机床用交流电动机驱动

6.1 数控机床的伺服系统概述

6.1.1 伺服系统的组成

伺服系统是以机床移动部件（如工作台）的位置和速度作为控制量的自动控制系统，通常由伺服驱动装置、伺服电动机、机械传动机构及执行部件组成。其作用是：接收数控装置发出的进给速度和位移指令信号，由伺服驱动装置完成一定的转换和放大后，经伺服电动机和机械传动机构，驱动机床的工作台等执行部件实现工作进给或快速运动。

数控机床闭环进给伺服系统的一般结构如图 6-1 所示。伺服系统从外部来看，是一个以位置控制指令为输入和位置控制为输出的位置闭环控制系统。但从内部的实际工作来看，它是先把位置控制指令转换成相应的速度信号后，通过调速系统驱动伺服电动机，才实现实际位移的。

图 6-1 闭环进给伺服系统的一般结构

6.1.2 对伺服系统的基本要求

1. 稳定性好

稳定性是指系统在给定外界干扰作用下，能在短暂的调节过程后，达到新的或者恢复到原来平衡状态的能力，要求伺服系统具有较强的抗干扰能力，保证进给速度均匀、平稳。稳定性直接影响数控加工精度和表面粗糙度。

2. 精度高

伺服系统的精度是指输出量能复现输入量的精确程度。伺服系统的位移精度是指指令脉冲要求机床工作台进给的位移量和该指令脉冲经伺服系统转化后得到的工作台实际位移量之间的符合程度。两者误差越小，位移精度越高。

3. 快速响应

快速响应是伺服系统动态品质的重要指标，它反映了系统跟踪速度。机床进给伺服系统实际上就是一种高精度的位置随动系统，为保证轮廓切削形状精度和低的表面粗糙度，要求伺服系统跟踪指令信号的响应要快，跟随误差小。

4. 调速范围宽

调速范围是指电动机能提供的最高转速和最低转速之比。在数控机床中，由于所用刀具、加工材料及零件加工要求的不同，为保证在各种情况下都能得到最佳切削条件，就要求伺服系统具有足够宽的调速范围。

5. 低速大转矩

要求伺服系统有足够的输出转矩或驱动功率。机床加工的特点是在低速时进行重切削，因此伺服系统在低速时要求有大的转矩输出。

6.1.3 伺服系统的分类

数控机床的伺服系统按其有无位置反馈装置分为开环和闭环伺服系统；按其驱动执行元件的动作原理分为电液伺服系统和电气伺服系统。电气伺服系统又分为直流伺服系统和交流伺服系统。

1. 开环和闭环伺服系统

开环伺服系统采用步进电动机作为驱动元件，它没有反馈回路，因此设备投资低、调试维修方便，但精度差、高速转矩小，被用于经济型数控机床及普通机床的数控化改造。图 6-2 为开环伺服系统原理示意图，步进电动机转过的角度与指令脉冲个数成正比，其速度由进给脉冲的频率决定。

闭环伺服系统又可进一步分为闭环和半闭环伺服系统。闭环伺服系统的位置检测装置安装在机床的工作台上，如图 6-1 所示。检测装置测出实际位移量或者实际所处位置，并将测量值反馈给计算机数字控制（Computer Numerical Control，CNC）装置，与指令进行比较，求得差值，构成闭环位置控制。闭环方式被大量用在精度要求较高的大型数控机床上。

半闭环伺服系统如图 6-3 所示。半闭环伺服系统一般将位置检测元件安装在电动机轴上，用以精确控制电动机的角度，然后通过滚珠丝杠等传动部件将旋转角度转换成工作台的直线位移。此为间接测量方式，即坐标运动的传动链有一部分在位置闭环以外，其传动误差

图 6-2 开环伺服系统原理示意图

没有得到系统的补偿，因而半闭环伺服系统的精度低于闭环系统。目前在精度要求适中的中小型数控机床上，使用半闭环系统较多。

图 6-3 半闭环伺服系统示意图

2. 直流伺服系统、交流伺服系统

直流伺服系统就是控制直流电动机的系统。目前使用比较多的是永磁直流伺服电动机。永磁直流伺服电动机也称为大惯量宽调速直流伺服电动机，其调速范围宽，输出转矩大，过载能力强，而且电动机转动惯量较大，应用较方便。

永磁直流伺服电动机的缺点是有电刷，限制了转速的提高，而且结构复杂，价格较贵。直流伺服系统适用的功率范围宽，包括从几十瓦到几千瓦的控制对象。从提高系统效率的角度考虑，直流伺服系统多应用于功率在 100 W 以上的控制对象。

进入 20 世纪 80 年代后，由于交流电动机调速技术的突破，交流伺服系统进入电气传动调速控制的各个领域。交流伺服电动机转子惯量比直流电动机小，动态响应好，而且容易维修、制造简单，适合在较恶劣的环境中使用，易于向大容量、高速度方向发展，其性能更加优异。交流伺服电动机已在数控机床中得到广泛应用。

6.2 步进电动机及其驱动装置

6.2.1 步进电动机工作原理

步进电动机伺服系统是典型的开环控制系统。在此系统中，步进电动机受驱动电路控制，将进给脉冲序列转换为具有一定方向、大小和速度的机械转角位移，并通过齿轮和丝杠带动工作台移动。进给脉冲的频率代表了驱动速度，脉冲的数量代表了位移量，而运动方向由步进电动机的各相通电顺序来决定，并且保持电动机各相通电状态就能使电动机自锁。由于该系统没有反馈检测环节，其精度主要由步进电动机来决定，速度也受到步进电动机性能的限制。

1. 步进电动机的结构

步进电动机在结构上分为定子和转子两部分，现以图 6-4 所示的反应式三相步进电动机为例加以说明。定子上有 6 个磁极，每个磁极上绕有励磁绕组，每相对的两个磁极组成一相，分成 A、B、C 三相。转子无绕组，它是由带齿的铁心做成的。步进电动机按电磁吸引的原理进行工作。当定子绕组按顺序轮流通电时，A、B、C 三对磁极就依次产生磁场，并每次对转子的某一对齿产生电磁引力，将其吸引过来，而使转子一步步转动。每当转子某一对齿的中心线与定子磁极中心线对齐时，磁阻最小，转矩为零。如果控制线路不停地按一定方向切换定子绕组各相电流，转子便按一定方向不停地转动。步进电动机每次转过的角度称为步距角。

2. 步进电动机的工作原理

为进一步了解步进电动机的工作原理，以图 6-5 为例来说明其转动的整个过程。假设转子上有四个齿，相邻两齿间夹角（齿距角）为 90°。当 A 相通电时，转子 1、3 齿被磁极 A 产生的电磁引力吸引过去，使 1、3 齿与 A 相磁极对齐。接着 B 相通电，A 相断电，磁极 B 又把距它最近的一对齿 2、4 吸引过来，使转子按逆时针方向转动 30°。然后 C 相通电，B 相断电，转子又逆时针旋转 30°。依此类推，定子按 A→B→C→A 的顺序通电，转子就一步步地按逆时针方向转动，每步转 30°。若改变通电顺序，按 A→C→B→A 使定子绕组通电，步进电动机就按顺时针方向转动，同样每步转 30°。这种控制方式叫三相单三拍方式，"单"是指每次只有一相绕组通电，"三拍"是指每三次换接为一个循环。由于每次只有一相绕组通电，在切换瞬间将失去自锁转矩，容易失步。另外，只有一相绕组通电，易在平衡位置附近产生振荡，稳定性不佳，故实际应用中不采用单三拍工作方式。

图 6-4　三相反应式步进电动机结构

图 6-5　步进电动机工作原理

步进电动机还可采用三相双三拍控制方式，即按 AB→BC→CA→AB（逆时针方向）或 AC→CB→BA→AC（顺时针方向）的顺序通电，其步距角仍为 30°。由于双三拍控制每次有二相绕组通电，而且切换时总保持一相绕组通电，所以工作比较稳定。如果按 A→AB→B→BC→C→CA→A 的顺序通电，即首先 A 相通电，然后 A 相不断电，B 相再通电（即 A、B 两相同时通电），接着 A 相断电而 B 相保持通电状态，然后再使 B、C 两相通电……依此类推，每切换一次，步进电动机逆时针转过 15°。如通电顺序改为 A→AC→C→CB→B→BA→A，则步进电动机以步距角 15° 顺时针旋转。这种控制方式为三相六拍，它比三相三拍控制方式步距角小一半，因而精度更高，且转换过程中始终保证有一个绕组通电，工作稳定，因此这种方式被大量采用。

实际应用的步进电动机如图 6-4 所示，转子铁心和定子磁极上均有齿距相等的小齿，且齿数要有一定比例的配合。

6.2.2 步进电动机的主要性能指标

1. 步距角和步距误差

步距角与步进电动机的相数、通电方式及电动机转子齿数的关系如下：

$$\alpha = \frac{360°}{KmZ} \tag{6-1}$$

式中，α 是步进电动机的步距角；m 是电动机相数；Z 是转子齿数；K 是系数，相邻两次通电相数相同时 $K=1$，相邻两次通电相数不同时 $K=2$。

同一相数的步进电动机可有两种步距角，通常为 1.2/0.6、1.5/0.75、1.8/0.9、3/1.5 度等。步距误差是指步进电动机运行时，转子每一步实际转过的角度与理论步距角的差值。连续走若干步时，上述步距误差的累积值称为步距的累积误差。由于步进电动机转过一转后，将重复上一转的稳定位置，即步进电动机的步距累积误差将以一转为周期重复出现。

2. 静态转矩与矩角特性

当步进电动机上某相定子绕组通电之后，转子齿将力求与定子齿对齐，使磁路中的磁阻最小，转子处在平衡位置不动（$\theta=0$）。如果在电动机轴上外加一个负载转矩 M_z，转子会偏离平衡位置向负载转矩方向转过一个角度 θ，此角度称为失调角。有失调角之后，步进电动机就会产生一个静态转矩（也称为电磁转矩），这时静态转矩等于负载转矩。静态转矩与失调角 θ 的关系叫矩角特性，如图 6-6 所示，近似为正弦曲线。该矩角特性上的静态转矩最大值称为最大静转矩。

3. 最大起动转矩

图 6-7 为三相单三拍矩角特性曲线，图中的 A、B 分别是相邻 A 相和 B 相的矩角特性曲

图 6-6 矩角特性曲线

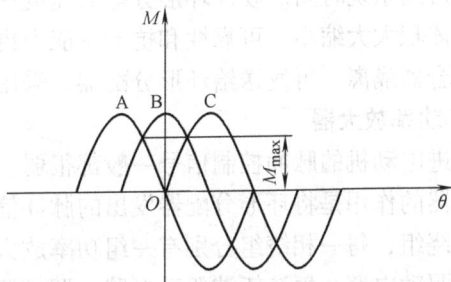

图 6-7 三相单三拍矩角特性曲线

线，它们的交点所对应的转矩是步进电动机的最大起动转矩。如果外加负载转矩大于起动转矩，电动机就不能起动，因而起动转矩是电动机能带动负载转动的极限转矩。

4. 起动频率

空载时，步进电动机由静止状态突然起动，并进入不失步正常运行的最高频率，称为起动频率或突跳频率，步进电动机接收的指令脉冲频率如果大于起动频率，电动机就不能正常工作。步进电动机在带负载（尤其是惯性负载）情况下的起动频率比空载要低，而且随着负载加大（在允许范围内），起动频率会进一步降低。

5. 连续运行频率

步进电动机起动后，其运行速度能根据指令脉冲频率连续上升而不失步的最高工作频率称为连续运行频率。其值远大于起动频率，它也随着电动机所带负载的性质和大小变化而变化，与驱动电源也有关系。

6. 矩频特性与动态转矩

矩频特性是描述步进电动机连续稳定运行时输出转矩与连续运行频率之间的关系。当步进电动机正常运行时，若输入脉冲频率逐渐增大，则电动机所能提高的转矩将逐渐下降。在使用时，一定要考虑动态转矩随连续运行频率的上升而下降的特点。

6.2.3 步进电动机的控制

步进电动机的控制需要有专用的驱动电源，否则不能正常工作。步进电动机的控制指令是一串脉冲方波，不能形成连续的旋转磁场。为了使步进电动机能旋转或步进，就要形成旋转磁场，这必须依靠环形分配器才能完成。图 6-8 所示为步进电动机控制框图。图中，CP 为控制系统输出脉冲信号，DIR 为方向控制信号。CP 信号的脉冲个数控制步进电动机的转角，CP 信号的频率控制步进电动机的速度，DIR 信号控制步进电动机的旋转方向。

图 6-8 步进电动机控制框图

1. 环形分配器

环形分配器的主要作用是使电动机各相绕组按一定的顺序导通和切断，并根据输入指令使电动机正转或反转。为此，环形分配器按步进电动机的绕组数和工作方式进行设计。环形分配器主要有两种形式：一种为软件环形分配器，由软件控制绕组通断电；另一种是硬件环形分配器，早期为触发器，现在普遍采用专门的集成电路分配器。软件环形分配器分配灵活，但占用系统时间。硬件环形分配器速度快，但分配不够灵活。集成电路的使用使环形分配器的体积大大缩小，可靠性和抗干扰能力也大大提高。实际使用时，脉冲控制信号须通过光电耦合器隔离，再发送给环形分配器。采用光电耦合器能够提高系统的抗干扰能力。

2. 功率放大器

步进电动机的脉冲控制信号一般都很弱，必须经过功率放大器才能驱动步进电动机。功率放大器的作用是将环形分配器发出的脉冲信号放大至几安培到几十安培的电流送至步进电动机各绕组，每一相绕组分别有一组功率放大电路驱动。目前应用较多的步进驱动电路有：高低压驱动电路、恒流斩波驱动电路、调频调压驱动电路、细分控制驱动电路。

功率放大器又称步进驱动器，其性能好坏取决于以下几个方面。

1）是否能提供幅值足够、前后沿较好的励磁电流。

2）本身功耗大小、变换频率高低。

3）是否能长时间稳定、可靠运行。

4）成本高低及是否易于维护。

6.2.4 步进电动机伺服系统的工作原理

1. 工作台位移量的控制

数控装置发出 N 个脉冲，经驱动电路放大后，使步进电动机定子绕组通电状态变化 N 次，如果一个脉冲使步进电动机转过的角度为 α，则步进电动机转过的角位移量 $\varphi = N\alpha$，再经减速齿轮、丝杠、螺母之后转变为工作台的位移量 L，即进给脉冲数决定了工作台的直线位移量 L。

2. 工作台进给速度的控制

数控装置发出的进给脉冲频率为 f，经驱动电路后表现为控制步进电动机定子绕组通电状态的电平信号变化频率，定子绕组通电状态变化频率决定步进电动机的转速，该转速经过减速齿轮及丝杠、螺母之后，转变为工作台的进给速度 V，即进给脉冲的频率决定了工作台的进给速度。

3. 工作台运动方向的控制

通过改变步进电动机输入脉冲信号的循环顺序，就可改变定子绕组中电流的通断循环顺序，从而使步进电动机实现正转和反转，相应的工作台进给方向就被改变了。

6.2.5 步进电动机及其驱动装置的认知及使用实训

1. 实训目的

1）认识步进电动机及其驱动装置。

2）学会步进电动机及其驱动装置的接线和设置。

3）掌握工作台的位移量、速度和运动方向的控制方法。

2. 实训内容

（1）Kinco 三相步进电动机 3S57Q—04056 的认识及接线

为了进一步减少步距角，步进电动机可采用定子磁极带有小齿、转子齿数很多的结构。这种结构的步进电动机步距角可以做得很小。实际的步进电动机产品都采用这种方法实现步距角的细分。Kinco 三相步进电动机 3S57Q—04056 的步距角在整步方式下为 1.8°，半步方式下为 0.9°，其部分技术参数见表 6-1。

表 6-1　3S57Q—04056 部分技术参数

参数名称	步距角/(°)	相电流/A	保持转矩/N·m	阻尼转矩/N·m	电动机惯量/kg·cm²
参数值	1.8	5.8	1.0	0.04	0.3

使用步进电动机时，要注意正确安装与正确接线。

安装步进电动机时，必须严格按照产品说明中的相关要求进行。步进电动机是一种精密装置，安装时注意不能敲打它的轴端，更不能拆卸电动机。

不同步进电动机的接线方式有所不同。3S57Q—04056 接线图如图 6-9 所示，三相绕组的 6 根引出线必须按首尾相连的原则连接成三角形。改变绕组的通电顺序就能改变步进电动机的转动方向。

（2）步进电动机驱动装置的认识、接线及参数设置

线色	电机信号
红色	U
橙色	
蓝色	V
白色	
黄色	W
绿色	

图 6-9　3S57Q—04056 的接线

步进电动机需要专门的驱动装置（驱动器）供电。一般来说，每一台步进电动机都有其对应的驱动器。与 Kinco 三相步进电动机 3S57Q—04056 配套的驱动器是 Kinco 3M458 三相步进电动机驱动器。Kinco 3M458 三相步进电动机驱动器的外观如图 6-10 所示，其典型接线图如图 6-11 所示。驱动器可采用 24~40 V 直流电源供电。该电源由开关稳压电源（DC24 V 8 A）供给。Kinco 3M458 驱动器的输出相电流为 3.0~5.8 A，通过拨动开关设定；冷却方式为自然风冷；控制信号输入电流为 6~20 mA，控制信号的输入电路采用光耦隔离。控制信号由控制器（如 PLC）输出供给，输出公共端 V_{cc} 使用的是 DC24 V 电压，所使用的限电流电阻 R_1 为 2 kΩ。

由图 6-11 可见，步进电动机驱动器的功能是接收来自控制器（如 PLC）的一定数量和频率的脉冲信号以及电动机旋转方向的信号，为步进电动机输出三相功率脉冲信号。步进电动机驱动器由环形分配器和功率放大器两部分组成，主要解决向步进电动机的各相绕组分配输出脉冲和功率放大两个问题。

图 6-10　Kinco 3M458 外观

图 6-11　Kinco 3M458 的典型接线图

环形分配器是一个数字逻辑单元，它接收来自控制器的脉冲信号和转向信号，把脉冲信号按一定的逻辑关系分配到每一个功率放大器上，使步进电动机按选定的运行方式工作。由于步进电动机各相绕组是按一定的通电顺序不断循环来实现步进功能的，因此这种分配单元称为脉冲分配器，也称为环形分配器。

功率放大器用于脉冲功率放大。从环形分配器输出的电流很小（毫安级），而步进电动机工作时需要的电流较大，因此需要进行功率放大。此外，输出的脉冲波形、幅度、波形前沿陡度等因素对步进电动机运行性能有重要的影响。3M458 驱动器采取如下一些措施来改善步进电动机的运行性能。

1）内部驱动直流电压达 40 V，能提供更好的高速性能。

2）具有电动机静态锁紧状态下的自动半流功能，可大大降低电动机的发热。而为调试方便，驱动器还有一对脱机信号输入线 FREE+ 和 FREE-（见图 6-11），当这一信号为 ON 时，驱动器将断开输入到步进电动机的电源回路。若不使用这一信号，步进电动机在上电后，即使静止时也会保持自动半流的锁紧状态。

3）3M458 驱动器采用交流伺服驱动原理，把直流电压通过脉宽调制技术变为三路阶梯式正弦电流，如图 6-12 所示。

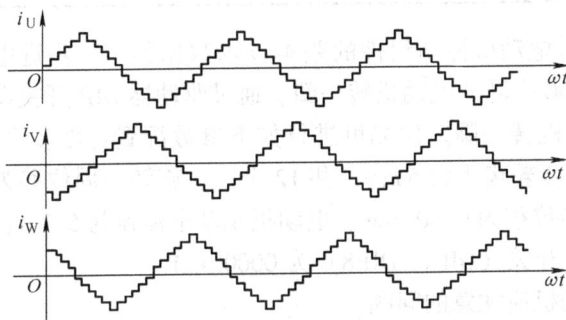

图 6-12　相位差 120°的三相阶梯式正弦电流

阶梯式正弦电流按固定时序分别流过三路绕组，其每个阶梯对应电动机转动一步。通过改变驱动器输出正弦电流的频率来改变电动机转速，而输出的阶梯数确定了每步转过的角度，角度越小，其阶梯数就越多，即细分数越大。从理论上说，此角度可以设得足够小，所以细分数可以很大。3M458 最高可达 10000 步/r 的驱动细分，细分可以通过拨动开关设定。

细分驱动方式不仅可以减小步进电动机的步距角，提高分辨率，而且可以减少或消除低频振动，使电动机运行更加平稳均匀。

在 3M458 驱动器的侧面连接端子中间有一个红色的 8 位 DIP 功能设定开关，可以用来设定驱动器的工作方式和工作参数，包括细分设置、静态电流设置和运行电流设置。图 6-13 是该 DIP 开关的功能划分说明，表 6-2 和表 6-3 分别为细分设置表和电流设定表。

开关序号	ON功能	OFF功能
DIP1~DIP3	细分设置用	细分设置用
DIP4	静态电流全流	静态电流半流
DIP5~DIP8	电流设置用	电流设置用

图 6-13　3M458 DIP 开关功能划分说明

表 6-2　细分设置表

DIP1	DIP2	DIP3	细分/(步/r)
ON	ON	ON	400
ON	ON	OFF	500
ON	OFF	ON	600
ON	OFF	OFF	1000
OFF	ON	ON	2000
OFF	ON	OFF	4000
OFF	OFF	ON	5000
OFF	OFF	OFF	10000

表 6-3　电流设置表

DIP5	DIP6	DIP7	DIP8	输出电流/A
OFF	OFF	OFF	OFF	3.0
OFF	OFF	OFF	ON	4.0
OFF	OFF	ON	ON	4.6
OFF	ON	ON	ON	5.2
ON	ON	ON	ON	5.8

3S57Q—04056 步进电动机传动组件的基本技术数据如下。步进电动机步距角为 1.8°，即在无细分的条件下 200 个脉冲电动机转一圈。通过驱动器 DIP 开关设置细分精度最高可以达到 10000 个脉冲电动机转一圈。比如可进行如下参数配置：由步进电动机带动工作台移动，直线运动组件的同步轮齿距为 5 mm，共 12 个齿，旋转一周位移为 60 mm，设置细分数为 1000，则工作台每步位移为 0.006 mm；电动机驱动电流设为 5.2 A；静态锁定方式为静态半流。此时应设置 DIP 开关（DIP1～DIP8）为 00000111。

（3）使用步进电动机应注意的问题

控制步进电动机运行时，应注意步进电动机运行中的失步问题。

步进电动机失步包括丢步和越步。丢步时，转子前进的步数小于脉冲数；越步时，转子前进的步数多于脉冲数。丢步严重时，将使转子停留在一个位置上或围绕一个位置振动；越步严重时，设备将发生过冲。

使工作台返回原点的操作常常会出现越步情况。当工作台装置回到原点时，原点开关动作，使指令输入 OFF。但如果到达原点前速度过高，惯性转矩将大于步进电动机的保持转矩而使步进电动机越步，因此回原点的操作应确保足够低速。当步进电动机驱动工作台高速运行中紧急停止时，越步情况不可避免，因此急停复位后应采取先低速返回原点重新校准，再恢复原有操作的方法。（注：所谓保持转矩是指电动机各相绕组通过额定电流，且处于静态锁定状态时，电动机所能输出的最大转距，它是步进电动机最主要的参数之一。）由于电动机绕组本身是感性负载，输入频率越高，励磁电流就越小。频率高，磁通量变化加剧，涡流损失加大。因此，输入频率增高，输出转矩降低。最高工作频率的输出转矩只能达到低频转矩的 40%～50%。进行高速定位控制时，如果指定频率过高，会出现丢步现象。

此外，如果机械部件调整不当，会使机械负载增大。步进电动机不能过载运行，哪怕是瞬间，都会造成失步，严重时停转或产生不规则原地反复振动。

6.3　交流伺服系统

6.3.1　数控机床用交流电动机

在交流伺服系统中，按电动机种类可分为同步型和异步型（感应电动机）两种。数控机床进给伺服系统中多采用永磁式同步电动机。同步电动机的转速由供电频率决定，即在电源电压和频率固定不变时，它的转速是稳定不变的。由变频电源供电给同步电动机时，能方便地获得与频率成正比的可变速度，可以得到非常硬的机械特性及宽的调速范围。

交流主轴驱动系统多采用交流异步电动机，很少采用永磁同步电动机，主要因为永磁同步电动机的容量不大，且电动机成本较高。另外，主轴驱动系统不像进给系统那样要求很高的性能，调速范围也不需要太大，因此，采用异步电动机完全可以满足数控机床主轴的要求，笼型异步电动机多用在主轴驱动系统中。

6.3.2 交流电动机的速度控制

1. 交流电动机矢量控制原理

在伺服系统中，直流电动机能获得优良的动态与静态性能，其根本原因是被控制量只有电动机磁场 ϕ 和电枢电流 I_a，且这两个量是独立的。此外，电磁转矩 T_M（$T_M=K_T\phi I_a$）与磁场 ϕ 和电枢电流 I_a 分别成正比关系。因此，直流电动机控制简单，性能为线性。如果能够模拟直流电动机，求出交流电动机与之对应的磁场与电枢电流，分别而独立地加以控制，就会使交流电动机具有与直流电动机近似的优良特性。为此，必须将三相交变量（矢量）转换为等效的直流量（标量），建立起交流电动机的等效模型，然后按直流电动机的控制方法对其进行控制。

图 6-14a 所示三相异步电动机在三相对称的绕组中通以三相对称的三相交流电，在空间上产生同步角速度为 ω_0 的旋转磁场 ϕ。三相绕组完全可以用在空间上互相垂直的两个静止的绕组 α 和 β 来代替，并通以两相在时间上相差 90° 的交流平衡电流 i_α 和 i_β，使其也产生角速度为 ω_0 的旋转磁场 ϕ，则可以认为图 6-14a 和图 6-14b 中的两套绕组是等效的。若给图 6-14c 所示模型上两个互相垂直的绕组 d 和 q 分别通以直流电流 i_d 和 i_q，则将产生位置固定的磁场 ϕ，如果再使绕组以角速度 ω_0 旋转，则所建立的磁场也是旋转磁场，可以认为图 6-14c 和图 6-14a 中的两套绕组是等效的。

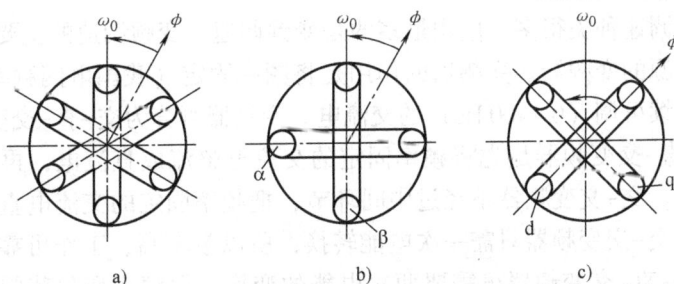

图 6-14　三相交流电动机/二相直流电动机变换

应用三相/二相的数学变换公式，将三相交流电动机的三相绕组化为二相交流绕组的等效交流磁场，则产生的空间旋转磁场与 A、B、C 三相绕组产生的旋转磁场一致。令三相绕组中 A 相绕组的轴线与 α 坐标轴重合，如图 6-15a 所示。图 F_A、F_B、F_C 分别为 A、B、C 三相绕组的磁动势，F_α、F_β 分别为 α、β 二相绕组的磁动势。

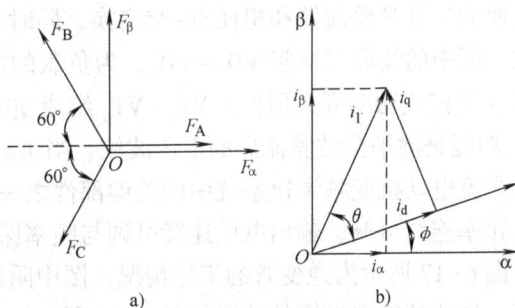

图 6-15　三相磁动势的变换

除磁动势的变换外，变换中用到的其他物理量只要是三相平衡量与二相平衡量，则转换方式相同。这样就将三相交流电动机转换成了等效的二相交流电动机，如图6-15b所示。

2. 矢量旋转变换

将三相交流电动机转化为二相交流电动机后，还需要将二相交流电动机变换为等效的直流电动机，见图6-14c。若设图6-14c中d为励磁绕组，通以励磁电流i_d，q为电枢绕组，通以电枢电流i_q，则产生固定幅度的磁场ϕ，在定子上以角速度ω_0旋转。这样就可将二相交流电动机看成是直流电动机了。将二相交流电动机转化为直流电动机，实质就是矢量向标量的转换，是静止的直角坐标系向旋转的直角坐标系的转换。

转换公式为

$$i_d = i_\alpha \cos\phi + i_\beta \sin\phi$$
$$i_q = -i_\alpha \cos\phi + i_\beta \sin\phi \tag{6-2}$$

3. 直角坐标与极坐标的变换

矢量控制中，还要用到直角坐标与极坐标的变换。如图6-15b所示，由i_d和i_q求i_1，其公式为

$$i_1 = \sqrt{i_d^2 + i_q^2}$$
$$\mathrm{tg}\theta = \frac{i_q}{i_d} \tag{6-3}$$

采用矢量变换的异步电动机具有和直流电动机相同的控制特点，而且结构简单、可靠，电动机容量不受限制，与同等直流电动机相比机械惯量小，其前景非常可观。

4. 交流电动机的变频调速

交流电动机的调速种类很多，应用最多的是变频调速。变频调速的主要环节是能为交流电动机提供变频电源的变频器。变频器的作用是将频率固定（我国电网频率为50 Hz）的交流电变换成频率连续可调（0~400 Hz）的交流电。变频器可分为交-直-交变频器和交-交变频器两大类。交-直-交变频器是先将频率固定的交流电整流成直流电，再把直流电逆变成频率可变的交流电。交-交变频器不经过中间环节，把频率固定的交流电直接变换成频率连续可调的交流电。交-交变频器只需一次电能转换，所以效率高、工作可靠，但是其频率的变化范围有限。交-直-交变频器虽需要两次电能的变换，但频率变化范围不受限制，目前应用比较广泛，下面以这种变频器为例进行介绍。

图6-16是脉宽调制（Pulse Width Modulation，PWM）变频器的主线路。它由担任交-直变换的二极管整流器和担任直-交变换、同时完成调频和调压任务的脉冲宽度调制逆变器组成。图中的续流二极管$VD_1 \sim VD_6$，为负载的滞后电流提供了一条反馈到电源的通路，逆变管（全控式功率开关器件）$VT_1 \sim VT_6$组成逆变桥，A、B、C为逆变桥的输出端。电容器C_d的功能是滤平全波整流后的电压波纹，当负载变化时，使直流电压保持平稳。

交流电动机变频调速系统中的关键部件之一就是逆变器，由于调速的要求，逆变器必须具有频率连续可调、输出电压连续可调与频率保持一定比例关系等功能。

图6-17所示为逆变管的工作情况，图中阴影部分为各逆变管的导通时间，其余为关断状态。逆变桥输出电压的波形如图6-18所示，由图可见，各相之间的相位互差120°，它们的幅值都与脉宽调制变频器输出的直流电压相等。

图 6-16　PWM 变频器的主线路

图 6-17　各逆变管的通断安排

图 6-18　三相逆变桥的输出电压

　　只要按照一定的规律来控制逆变管的导通与截止，就可以把直流电逆变成三相交流电。改变逆变管的导通和关断时间，即可得到不同的输出频率。

　　利用脉冲宽度调制逆变器可实现既变频也变压。如图 6-19 所示，因电压的平均值和占空比成正比，所以在调节频率时，改变输出电压脉冲的占空比，就能同时实现变频和变压。与图 6-19a 相比，图 6-19b 所示电压周期增大（频率降低），而占空比减小，故平均电压降低。

图 6-19　脉宽调制的输出电压

　　采用 PWM 方法控制逆变管的通断时，可获得一组幅值相等、宽度相同的矩形脉冲。改变矩形脉冲的宽度可控制其输出电压，改变调制周期可控制其输出频率，同时实现变压和变频。输出电压波形为矩形波，具有许多高次谐波成分。对电动机来说，有用的是电压的基波。为了减少谐波影响，提高电动机的运行性能，应采用对称的三相正弦波电源为三相交流电动机供电。正弦波脉宽调制逆变器（SPWM）的输出端可获得一组等幅而不等宽的矩形脉冲波形，来近似等效于正弦电压波。

用 SPWM 脉宽调制波形，当正弦值为最大值时，脉冲的宽度也最大，而脉冲的间隔则最小。反之，当正弦值较小时，脉冲的宽度也小，而脉冲的间隔则较大，这样的电压脉冲系列可以使负载电流中的高次谐波成分大大减少。

下面介绍用正弦波（调制波）控制、三角波（载波）调制并采用模拟电路元件实现 SPWM（正弦波脉宽调制）控制的变频器的工作原理。

如图 6-20 所示，首先由模拟元件构成的三角波和正弦波发生器分别产生三角波信号 V_T 和正弦波信号 V_S，然后送入电压比较器 A，产生 SPWM 调制的矩形脉冲。图 6-21a 所示的数字位置为这两种波形的交点，决定了逆变器某相元件的通断时间（在此为 A 相），即决定了 SPWM 脉冲系列的宽度和脉冲间的间隔宽度。当正弦波高于三角波时，负载上得到的相电压为 $u_A = +U_d/2$；当正弦波低于三角波时，负载上的相电压为 $u_A = -U_d/2$。调制波和载波的交点决定了逆变桥输出相电压的脉冲系列，调制出的脉宽波形如图 6-21b 所示。由相电压合成为线电压时，如 $u_{AB} = u_A - u_B$，可得逆变器输出线电压脉冲系列，其脉冲幅值为 $+U_d$ 和 $-U_d$。

图 6-20　电路原理图

图 6-21　脉宽调制波的形成

6.4 习　　题

1. 简述数控机床伺服系统的组成。

2. 对伺服系统的基本要求是什么？

3. 伺服系统如何分类？

4. 什么是步距角？如何计算？

5. 什么是步进电动机三相六拍的工作方式？

6. 填空题

（1）数控机床的伺服系统按其有无位置反馈装置分为（　　　　　）伺服系统。

（2）步进电动机伺服系统是典型的（　　　　　）控制系统，在此系统中，步进电动机受驱动电路控制，将进给脉冲序列转换为具有一定方向、大小和速度的机械转角位移，并通过齿轮和丝杠带动工作台移动。进给脉冲的频率代表了（　　　　　），脉冲的数量代表了（　　　　　），而运动方向由步进电动机的（　　　　　）来决定，并且保持电动机各相通电状态就能使（　　　　　）。

（3）步进电动机三相单三拍方式中，"单"是指（　　　　　），"三拍"是指（　　　　　）。

（4）步进电动机控制方式为三相六拍，通电顺序改为（　　　　　），则步进电动机以步距角15°（　　　　　）旋转。

（5）数控机床进给伺服系统中多采用（　　　　　），同步电动机的转速由（　　　　　）决定。

（6）（　　　　　）是正弦波脉宽调制型逆变器。

7. 判断题（正确的打"√"，错误的打"×"）

（1）加给步进电动机的指令脉冲频率如果大于起动频率，就不能正常工作。（　　　）

（2）当步进电动机正常运行时，若输入脉冲频率逐渐增大，则电动机所能带动负载转矩将逐渐增加。（　　　）

（3）数控机床交流主轴电动机多采用交流异步电动机。（　　　）

（4）用SPWM脉宽调制波形，当正弦值为最大值时，脉冲的宽度也最大，而脉冲的间隔则最小。反之，当正弦值较小时，脉冲的宽度也小，而脉冲的间隔则较大，这样的电压脉冲系列可以使负载电流中的高次谐波成分大大减少。（　　　）

附　录

附录 A　常用电气符号与限定符号

A.1　常用电气符号

表 A-1　常用电气符号国家标准

名称	GB/T 4728—2005~2008	GB 7159—1987 文字符号	名称	GB/T 4728—2005~2008	GB 7159—1987 文字符号
直流电			有铁心的双绕组变压器	或	T
交流电					
交直流电					
正、负极	+ −		可调压的单相自耦变压器		T
三角形联结的三相绕组	△				
星形联结的三相绕组	Y		三相自耦变压器，星形联结		T
中性点引出的星形联结的三相绕组					
三根导线	3		电流互感器	或	TA
导线连接（双 T 形和 T 形）			直流串励电动机	M	M
端子板	1 2 3 4 5 6 7 8	XT	直流并励电动机	M	M
接地					
电阻器		R	直流他励电动机	M	M
可变电阻器		R			
滑动触点电位器		RP	三相笼型异步电动机	M 3~	M3~
电容器		C			
电感器、线圈或绕组		L	三相绕线转子异步电动机	M 3~	M3~
带铁心的电感器		L			
电抗器		L	普通刀开关		Q

名称	GB/T 4728—2005~2008	GB 7159—1987 文字符号	名称	GB/T 4728—2005~2008	GB 7159—1987 文字符号
自动复位按钮动合触点		SB	普通三相刀开关		Q
自动复位按钮动断触点		SB	继电器线圈		KA
位置开关动合触点		SQ	继电器动合触点		KA
位置开关动断触点		SQ	继电器动断触点		KA
熔断器		FU	热继电器驱动元件		FR
接触器线圈		KM	热继电器动合触点		FR
接触器主动合触点		KM	热继电器动断触点		FR
接触器主动断触点		KM	断电延时时间继电器的线圈		KT
接近开关的动合触点		SQ	通电延时时间继电器的线圈		KT
接近开关的动断触点		SQ	延时闭合的动合触点		KT
速度继电器的动合触点		KV	延时断开的动合触点		KT
速度继电器的动断触点		KV	延时闭合的动断触点		KT
电磁离合器		YC	延时断开的动断触点		KT

（续）

名称	GB/T 4728—2005~2008	GB 7159—1987 文字符号	名称	GB/T 4728—2005~2008	GB 7159—1987 文字符号
电磁阀		YV	照明灯		EL
电磁铁		YA	指示灯、信号灯		HL
电磁制动器		YB	二极管		VD
			普通晶闸管		V
滑动（滚动）连接器		E	稳压二极管		V
			NPN 晶体管		V
			PNP 晶体管		V
插座		XS	插头		XP

注：1. 动合触点即为常开触点，动断触点即为常闭触点。
   2. 延时动作的触点：对于吸合或释放操作，触点的闭合和断开是延时的。朝圆弧中心方向的运动是延时的（降落伞效应）。起延时作用的符号可绘在触点符号的边上，这样更适合应用中器件符号的布置。

A.2 电气简图图形符号中常用的限定符号

A.2.1 限定符号

表 A-2 限定符号（GB/T 4728.7—2008）

序号	图形符号	说　明
1		接触器功能
2		断路器功能
3		隔离开关功能

（续）

序号	图形符号	说　　明
4		负荷开关功能
5		由内装的测量继电器或脱扣器起动的自动释放功能
6		位置开关功能 　1. 当不需要表示接触器的操作方法时，这个限定符号可用在简单的触点符号上，以表示位置开关 　2. 当在两个方向上都用机械操作触点时，这个符号应加在触点符号的两边
7		开关的正向操作 　此符号应该用于指明一个机动装置的正向操作方向，在所示的方向上是安全的或符合要求的。它表明操作确保所有的触点都在起动装置的相应位置

A. 2. 2　限定符号应用举例

表 A-3　限定符号应用举例

序号	图形符号	说　　明
1		常开（动合）触点 本符号也可用作开关的一般符号
2		常闭（动断）触点
3		先断后合的转换触点
4		中间断开的转换触点
5	形式1　形式2	先合后断的双向转换触点

（续）

序号	图形符号	说　明
6		双动合触点
7		双动断触点
8		手动操作开关，一般符号
9		自动复位的手动按钮开关
10		自动复位的手动拉拔开关
11		无自动复位的手动旋转开关
12		正向操作且自动复位的手动按钮开关（报警开关）
13		应急制动开关（用"蘑菇头"触发正向操作，动作触点有保持功能）
14		带动合触点的热敏开关 注：θ可用动作温度代替

序号	图形符号	说　　明
15		带动断触点的热敏开关 注：θ 可用动作温度代替
16		驱动器件一般符号 继电器线圈一般符号
17		继电器线圈的组合表示法（具有两个独立绕组的驱动器件的组合表示法）

附录 B　试卷、评分标准及现场记录

B.1　试题一：安装接线

安装和调试断电延时带直流能耗制动的星形-三角形起动的控制线路，如图 B-1 所示。KT 整定时间为 3 s±1 s。本电路 KT 选用空气阻尼式时间继电器。

图 B-1　断电延时带直流能耗制动的星形-三角形起动的控制线路

1. 考核要求

1）按图样要求正确熟练地进行安装，元器件在配线板上布置要合理，安装要准确紧固，配线要求紧固美观，导线要进行线槽配线。正确使用仪表和工具。

2）按钮盒不固定在板上，电源和电动机配线、按钮接线要接到端子排上，进出线槽的导线要有端子标号，引出端要用别径压端子。

3）安全文明操作。

4）满分40分，考试时间210分钟。

2. 评分标准

项目内容	评分标准	配分	扣分	得分
元器件安装	(1) 元器件布置不整齐、不匀称、不合理，每只扣1分 (2) 元器件安装不牢固，安装元器件时漏装螺钉，每只扣1分 (3) 损失元器件每只扣2分	5		
布线	(1) 电动机运行正常，如不按电气原理图接线，扣1分 (2) 布线不进行线槽配线，不美观，主线路、控制线路每根扣0.5分 (3) 接点松动、露铜过长，反圈、压绝缘层，标记线号不清楚、遗漏或误标，引出端无别径压端子每处扣0.5分 (4) 损伤导线绝缘或线芯，每根扣0.5分	15		
通电试验	(1) 时间继电器及热继电器整定值错误各扣2分 (2) 主、控电路配错熔体，每个扣1分 (3) 一次试车不成功扣5分；二次试车不成功扣10分；三次试车不成功扣15分；乱线敷设，扣5分	20		

B.2 试题二：排除故障

从下列机床电气控制线路或模拟电路板中任选一种，由监考教师在电路板上设置隐蔽故障三处，其中主线路一处，控制线路两处。考生向监考老师询问故障现象时，可以将故障现象告诉考生，考生要单独排除故障。

①Z35型摇臂钻床；②X62型万能铣床；③T68型镗床；④5~20 t 桥式起重机；⑤M7130型平面磨床；⑥CA6140型普通车床；⑦Z3040型摇臂钻床。

1. 考核要求

1）从设故障开始，监考教师不得进行提示。

2）根据故障现象，在电气控制线路上分析故障产生的原因，确定故障发生的范围。

3）进行检修时，监考教师要进行监护，注意安全。

4）排除故障过程中如果扩大故障，在规定时间内可以排除故障。

5）正确使用工具和仪表。

6）安全文明操作。

7）满分40分，考试时间45分钟。

2. 评分标准

评分标准	配分	扣分	得分
（1）排除故障前不进行调查研究扣 1 分	1		
（2）错标或标不出故障范围，每个故障点扣 2 分	6		
（3）不能标出最小故障范围，每个故障点扣 1 分	3		
（4）实际排除故障中思路不清楚，每个故障点扣 2 分	6		
（5）每少查出一处故障点扣 2 分	6		
（6）每少排除一处故障点扣 3 分	9		
（7）排除故障方法不正确，每处扣 3 分	9		
（8）扩大故障范围或产生新的故障后不能自行修复，每个扣 10 分；已经修复，每个扣 5 分			
（9）损坏电动机扣 10 分			

B.3 试题三：工具、设备的使用与维护

用单踪示波器测量矩形波最大电压值或周期。

1. 考核要求

1）工具设备的使用与维护要正确无误，不得损坏。

2）安全文明操作。

3）满分 10 分，考试时间 10 分钟。

2. 评分标准

评分标准	配分	扣分	得分
（1）开机准备工作不熟练，扣 1 分 （2）测量过程中，操作步骤每错一次扣 1 分 （3）读数有较大误差或错误扣 1 分 （4）测量结果错误扣 2 分 （5）在各项技能考试中，工具与设备的使用与维护不熟练或不正确，每次扣 1 分，扣完 5 分为止 （6）考试中损坏工具和设备扣 5 分	10		

B.4 试题四：安全文明生产

1. 考核要求

1）安全文明生产：劳动保护用品穿戴整齐；电工工具佩带齐全；遵守操作规程；尊重监考教师，文明礼貌；考试结束后要清理现场。

2）当监考教师发现考生有重大事故隐患时，要立即予以制止。

3）考生故意违反安全文明生产或发生重大事故，取消其考试资格。

4）监考老师要在备注栏中注明考生违纪情况。

2. 评分标准

评分标准	配分	扣分	得分
（1）在以上各项考试中，违反安全文明生产要求的任何一项扣 2 分；考生在不同的技能试题中，违反文明生产考核要求同一项内容的，要累计扣分 （2）当监考教师发现考生有重大事故隐患时，要立即予以制止，并每次扣考生安全文明生产总分 5 分	10		

参 考 文 献

[1] 李清新 . 伺服系统与机床电气控制 [M] . 2 版 . 北京：机械工业出版社，2019.

[2] 王廷才 . 变频原理及应用 [M] . 2 版 . 北京：机械工业出版社，2011.

[3] 田淑珍 . 电机与电气控制技术 [M] . 2 版 . 北京：机械工业出版社，2017.

[4] 阮友德 . 电工技能实训 [M] . 西安：西安电子科技大学出版社，2006.

[5] 袁维义 . 电工技能实训 [M] . 北京：电子工业出版社，2003.

[6] 许缪 . 工厂电气控制设备 [M] . 2 版 . 北京：机械工业出版社，2006.

[7] 马应魁 . 电气控制技术实训指导 [M] . 北京：化学工业出版社，2001.

[8] 李益民，刘小春 . 电机与电气控制技术 [M] . 北京：高等教育出版社，2006.

[9] 王爱玲 . 数控原理及数控系统 [M] . 北京：机械工业出版社，2006.

[10] 全国数控天津网络分中心 . 数控原理 [M] . 2 版 . 北京：机械工业出版社，2005.

[11] 谢蒂 . 机电一体化系统设计 [M] . 张树生，等译 . 北京：机械工业出版社，2006.

[12] 际全龙，刘明皓 . 液压与气动 [M] . 北京：科学出版社，2005.

[13] 施利春，李伟 . 变频器操作实训 [M] . 北京：机械工业出版社，2007.

[14] 孟宪章，罗晓梅 . 10/0.4kV 变配电实用技术 [M] . 北京：机械工业出版社，2007.

[15] 黄鹏，张忠夫，黄志昌 . 机电传动与控制 [M] . 2 版 . 北京：机械工业出版社，2019.